T0129804

Achtung: Statistik

Björn Christensen · Sören Christensen

Achtung: Statistik

150 Kolumnen zum Nachdenken und
Schmunzeln

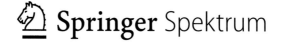

Björn Christensen
Institut für Statistik und Operations Research
Fachhochschule Kiel
Kiel, Deutschland

Sören Christensen
Mathematisches Seminar
Christian-Albrechts-Universität zu Kiel
Kiel, Deutschland

ISBN 978-3-662-45467-1   ISBN 978-3-662-45468-8 (eBook)
DOI 10.1007/978-3-662-45468-8

Die Deutsche Nationalbibliothek verzeichnet diese Publikation in der Deutschen Nationalbibliografie; detaillierte bibliografische Daten sind im Internet über http://dnb.d-nb.de abrufbar.

Springer Spektrum
© Springer-Verlag Berlin Heidelberg 2015

Gedruckt auf säurefreiem und chlorfrei gebleichtem Papier.

Springer-Verlag GmbH Berlin Heidelberg ist Teil der Fachverlagsgruppe Springer Science+Business Media
(www.springer.com)

Vorwort

Im Februar 2012 erschien zum ersten Mal unsere wöchentliche Kolumne „Achtung: Statistik" im Schleswig-Holstein Journal, der Wochenendbeilage der Tageszeitungen des Schleswig-Holsteinischen Zeitungsverlages. Der Ort der Veröffentlichung war dabei bewusst gewählt. Der Kolumne lag nämlich die Idee zugrunde, dass jedem von uns Statistik in einem breiten Spektrum des Lebens fast täglich begegnet, auch wenn man dies häufig vielleicht gar nicht direkt bemerkt. Unter dem Motto „Alltagsthemen der Statistik zum Nachdenken und Schmunzeln" haben wir fortan statistische Sachverhalte so aufbereitet, dass sie auch am Frühstückstisch gut zu „verdauen" sind. Dabei war es uns wichtig, dass der Leser kein Vorwissen in Statistik benötigt (keine Sorge, die Kolumnen sind nahezu formelfrei!), sodass sich das vorliegende Buch auch an jene richtet, die nach eigener Einschätzung bisher nur schwer Zugang zur Mathematik gefunden haben. Für alle behandelten Themen reicht der gesunde Menschenverstand.

Dem Buch liegen insgesamt 150 Kolumnen zugrunde. Dabei haben wir „Statistik" in einem sehr weiten Sinne interpretiert, um ein möglichst breites Themenspektrum abzudecken. Die Kolumnen sind für das Buch überarbeitet und zum Teil um weitergehende Erläuterungen und Abbildungen ergänzt worden. Einzelne Abschnitte sind auch gänzlich neu und somit bisher unveröffentlicht. Um die Kolumnentexte von den kommentierenden Erläuterungen abzugrenzen, sind die Kolumnen kursiv gedruckt.

Besonders wichtig war uns, dass jede Kolumne ein eigenes abgeschlossenes Thema behandelt, sodass der Leser die Möglichkeit hat, sie einzeln zu lesen, zwischen ihnen hin und her zu springen und auch Abschnitte einfach auszulassen. Das Buch sollte sich also auch gut dazu eignen, es immer mal wieder zur Hand zu nehmen und in ihm zu stöbern, sei es rein zur Unterhaltung oder zur Ergänzung in Schule, Studium und Beruf.

Wir möchten mehreren Personen herzlich danken, ohne die sowohl das Projekt der wöchentlichen Kolumne als auch das vorliegende Buch nicht möglich gewesen wären: An erster Stelle ist Michael Stitz vom Schleswig-Holsteinischen Zeitungsverlag zu nennen, der bei einem ersten Gespräch über die Idee einer entsprechenden Kolumne sofort Interesse an dem Projekt zeigte. Einzig sein Einwand „So eine Kolumne müsste es dann aber mindestens ein halbes Jahr geben. Trauen Sie sich zu, 20 oder sogar 30 Themen für die Kolumne zu finden?" stand anfangs im Raum, der nach einer kurzen Themensammlung unsererseits aber schnell ausgeräumt werden konnte. Mittlerweile ist unser Ansprechpartner beim Schleswig-Holsteinischen Zeitungsverlag Dieter Schulz mit seinem Team (über die Jahre: Hanna Andresen, Merle Bornemann, Linda Kupfer, Tina Ludwig, Tilmann Post, Julia Voigt und Sina Wilke – wir hoffen, wir haben niemanden vergessen!), die es uns auch ermöglicht haben, zum Teil sehr kurzfristig aktuelle Themen für die

Kolumne einzuschieben. Dafür – und auch für die gesamte gute Zusammenarbeit – ganz vielen Dank!

Clemens Heine vom Springer-Verlag sei herzlich gedankt für seine sofortige Bereitschaft, aus den wöchentlichen Kolumnen das vorliegende Buchprojekt zu machen. Ihm und Agnes Herrmann gilt weiterhin Dank für die vielfältigen Diskussionen und Ratschläge im Rahmen der Realisierung des Buches.

Bedanken möchten wir uns des Weiteren bei allen Ideengebern, die uns aus dem Freundes- und Bekanntenkreis, aber auch aus der Leserschaft mit Anregungen versorgt haben. Ohne diese Inspirationen wären viele spannende Themen nicht durch uns aufgegriffen worden.

Ganz besonderer Dank gilt unseren Eltern, Bärbel und Erik Christensen. Zum einen haben Sie uns über all die Jahre seit unserer Kindheit darin gefördert, unser Interesse an mathematischen Themen auszuleben. Zum anderen haben sie jede Kolumne vor der Einreichung kritisch gelesen und durch ihre Anmerkungen und Diskussionen im Vorwege der Veröffentlichung verbessert. Und auch zum Manuskript für das Buch haben sie viele wertvolle Hinweise gegeben.

Der letzte und wichtigste Dank gilt unseren Frauen, die häufiger auf unsere (zumindest geistige) Anwesenheit verzichten mussten, wenn wir wieder einmal an einer Kolumne gearbeitet haben oder auch eine Idee hatten, die „mal eben schnell" notiert werden musste.

Björn und Sören Christensen

Geleitwort der Stiftung Rechnen

Unser Alltag wird von Informationen bestimmt. Immer schneller und aus den unterschiedlichsten Quellen erreichen uns Daten und Fakten. Statistiken helfen uns dabei, die Komplexität dieser Informationen zu reduzieren und zu verarbeiten. Nur muss man Statistiken auch richtig lesen und verstehen können.

Mit ihrer Kolumnensammlung „Achtung: Statistik", die in diesem Buch zusammengefasst und aktuell ergänzt worden ist, zeigen die Autoren Prof. Dr. Björn Christensen und Dr. Sören Christensen unterhaltsam, worauf es bei Statistiken ankommt und wie man sie richtig interpretiert. Die ausgewählten Statistiken decken ein breites Themenspektrum ab: Es geht beispielsweise um Zins und Zinseszins, um Olympia-Rekorde oder um Statistiken rund um die Bundestagswahl.

Zum Lesen und Verstehen des Buches ist ausdrücklich kein Vorwissen in Statistik erforderlich. Die einzelnen Kapitel regen zum Nachdenken an und sorgen teilweise sogar für ein Schmunzeln. „Achtung: Statistik" bringt den Lesern ein mathematisches Thema auf humorvolle Weise näher und kommt dabei ganz ohne Formeln und Fachbegriffe aus. Durch diesen neuen und positiven Zugang zur Welt der Zahlen werden die Statistiken leichter verständlich und

„verdaulich" – gerade auch für Menschen, die Berührungs-ängste mit Mathematik haben.

Viel Freude beim Lesen dieses Buches und zukünftiger Statistiken wünscht die Stiftung Rechnen.

Geleitwort
Schleswig-Holsteinischer Zeitungsverlag: Zahlen, Zufälligkeiten und Vergnügen

„Ich vertraue nur Statistiken, die ich selbst gefälscht habe." – der Satz, der in keinem Aufsatz über Statistik fehlen darf, ist ja selbst nur gefälscht. Denn statt, wie immer behauptet, von Winston Churchill stammen die Worte in Wahrheit von August Bebel. Aber ob konservativ oder ur-sozialdemokratisch – Statistik durchzieht alle Gesellschaftsschichten und alle Bereiche des Lebens. Und während Martin G. Reisenberg behauptet, dass „um zu lügen, die Statistik tatsächlich um zu wenig Phantasie verfügt", erzählen Björn und Sören Christensen kleine Geschichten um mathematische Phänomenen und Zufälligkeiten. Seit Jahren unterhalten die beiden Brüder – ganz im Stil der Gebrüder Grimm – die Leser des Schleswig Holstein Journals mit Überraschendem aus der Welt der Zahlen, die sie immer in den Alltag holen. Sei es nun die Chancen für einen Lottogewinn oder WM-Sieg. Immer verwandeln sie „eine vermutete Ausnahme in eine feststehende Tatsache", und das humorvoll und überraschend. Die besten sind für die folgenden Seiten ausgewählt worden.

Nun mag es statistisch stimmen, dass „auch die Tage der Statistiker gezählt sind" (Gregor Brand), aber zum Glück gibt es ja auch immer die berühmte Ausnahme von der

Regel: Und so empfehle ich Ihnen nicht nur die vergnügliche Lektüre dieses Buches, sondern auch die kommenden Kolumnen „Achtung, Statistik" jeden Samstag in den Wochenend-Journalen der Tageszeitungen in Schleswig-Holstein und Mecklenburg-Vorpommern.

Dieter Schulz
Leitender Redakteur Schleswig-Holstein Journal

Inhaltsverzeichnis

Gewagte Statistik

Der Umgang mit Zahlen und Statistiken kann schwierig sein und wohl jedem, sogar den „Mathematik-Assen", unterlaufen dabei irgendwann auch unklare Argumentationen oder sogar echte Fehler. Viele davon entstehen einfach durch Unachtsamkeit oder Unwissenheit. Manchmal stellt man sich als Leser von zweifelhaften Statistiken aber doch die Frage, ob dem Verfasser derselben die Ergebnisse nicht vielleicht so gut ins argumentative Konzept passten, dass über die Zweifel großzügig hinweggesehen wurde.

In diesem Kapitel haben wir eine ganze Reihe aktueller gewagter Anwendungen von Statistik gesammelt. Die meisten entstammen der Tagespresse, wobei die Meldungen oft große Aufmerksamkeit erregt haben. Vielleicht erinnern Sie sich auch noch an den einen oder anderen Fall. Fast alle Beispiele haben dabei gemein, dass zum Erkennen des Fehlers keinerlei statistisches Fachwissen erforderlich ist, sondern der gesunde Menschenverstand vollkommen ausreicht. Die Zusammenstellung soll nicht rückwärtsgewandt sein oder als späte Anklage dienen. Vielmehr hoffen wir, dass die ausgewählten Beispiele dazu beitragen, typische Fehler aufzuzeigen, sodass der kritische Leser diese in Zukunft selbst erkennen kann oder, noch besser, solche Fehler gar nicht erst entstehen. Denn frei nach Jean-Paul Sartre sollte man keinen statistischen Fehler zweimal begehen, da die Auswahl schließlich groß genug ist.

Betrunken am Fahrradlenker

„Jeder zweite Radfahrer, der in Münster in den vergangenen fünf Jahren ums Leben kam, war angetrunken". Diese Meldung hat im Frühjahr 2012 ein breites Medienecho ausgelöst. Und auch die Politik hat sich des Themas angenommen: In einem breiten Konsens wurden mit Verweis auf die Zahlen aus Münster eine Senkung der Promillegrenze für Fahrradfahrer sowie breit angelegte Kontrollen gefordert.

Und tatsächlich klingt die Meldung ja auch dramatisch. Aber wie immer bei der Angabe relativer Zahlen muss man sich unweigerlich die Frage stellen: Um wie viele Fälle handelt es sich denn absolut? Nach der Unfallanalyse der Polizei in Münster verunglückten in den Jahren 2007 bis 2011 sieben Fahrradfahrer tödlich im Straßenverkehr im Münsteraner Stadtgebiet. Von denen soll jeder zweite unter Alkoholeinfluss gestanden haben (die Frage, was bei sieben getöteten Fahrradfahrern „jeder zweite" bedeuten soll, lassen wir einmal außer Acht). Das ist demnach pro Jahr nicht einmal ein Fall.

Um nicht missverstanden zu werden: Es geht bei der Diskussion dieser Zahlen nicht darum, Alkohol am Fahrradlenker zu verharmlosen. Zudem ist jeder Tote im Straßenverkehr einer zu viel. Es lohnt aber, die statistischen Aussagen zum Ausmaß des Problems anhand der Todesfälle bei Fahrradfahrern in Münster zu hinterfragen. Stehen die Zahlen aus Münster symptomatisch für ein tatsächlich größeres Problem? Konkrete Zahlen liegen beispielsweise für Schleswig-Holstein und Berlin vor. In

Schleswig-Holstein sind 2011 im Straßenverkehr 16 erwachsene Fahrradfahrer getötet worden, wovon nach der polizeilichen Erfassung keiner alkoholisiert war. Handelt es sich also um ein eher städtisches Problem? In Berlin kamen 2011 elf Fahrradfahrer im Straßenverkehr ums Leben, wovon ein einziger unter Alkoholeinfluss stand. Zwei kamen übrigens bei Kollisionen mit der Straßenbahn ums Leben (interessant wäre in diesem Zusammenhang die Meldung „Straßenbahn in Berlin für Radler doppelt so gefährlich wie Alkohol am Lenker").

Bei der Nutzung von Statistiken ist die Anzahl der betrachteten Fälle also eine wesentliche Größe. Bei vielen Meldungen fällt auf, dass lediglich Anteilswerte angegeben und nicht die tatsächlichen Fallzahlen berichtet werden oder auch Einzelfälle als allgemeingültig hingestellt werden. Die Stichprobengröße ist dann häufig so klein, dass seriöse Rückschlüsse kaum gezogen werden können. Im berichteten Fall mag das Ansinnen zwar grundsätzlich richtig sein, die Begründung ist aber wenig stichhaltig.

…

Dass das Thema Alkohol am Fahrradlenker tatsächlich sehr kontrovers diskutiert wird, mag auch die folgende Abbildung verdeutlichen, die unter der Überschrift „Gefährlicher Suff" im Spiegel erschienen ist. Im Begleittext war zu entnehmen, dass die Innenminister der Länder diskutieren, den Alkoholgrenzwert für Radfahrer von derzeit 1,6 Promille zu senken. Und tatsächlich lässt sich der Abbildung entnehmen, dass bis 2,5 Promille die absolute Anzahl an alkoholisierten Radfahrern in Unfällen mit Personenschaden ansteigt. Der versierte Betrachter bemerkt allerdings auch, dass darüber hinaus die Zahlen wieder sinken. Man könn-

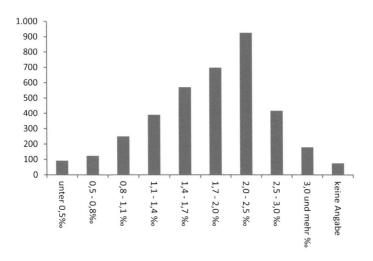

Alkoholisierte Radfahrer in Unfällen mit Personenschaden, nach Blutalkoholkonzentration in Promille, 2011 (Statistisches Bundesamt; eigene Darstellung)

te also versucht sein zu argumentieren, dass rein statistisch Fahrradfahrer nur genügend trinken müssten, um bei mehr als 2,5 Promille wieder sicherer unterwegs zu sein (auch wenn die Frage ungeklärt bleibt, wie man bei derartiger Alkoholisierung eigentlich noch Fahrrad fahren kann ohne umzukippen ...).

Viel interessanter an der Abbildung ist aber das, was sie nicht zeigt, nämlich die Anzahl der nicht-alkoholisierten Fahrradfahrer, die in Unfälle mit Personenschaden verwickelt waren. Dieses zeigt die nachfolgende Abbildung. Es lässt sich leicht erkennen, dass durch das Weglassen dieser Information zumindest eine sehr einseitige Darstellung gewählt wurde.

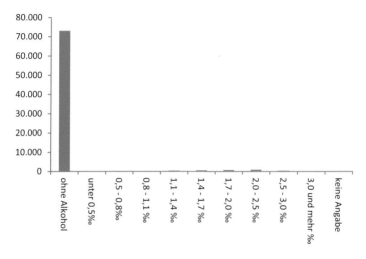

Alkoholisierte und nicht-alkoholisierte Radfahrer in Unfällen mit Personenschaden, nach Blutalkoholkonzentration in Promille, 2011 (Statistisches Bundesamt; eigene Darstellung)

Unfallgefahr mit Babybauch?

„Mit Baby im Bauch steigt das Unfallrisiko" – so und ähnlich wurden im Frühsommer 2014 die Ergebnisse einer Studie aus einem kanadischen Medizin-Journal in den Medien aufgegriffen. Konkret seien schwangere Autofahrerinnen häufiger in Unfälle verwickelt als Nichtschwangere, was mit den Begleiterscheinungen wie Müdigkeit, Konzentrationsschwäche und Zerstreutheit in der Schwangerschaft erklärt wurde, die

dazu führten, dass schwangere Frauen mehr Unfälle verursachen würden. Begleitet wurden die Meldungen von Ratschlägen an Schwangere, in dieser Zeit besonders vorsichtig zu fahren.

Nun mag dieses alles auf den ersten Blick grundsätzlich plausibel erscheinen. Allerdings lohnt ein genauerer Blick in die Untersuchung: Die kanadischen Wissenschaftler haben aus umfangreichen Datenbanken das Aufsuchen einer Notaufnahme einiger kanadischer Krankenhäuser in Folge eines Verkehrsunfalls ermittelt und anschließend geprüft, ob es bei schwangeren Frauen Auffälligkeiten gegenüber nicht schwangeren Frauen gab. Und tatsächlich kann man beobachten, dass schwangere Autofahrerinnen, speziell in der Mitte der Schwangerschaft, gut 40 % häufiger nach einem Verkehrsunfall in der Notaufnahme eines Krankenhauses behandelt werden als nicht schwangere Frauen. Diese Fakten sind unstrittig. Dass daraus allerdings der Schluss gezogen werden könnte, schwangere Frauen würden vermehrt Unfälle verursachen, kann aus der Studie damit noch lange nicht abgeleitet werden. Denn wird einmal davon ausgegangen, dass schwangere Frauen nicht mehr Unfälle verursachen als nicht schwangere Frauen, so werden sich Schwangere nach einem Unfall vermutlich trotzdem häufiger prophylaktisch in einem Krankenhaus untersuchen lassen. Es gäbe dann also keinen Unterschied in der Häufigkeit, in einen Unfall verwickelt zu sein, sondern in der Häufigkeit, sich hinterher im Krankenhaus untersuchen zu lassen. Also haben die kanadischen Wissenschaftler nur die Häufigkeit der Besuche in der Notaufnahme nach einem Verkehrsunfall untersucht und konnten dabei weder einbeziehen, wie viele Frauen – egal ob schwanger oder nicht – überhaupt im Auto gefahren sind, noch wer die Verursacher für die Unfälle waren. Daher bietet die genannte Studie Schwangeren keinen Anlass, vermehrt in

Sorge sein zu müssen, dass sie ein erhöhtes Unfallrisiko aufweisen. Der Ratschlag, beim Autofahren besonders umsichtig zu sein, ist natürlich trotzdem nicht schlecht, sollte aber auch für alle nicht Schwangeren gelten.

Streitlustige Deutsche?

Vielleicht erinnern Sie sich daran, Ende 2013 auch in Ihrer Tageszeitung eine der folgenden Schlagzeilen gelesen zu haben: „Hamburgs Männer suchen Ärger", „Köln streitlustigste Großstadt Deutschlands", „Hallenser zanken besonders gern". Grund war der sogenannte „Streitatlas", den die Versicherung „Advocard" mit Sitz in Hamburg herausgegeben hatte. Darin wurden die Streitfälle der etwa 1,4 Millionen Kunden des Versicherers ausgewertet und man kam zu erstaunlichen Ergebnissen: Deutschlandweit soll es pro Jahr über 20 Streitfälle pro 100 Einwohner gegeben haben und z. B. in Berlin sogar über 26. Danach soll also mehr als jede fünfte deutsche Privatperson in eine rechtliche Auseinandersetzung verwickelt gewesen sein – und das in einem einzigen Jahr. Zwar gelten die Deutschen vielleicht als streitlustiger als andere Völker, aber diese Zahlen kommen einem doch sehr hoch vor. Besonders vor dem Hintergrund, dass es 2012 insgesamt etwa 3,2 Mio. Gerichtsverfahren gegeben hat. Dabei sind sogar die Nicht-Privatklagen schon mitgerechnet und trotzdem sind dies nur etwa 4 Fälle pro 100 Einwohner. Die beiden Zahlen passen offensichtlich nicht zusammen, auch wenn die Advocard Streit-

fälle schon mitgezählt hat, die z. B. durch Mediation beendet wurden.

Wie der Versicherer auf die riesige Zahl von Streitfällen gekommen ist, erschließt sich allerdings, wenn man weiß, wie sie ermittelt wurde. Auf unsere Nachfrage teilte man mit: „Für die Ermittlung der Streitintensität (durchschnittliche Streitfälle pro hundert Einwohner) wurden die Streitfälle ins Verhältnis zur Zahl der Privatkundenverträge gesetzt und dieses Ergebnis auf die Gesamtbevölkerung umgeschlagen." Man hat also einfach ausgerechnet, dass etwa jeder fünfte Advocard-Kunde mit Rechtsschutzversicherung im vergangenen Jahr in einen Rechtsstreit verwickelt war und daraus geschlossen, dass dies dann wohl auch insgesamt für jeden fünften Deutschen gilt. Nun ist natürlich nicht jeder Inhaber einer Rechtsschutzversicherung besonders streitlustig, aber ein Großteil der Kunden wird die Versicherung gerade deshalb abgeschlossen haben, weil er häufig in Rechtsstreitigkeiten verwickelt ist. Der Statistiker bezeichnet eine derartige Auswahl als nicht repräsentativ für die Gesamtbevölkerung. Die einfache Hochrechnung auf die Gesamtbevölkerung führt also vermutlich dazu, dass die Anzahl der Streitigkeiten pro Einwohner viel zu hoch geschätzt wird. Im Hinblick auf ein friedliches Zusammenleben ist das ja sicher eine gute Nachricht.

Die Nordsee voller Müll

Im Frühjahr 2013 wurde – ausgehend von einer internationalen Konferenz in Berlin – von unterschiedlichen Seiten ein verstärkter Kampf gegen den Müll in den Weltmeeren gefordert. Dieses Anliegen ist sicher wichtig und unterstützenswert, da viele Meerestiere Kunststoffreste über die Nahrungskette aufnehmen. Zur Veranschaulichung des Problems tauchte dabei in der Berichterstattung immer wieder auf, dass alleine der Müll in der Nordsee zusammengenommen einen Würfel mit einer Kantenlänge von 80 Kilometern ergeben würde. Eine unvorstellbar große Menge! Aber kann das sein? Eine kurze Rechnung hilft hier weiter:

Ein Würfel mit der Kantenlänge von 80 km entspricht einem Volumen des Mülls von

$$80\,km \times 80\,km \times 80\,km = 512.000\,km^3.$$

Die Nordsee hat eine Fläche von 575.000 Quadratkilometern. Gleichmäßig verteilt ergäbe sich für den Müll also eine durchschnittliche Mülldicke von

$$512.000\,km^3 / 575.000\,km^2 = 0,89\,km = 890\,m!$$

Das ist knapp 10-mal so hoch wie die durchschnittliche Wassertiefe der Nordsee. Auch wenn das Müllproblem in den Meeren große Ausmaße angenommen hat, so ist eine Müllschicht von vielen Hundert Metern Dicke auf der Nordsee sicherlich doch nicht realistisch.

Der Würfelvergleich stammte vom Präsidenten des Umweltbundesamtes, der sich später korrigierte und mitteilte, dass die

Seitenlänge des hypothetischen Würfels 80 Meter (statt Kilometer) betrage. Zu diesem Zeitpunkt war der Vergleich aber schon in der Welt und wurde vielfach verbreitet. Aber wie kann es sein, dass anfangs niemandem aufgefallen ist, wie unrealistisch der Vergleich war? Eine Müllschicht von knapp 900 Metern auf der Nordsee hätte ja keiner geglaubt. Ein Grund liegt vielleicht darin, dass die Menschen häufig ein Problem damit haben, Volumina anhand der Seitenlänge intuitiv richtig zu erfassen. Wenn dann die Zahlen auch noch so groß werden wie hier, fällt es schwer, den Überblick zu behalten und der eigenen Intuition zu folgen. Von daher zeigt dieses Beispiel, dass es sich lohnt, solche Veranschaulichungen kritisch zu hinterfragen. Dafür reichen oft schon die Grundrechenarten aus.

…

Zur Veranschaulichung der Dimension des „kleinen Irrtums" anbei zwei Abbildungen.

(Falls Sie den zweiten Würfel nicht sehen können, machen Sie sich bitte keine Gedanken über Ihre mangelnde Sehkraft – es könnte schlicht daran liegen, dass die Druckmaschine nicht in der Lage war, einen Würfel mit einer Kantenlänge von 0,1 mm zu drucken …)

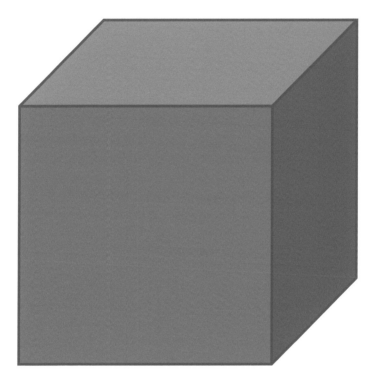

Maßstabsgetreue Darstellung eines Würfels mit 80 km Seitenlänge

.

Maßstabsgetreue Darstellung eines Würfels mit 80 m Seitenlänge

Milliarden Zuschauer

Im Rahmen der Euro-Rettung wurde und wird über extrem große Zahlen diskutiert. Die Zeiten, in denen man über Millionen berichtete, scheinen vorbei zu sein, man spricht mindestens über Milliarden, wenn nicht über Billionen. Das sind Zahlen, die man sich kaum vorstellen kann. Auch bei der Eröffnungsfeier der Olympischen Spiele 2012 tauchten solch große Zahlen wieder auf. Viele Medien in aller Welt berichteten über vier Milliarden Zuschauer, die weltweit die Eröffnungsfeier live am Fernseher verfolgten. Das ist mehr als die Hälfte der gesamten Menschheit!

Nun sind wir weder Sport- noch Medienprofis, aber kann eine solch gewaltige Zahl wirklich stimmen? Sicherlich haben viele Menschen dieses stimmungsvolle Ereignis verfolgt. Allein in Deutschland lag der Marktanteil des ZDF bei der Übertragung bei knapp 45 %, was etwa 7,7 Mio. Zuschauern entspricht. Dies ist eine große Zahl. Aber schon an dieser Stelle sollte man stutzig werden, denn da in Deutschland über 80 Millionen Menschen leben, heißt das, dass hier nicht einmal jeder zehnte auch wirklich bei der Eröffnungsfeier live dabei war. In anderen westlichen Ländern – etwa den USA – war dies ähnlich. In anderen Teilen der Welt hätte der Anteil also sehr viel höher gelegen haben müssen, wenn die Zahl von vier Milliarden wirklich erreicht worden sein sollte.

Bei den Daten in Deutschland muss man bedenken, dass hier in fast jedem Haushalt ein Fernseher steht. Dies ist in anderen Teilen der Welt ganz anders. Schätzungen besagen, dass über zwei Milliarden Menschen gar keinen Zugang zu einem Fernseher haben. Diese können also gar nicht live dabei gewe-

sen sein. *Darüber hinaus war während der Eröffnungsfeier in Asien tiefe Nacht, sodass man sich nur schwer vorstellen kann, dass dort überhaupt ein ebenso hoher Anteil wie in Deutschland vor dem Fernseher saß. Man sieht aber schon an dieser Stelle, dass es praktisch unmöglich ist, dass tatsächlich vier Milliarden Menschen die Eröffnungsfeier live verfolgten.*

Man muss sich also auch von großen Zahlen nicht abschrecken lassen, sondern sollte auch diese eines kritischen Blicks würdigen. Oft helfen schon sehr einfache Überlegungen, um unrealistische Aussagen zu erkennen.

…

Dass in den Medien gelegentlich vollkommen unplausible Zahlen genannt werden, wurde bereits in den beiden vorangegangenen Kolumnen thematisiert. Vor dem Hintergrund, dass ein Redakteur kaum über alle Fachgebiete ein fundiertes Wissen haben kann, erscheint dieses auch wenig erstaunlich. Dass allerdings diese fehlerhaften Zahlen den Weg durch eine redaktionelle Kontrolle finden, ist zumindest dann bemerkenswert, wenn sich die Zahlen schon auf den ersten Blick als unplausibel erweisen. Da Zahlen andererseits häufig mit seriöser Recherche assoziiert werden, birgt dies erhebliche Gefahren von Fehlinformationen für die Leser, wenn diese die in den Medien präsentierten Zahlen unreflektiert hinnehmen.

Im Folgenden haben wir noch einige aktuelle Meldungen aus Zeitungsartikeln zusammengestellt. Werfen Sie doch einmal einen Blick darauf und fragen Sie sich selber, ob Sie bei der morgendlichen Zeitungslektüre darüber gestolpert wären:

- So titelte die BILD-Zeitung beispielsweise im Oktober 2013 über Marder: „In Norddeutschland sind sie schon eine Plage". Anschließend wurde im Text vorgerechnet, dass in Norddeutschland schon mehrere Marder pro Quadratmeter Grundfläche lebten.
- Ebenfalls auf Kriegsfuß mit Flächenmaßen stand ganz offensichtlich der Schauspieler Benno Fürmann, als er sich im Januar 2014 über die Massentierhaltung äußerte. Er fand es empörend, dass ein Schwein nur 65 Quadratzentimeter Lebensfläche habe.
- Mit Einheiten ging beispielsweise auch in der ZEIT im November 2013 einiges durcheinander. Dort wurde in einem Artikel zum Kokainhandel berichtet, dass z. B. ein Kilogramm Kokain einen Marktwert von 65,70 € habe.
- Die Meldung „Die Zahl der Studenten verdoppelt sich fast von 1,8 Mio. (1999) auf 2,5 Mio. (2013)" (Frankfurter Allgemeine Zeitung im August 2014) muss mindestens eine fehlerhafte Zahl aufweisen, wie auch die Meldung „In der Schweiz lebt einer von 13 Menschen in Armut. Laut Bundesamt für Statistik lag die jüngst ermittelte Armutsquote 2012 bei 1,7 Prozent" (Kieler Nachrichten Juli 2014).
- Hin und wieder sind die fehlerhaften Verwendungen von Zahlen allerdings nicht auf den ersten Blick zu erkennen, sondern erst nach kurzem Nachrechnen. Spiegel Online berichtete im Juni 2013 über einen Achtjährigen, der die nationale Scrabble-Meisterschaft in Neuseeland gewonnen hatte. Er hat, so Spiegel Online in dem Bericht, sogar Spieler mit 50 Jahren Spielerfahrung im Rahmen des Turniers geschlagen. An anderer Stelle wird angegeben, dass

die Gegner des Achtjährigen bis zu fünfmal älter als er selbst gewesen seien.

Ausreißer und das Ozonloch

Was fällt Ihnen bei folgender Messreihe auf: 36,5; 36,6; 36,4; 40,1; 36,6; 36,4; 36,5? Wie Sie sicherlich sofort gemerkt haben, sticht einer der Messwerte besonders heraus, nämlich der Wert 40,1, der deutlich über den übrigen Werten liegt. Der Statistiker spricht bei einem solchen Wert von einem Ausreißer: Ein Wert unterscheidet sich stark von den übrigen. Ausreißer treten sehr oft bei der Behandlung von Statistiken aller Art auf und es ist – zumindest auf den ersten Blick – häufig unklar, wodurch sie zustande gekommen sind. Oft werden Messfehler dafür verantwortlich gemacht und die Ausreißer werden aus den Daten einfach gelöscht. Liegt tatsächlich ein Messfehler vor, ist dieses Vorgehen natürlich sehr sinnvoll, man muss dabei allerdings vorsichtig sein, damit relevante Informationen nicht unterschlagen werden.

Unsere (hypothetische) Messreihe von oben gibt die Körpertemperaturen einer Person über eine Woche an. Der hohe Wert 40,1 kam dadurch zustande, dass die Person am Donnerstag hohes Fieber bekam, welches aber nach Medikamenteneinnahme schnell gesenkt werden konnte. Wenn man solche außergewöhnlichen Werte also einfach ignoriert, können durchaus wichtige Informationen verlorengehen. Ein Beispiel

*aus der Wissenschaft für einen leichtfertigen Umgang mit Aus-
reißern ist die Entdeckung des Ozonlochs. Dieses wurde im
Jahr 1985 von den Britischen Forschern Farman, Gardinar
und Shanklin in einem wissenschaftlichen Artikel in der Zeitschrift „Nature" nachgewiesen. Die Forscher zeigten, dass der
Ozongehalt über der Antarktis in jenem Jahr 10 % unter
dem normalen Level lag. Daraufhin kam die Frage auf, wieso
der Satellit Nimbus 7, der entsprechende Messinstrumente an
Bord hatte und lange schon den Ozongehalt über der Antarktis
maß, diese Entwicklung nicht bereits früher gemeldet hatte. Bei
Nachforschungen stellte sich heraus, dass der Satellit die geringer werdende Ozonkonzentration schon seit den 70er-Jahren
gemessen hatte. Die ungewöhnlich niedrigen Werte hatte das
Computersystem des Satelliten in all den Jahren immer fälschlicherweise als Ausreißer klassifiziert und nicht an die Erde
weitergeleitet, da das Übermitteln der Daten teuer war und
man deshalb keine fehlerhaften Werte umsonst zur Erde sen-
den wollte. In diesem Fall hat also der fehlerhafte Umgang
mit Ausreißern dazu geführt, dass die Gefahren, die mit dem
Ozonloch verbunden sind, erst viele Jahre später, als es möglich
gewesen wäre, entdeckt wurden.*

Der wahre Grund für Lohnunterschiede

*Wussten Sie, dass am 21. März 2014 der „Equal Pay Day"
stattgefunden hat, also der „Tag der gleichen Bezahlung". Gemeint ist damit der fiktive Tag des Jahres, bis zu dem Männer*

gar nicht arbeiten müssten (also quasi unbezahlten Urlaub machen könnten), während Frauen arbeiten müssten, damit beide Gruppen über das Jahr hinweg das gleiche Gehalt erhalten würden. Dieser Zeitraum entspricht 80 Tagen eines Jahres, was den 21. März als „Equal Pay Day" erklärt.

Aber wie wird diese Zahl konkret berechnet? – Laut dem Statistischen Bundesamt verdienten Frauen 2013 mit einem durchschnittlichen Bruttostundenverdienst von 15,56 € 22 % weniger als Männer mit 19,84 €. Dieses nährt den Verdacht einer klaren Gehaltsdiskriminierung. Von anderer Seite werden aber auch andere Zahlen genannt, die deutlich geringere Abweichungen zwischen den Geschlechtern zeigen. Interessant ist dabei, dass das Statistische Bundesamt bei den 22 % von einem „unbereinigten Verdienstunterschied" spricht. Laut dem Statistischen Bundesamt bestehen jedoch systematische Unterschiede zwischen den Beschäftigungsformen von Frauen und Männern. So arbeiten Frauen und Männer in unterschiedlichen Branchen und Berufen und auch die Arbeitsplatzanforderungen hinsichtlich Führung und Qualifikation sind ungleich verteilt. Hinzu kommen weitere Faktoren wie etwa ein niedrigeres Dienstalter und ein geringerer Beschäftigungsumfang von Frauen. Werden die Zahlen um diese Faktoren bereinigt, was der Idee entspricht, dass man statistisch nur Frauen und Männer vergleicht, die exakt die gleiche Arbeit verrichten, dann liegt der Verdienstunterschied zwischen Frauen und Männern „nur" noch bei 7 %. Das heißt, Frauen verdienen zum großen Teil nicht deshalb weniger, weil ihnen die Arbeitgeber weniger Gehalt für die gleiche Arbeit bezahlen, sondern in erster Linie, weil Frauen in anderen Beschäftigungsverhältnissen arbeiten als Männer. Sie sind z. B. weniger häufig in höheren Positionen beschäftigt.

Man mag diesen Unterschied als spitzfindig abtun, aber inhaltlich ist er gewichtig: Ganz offensichtlich ist das Hauptproblem weniger, dass Frauen für gleiche Arbeit direkt wegen ihres Geschlechts weniger Geld erhalten, sondern vielmehr, dass für Frauen nicht die gleichen Chancen wie für Männer auf bessere Positionen auf dem Arbeitsmarkt gegeben sind. Was der Grund dafür ist, kann sicherlich Gegenstand kontroverser Diskussionen sein. Diese können aber nur sinnvoll auf Grundlage einer genauen statistischen Auswertung geführt werden.

Leidige Prozentrechnung

Wie schon in der vorangegangenen Kolumne beschrieben, wird schon seit einigen Jahren der sogenannte Equal Pay Day („Tag der gleichen Bezahlung") mit vielen Veranstaltungen und einem großen medialen Echo begangen. Dabei fiel der Tag 2014 auf den 21. März. Es lohnt durchaus, die Festlegung dieses Datums kritisch zu hinterfragen: Der Business and Professional Women e. V. (BPW), der den Equal Pay Day organisiert, schreibt dazu, dass das Datum symbolisch den Tag markiert, bis zu dem Frauen im Schnitt länger arbeiten müssen, um genauso viel Geld verdient zu haben wie Männer bereits am Ende des Vorjahres. Im Jahr 2013 lag der geschlechtsspezifische Entgeltunterschied bei 22 %. Umgerechnet ergeben die 22 % 80 Tage, welches dem Zeitraum von Neujahr bis zum 21. März entspricht. Frauen müssen hiernach also 80 Tage umsonst arbeiten.

Diese Darstellung wurde (unüberprüft) in den meisten Medien so oder ähnlich übernommen.

Es lohnt jedoch, diese Aussagen ein wenig näher zu betrachten: Wie beschrieben beträgt der Entgeltunterschied zwischen Männern und Frauen momentan etwa 22 %. Die Frage, wie viel länger Frauen also arbeiten müssen, um auf das gleiche Gehalt wie Männer zu kommen, ist jetzt einfache Prozentrechnung. Da Frauen 78 % des männlichen Gehalts haben, müssen Sie für ein männliches Einkommen rechnerisch 1/0,78 = 128 % der Zeit arbeiten. Auf ein Jahr umgelegt sind das also etwa 1 Jahr und 102 Tage. Der Equal Pay Day müsste nach dieser Rechnung also eigentlich am 12. April, dem 102. Tag des Jahres, liegen.

Wie kommt man dann aber auf den 21. März als Datum für den Equal Pay Day? Hier wurde einfach die Logik angewandt, dass Frauen wohl 22 % mehr arbeiten müssten, wenn sie 22 % weniger verdienen, um auf das Einkommen der Männer zu kommen. Dieses stimmt aber natürlich nicht, denn durch 22 % Mehrarbeit kommen Frauen nur auf 0,78 × 1,22 = 95 % des männlichen Einkommens.

Der hier gemachte Denkfehler ist ganz typisch, obwohl es sich um einfache Prozentrechnung handelt. Der Kern ist, dass Prozentzahlen immer relativ zu sehen sind. Wer an einem Tag 50 % an der Börse verliert und am nächsten Tag 50 % gewinnt, hat eben nicht sein Ursprungskapital zurückgewonnen, sondern nur 50 % × 150 % = 75 %.

…

Gerade bei privaten Aktiengeschäften lässt sich der beschriebene Effekt als Argumentation häufiger beobachten.

Da der Mensch eigene Fehler nicht gerne eingesteht, sollten Sie im Bekanntenkreis immer dann aufhorchen, wenn Ihnen berichtet wird, dass die Turbulenzen am Aktienmarkt gar nicht so schlimm gewesen seien, denn die Verluste in Höhe von 50 % im vergangene Jahr habe man in diesem Jahr mit 50 % Gewinnen wieder ausgeglichen. Lächeln Sie einfach in sich hinein und bedauern Sie den Gesprächspartner ob seiner Verluste in Höhe von 25 %.

Nach der Bundestagswahl

Nach der Bundestagswahl 2013 spielte sich ein Ritual ab, wie man sie ähnlich von früheren Wahlen kannte: Abgesehen von der CDU als Wahlsieger wurde in allen Parteien kontrovers über die zukünftige Ausrichtung diskutiert. Sowohl die programmatische Grundausrichtung, als auch das Spitzenpersonal standen zur Disposition. Der Ausgang dieses Prozesses ist direkt nach einer Wahl noch vollkommen offen. Und wie so oft bei kontrovers geführten Diskussionen werden von allen Seiten immer wieder Statistiken zur Untermauerung des eigenen Standpunktes ins Spiel gebracht. Manches wirkt dabei einleuchtend, anderes mutet eher skurril an.

Wir möchten an dieser Stelle als exemplarisches Beispiel eine Aussage eines schleswig-holsteinischen Spitzenpolitikers behandeln, wobei man in anderen Parteien und von anderen Personen häufig Ähnliches hört. Im ARD-Brennpunkt am Tag nach der Wahl wies Wolfgang Kubicki (FDP) darauf hin, dass

„*Christian Lindner und ich knapp 50 % Zustimmung in der Bevölkerung*" *haben. Dabei bezog er sich auf aktuelle Zahlen des ARD-Deutschlandtrends, bei dem die Frage gestellt wurde, wer als FDP-Vorsitzender für den politischen Neuanfang geeignet wäre. Dabei sprachen sich 35 % für Christian Lindner und 13 % für Wolfgang Kubicki aus, was zusammen in der Tat 48 % ergibt. Die Zahl stimmt also. Allerdings sollte man bei dem Statement zwei Aspekte beachten:*

Zum einen wurde die Frage etwas großzügig interpretiert. So wird sicher nicht jeder Befragte, der etwa Christian Lindner einen politischen Neuanfang für die FDP zutraut, diesen auch unterstützen. Ansonsten hätte bei den obigen Ergebnissen die 5 %-Grenze für die FDP sicherlich keine Hürde dargestellt. Man sollte sich also allgemein bei der Verwendung von Umfrageergebnissen stets vor Augen führen, wie die Frage eigentlich formuliert war. Der zweite Aspekt ist das Zusammenfassen der Ergebnisse von Herrn Lindner und Herrn Kubicki. Damit wird suggeriert, dass 50 % der Befragten dem Duo einen Neuanfang zutrauten. Es ist aber nicht ersichtlich, ob diejenigen, die sich für Herrn Lindner ausgesprochen haben, automatisch auch Herrn Kubicki in einer Spitzenposition sehen wollen und umgekehrt. Ansonsten könnte man überspitzt formulieren, dass bei einem Handballspiel zwischen Flensburg und Kiel 100 % der Fans einen Sieg von entweder Flensburg oder von Kiel wünschen. Daraus kann man aber natürlich nicht folgern, dass ein Sieg z. B. von Kiel alle Fans zufriedenstellen würde.

Fragliches Comeback
der Schreibmaschine

Den Medien ließ sich im Sommer 2014 entnehmen, dass im Zuge der NSA-Affäre die Nachfrage nach Schreibmaschinen in Deutschland deutlich gestiegen sei. So habe der Hersteller Triumph-Adler im vergangenen Geschäftsjahr 10.000 Maschinen verkauft, ein Drittel mehr als im Jahr zuvor. Und der Hersteller Olympia erwartete demnach für dieses Jahr sogar eine Verdoppelung der Verkaufszahlen gegenüber dem Vorjahr. Die Medienberichte wurden zum Teil damit garniert, dass sogar der russische Geheimdienst FSB nach den Enthüllungen des ehemaligen US-Geheimdienstlers Edward Snowden bei Olympia um die Lieferung von 20 Schreibmaschinen angefragt habe. Allerdings sei der Auftrag später doch nicht zustande gekommen.

Die Geschichte klingt einfach zu passend, um wahr zu sein, und man mag sich selber einmal fragen, ob man in den letzten Wochen irgendwo auf eine aufgrund der NSA-Affäre neu angeschaffte Schreibmaschine gestoßen ist. Tatsächlich wurde ein wichtiges Detail der Pressemeldungen zur sprunghaften Renaissance der Schreibmaschine zumeist nur am Rande erwähnt, nämlich der Ausstieg des japanischen Konzerns Brother 2013 aus dem Schreibmaschinengeschäft. Um diesen Einfluss beurteilen zu können, mag man sich einmal die absoluten Verkaufszahlen von Schreibmaschinen anschauen. Triumph-Adler hat 2013 etwa 10.000 Schreibmaschinen verkauft, ein Drittel mehr als im Jahr zuvor. Das bedeutet, dass Triumph-Adler 2012 etwa 7500 Schreibmaschinen abgesetzt hat. Und Olympia erwartet für 2014 eine Verdoppelung der Verkaufszahlen auf etwa 10.000 Stück, in 2013 wurden also etwa

5000 Exemplare verkauft. Die absoluten Verkaufszahlen lassen schon erahnen, dass die Schreibmaschine auch weiterhin ein Nischendasein führen dürfte. Und auch die Zuwächse lassen sich leicht durch den Ausstieg von Brother aus dem Markt im Laufe des Jahres 2013 erklären: Brother hat 2013 noch etwa 7500 Maschinen verkauft. Die vermeintlich hohen Zuwächse bei Triumph-Adler und Olympia lassen sich also vermutlich schlicht mit der Einstellung des Schreibmaschinengeschäfts von Brother erklären. Insofern werden wir das früher so vertraute Klackern des Buchstabenanschlags sowie das „Ratschen" bei Betätigung des Zeilenschalthebels mit Wagenrücklauf trotz NSA wohl auch in Zukunft eher nostalgisch der Vergangenheit als der Gegenwart zuordnen.

Die Toten des Gaza-Kriegs

Das Grauen von kriegerischen Auseinandersetzungen ist von großem menschlichen Leid geprägt. Opferzahlen können die Dimension des Schreckens darstellen, abstrahieren aber vom Leid des Einzelnen. Werden also Statistiken zu der Anzahl von Kriegstoten erstellt, sollte besondere Sorgfalt an den Tag gelegt werden, damit nicht auch noch über die statistischen Hintergründe debattiert werden muss. Das folgende Beispiel eines großen deutschen Online-Nachrichtendienstes zum Gaza-Konflikt 2014 mag das Problem beleuchten.

Der für eine Nachrichtenseite übliche schnelle Blick auf die folgende Abbildung mag zu dem Fehlschluss verleiten, dass die

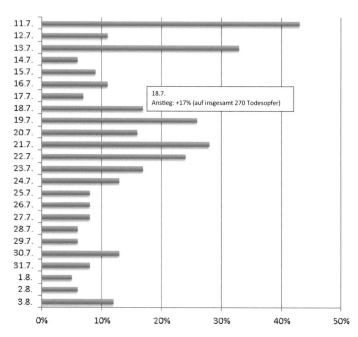

Opfer des Gaza-Konflikts (Entwicklung der bekannten Opferzahlen auf beiden Seiten im Vergleich zum Vortag) (Spiegel Online 7.8.2014; eigene Darstellung)

Anzahl der Toten im Verlauf des Krieges tendenziell eher konstant blieb oder sogar zurückging. Bei einem zweiten Blick stolpert man dann aber vielleicht über die Angabe „Prozent". Hier sind allerdings nicht die relativen Anteile der Toten eines Tages an der Gesamtzahl der Getöteten abgetragen (was zumindest inhaltlich noch sinnvoll wäre), sondern es ist deutlich komplizierter: Es ist die „Entwicklung der bekannten Opferzahlen auf beiden Seiten im Vergleich zum Vortag". Genauer wird für jeden Tag die Zahl der Toten im Verhältnis zur Gesamtopferzahl bis zu diesem Tag aufgetragen, das heißt, schon die Überschrift „… im Vergleich zum Vortag" stimmt eigentlich nicht, denn die Abbildung stellt die Anzahl der Toten eines Tages in Relation zu der bisherigen Zahl der Toten im Kriegsverlauf bis zum Vortag insgesamt dar. Die 17 % am 18.7. bedeuten also keineswegs, dass an diesem Tag 17 % der Opfer des Konflikts zu beklagen waren, sondern, dass sich die Opferzahl an diesem Tag von vorher 231 auf 270 erhöht hat, also 17 % zusätzliche Tote am 18.7. im Vergleich zur Gesamtanzahl der Toten bis zum Vortag zu beklagen waren. Es sind an diesem Tag also 39 Menschen ums Leben gekommen. Die 12 % am 3.8. bedeuten dementsprechend, dass die Zahl der Opfer von 1591 auf 1784 angestiegen ist. Damit haben am letzten Tag dieser Zeitreihe 193 Menschen ihr Leben gelassen.

Mit dieser Art der Darstellung für die Opferzahlen des 2. Weltkriegs wäre der entsprechende Balken für die letzten Kriegstage extrem kurz ausgefallen, aber leider nicht, weil diese besonders opferarm waren, sondern nur, weil die Gesamtzahl der Toten bis dahin einfach so groß war.

Bei der grafischen Umsetzung von Zahlen geschieht es häufig, dass zu schlichte Varianten gewählt werden, sodass die Daten damit nicht adäquat beschrieben werden können. Hier ist das Erstaunliche, dass eine so komplizierte Aufbereitung gewählt wurde, dass der Leser sie entweder falsch liest oder er sie zwar korrekt aufnimmt, ihm die Möglichkeiten zur sinnvollen Interpretation aber fehlen. Es bleibt also kritisch anzumerken, dass das sensible Thema Krieg nicht auch noch durch verstörende Zahlenakrobatik belastet werden sollte.

Das Schweigen über die „Judenstatistik"

In den vorigen Kolumnen ging es um Veröffentlichungen von Statistiken, die weitreichende Auswirkungen hatten und kritisch zu hinterfragen sind. Anlässlich des Beginns des Ersten Weltkriegs vor hundert Jahren befassen wir uns nun aber mit einer Statistik, die gerade wegen Ihrer Nichtveröffentlichung erhebliche Unruhe erzeugte, die sogenannte „Judenstatistik".

So bezeichnet man heute eine Erhebung des Anteils der Juden an den deutschen Soldaten im Ersten Weltkrieg, die im Oktober 1916 durch den deutschen Kriegsminister Adolf Wild von Hohenborn veranlasst wurde. In dem Erlass an das Heer hieß es zur Begründung: „Fortgesetzt laufen beim Kriegsministerium aus der Bevölkerung Klagen darüber ein, daß eine unverhältnismäßig große Anzahl wehrpflichtiger Angehöriger des israelitischen Glaubens vom Heeresdienst befreit sei oder sich von diesem unter allen nur möglichen Vorwänden drücke." Es ist davon auszugehen, dass schon die Erhebung dieser Statistik mit der aufgeführten Begründung Vorurteile gegen Juden im Heer erheblich verstärkte. Gerade von den jüdisch-deutschen Soldaten, die sich durch ein Mitwirken im Krieg eine Stärkung der Gleichberechtigung erhofften, wurde dies als Schlag ins Gesicht empfunden.

Obwohl auch jüdische Organisationen dies immer wieder forderten, wurden die Ergebnisse der Erhebung bis zum Kriegsende aus „Rücksicht auf inneren Frieden" nicht veröffentlicht, was die geschürten Vorurteile nur noch verstärkte. Nach dem Krieg kursierten immer wieder angebliche Ergebnisse der Zählung, die dann zu Propagandazwecken genutzt wurden, aber wohl selten auf einer soliden Basis standen. Es ist aber davon auszugehen, dass die Erhebung im Wesentlichen das gleiche Ergebnis lieferte wie viele weitere Untersuchungen nach dem Krieg: Der Anteil der Juden im Heer, an der Front und unter den Gefallenen entsprach ziemlich genau ihrem Anteil an der Gesamtbevölkerung, der Anteil der Freiwilligen lag sogar darüber. Die Veröffentlichung der Ergebnisse zu Kriegszeiten hätte die kolportierten Vorurteile gegen die jüdische Bevölkerung also klar widerlegen können. Dieses Beispiel zeigt, dass schon die Erhebung und anschließende Nichtveröffentlichung von Statistiken erhebliche negative Auswirkungen haben kann.

Fruchtbarkeit und Alter

Statistiken können dabei helfen, Risiken in dieser Welt besser zu verstehen. Was bei der Interpretation von Statistiken schief gehen kann, haben wir in diesem Buch schon ein ums andere Mal gezeigt. Aber auch die beste Interpretation kann nur so gut sein wie die zugrundeliegenden Daten. Wenn also die Daten schlecht sind, kann man auch mit der besten Statistik keine sinnvollen Ergebnisse erwarten. Soweit, so klar. Problematisch wird es aber, wenn keiner mehr so genau weiß, woher die Daten eigentlich stammen.

Einen solchen Fall stellt eine weitverbreitete Statistik zur Fruchtbarkeit von Frauen bei fortschreitendem Alter dar. So ist bekannt, dass es in höherem Alter für Frauen tendenziell schwieriger wird, schwanger zu werden. Dabei taucht auch in seriösen Quellen immer wieder die Zahl auf, dass jede dritte Frau ab dem 36sten Lebensjahr trotz regelmäßigen ungeschützten Geschlechtsverkehrs innerhalb eines Jahres nicht schwanger wird. Aber wie ist man zu dieser Zahl gekommen? Schließlich ist es – gerade aufgrund der verbreiteten Verhütung – schwierig, dies genauer zu messen.

Das hat sich die Psychologin Jean Twenge von der San Diego State University auch gefragt und ging der Sache auf den Grund. Sie fand dabei heraus, dass die Frage der Verhütung nicht das Hauptproblem bei dieser Statistik sein dürfte: Sie basiert nämlich auf Zahlen, die 300 Jahre alt sind. Konkret wurden die kirchlichen Geburtsregister aus Frankreich vom Beginn des 18. Jahrhunderts ausgewertet. Und da Verhütung damals noch keine so wichtige Rolle spielte, rechnete man daraus die Fertilitätsrate der Frauen im Alter von 35 Jahren hoch. Schon dieses Vorgehen kann man sicher kritisch hinterfragen. Aber selbst wenn dies wirklich die richtige Quote in Frankreich vor 300 Jahren war, so ist doch äußerst fraglich, welche Relevanz diese Zahlen für unsere moderne Gesellschaft von heute haben. Schließlich sind die Gesundheitsversorgung, die Hygiene, die Lebensmittelversorgung und die sexuelle Aufklärung wohl kaum mit der historischen Situation in Frankreich um 1700 vergleichbar. Und in der Tat gibt es neuere Untersuchungen, die darauf hindeuten, dass die heutige Fertilitätsrate bei Frauen Mitte 30 deutlich höher liegen dürfte. Wenn Statistiken also schon lange im Umlauf sind, so sollte wenigstens überprüft werden, wie übertragbar die Ergebnisse auf die heutige Zeit sind.

Überalterung der Ärzteschaft

Dem Gesundheitssystem stehen in den kommenden Jahren viele Veränderungen bevor. Besonders in ländlichen Regionen besteht oft die Befürchtung, dass es in Zukunft immer schwieriger werden wird, Nachfolger für Praxen zu finden, wenn der ansässige niedergelassene Arzt in den Ruhestand geht. Vor diesem Hintergrund hat die folgende Meldung aus dem sogenannten Ärztemonitor 2014 für Aufregung gesorgt: Bis zum Jahr 2020 wird in Deutschland fast jeder vierte Praxisinhaber in den Ruhestand gehen. Das wirkt auf den ersten Blick wirklich besorgniserregend. Aber die richtige Einordnung dieser Meldung ist gar nicht so offensichtlich, wie es im ersten Moment scheint. Man muss dabei nämlich bedenken, dass die meisten Ärzte eine Praxis nicht sofort nach dem Studium eröffnen, sondern erst im Anschluss an andere Tätigkeiten, zum Beispiel im Krankenhaus. Die wenigsten Ärzte beginnen ihre niedergelassene Tätigkeit vor ihrem 40sten Geburtstag. Betrachten wir vor diesem Hintergrund zur Veranschaulichung eine fiktive Stadt mit 24 niedergelassenen Ärzten. Einer hat gerade mit 41 Jahren seine Praxis übernommen und das Alter seiner Kollegen ist extrem ausgewogen: Ein Arzt ist 42, einer 43, einer 44 usw. bis zum ältesten Kollegen mit 64 Jahren. Von jung bis alt ist alles gleichmäßig vertreten. Bis 2020 werden damit voraussichtlich die ältesten sechs Ärzte in den Ruhestand gehen. Das entspricht in unserer fiktiven Kleinstadt aber in der Tat genau einem Viertel der Ärzteschaft. Die Meldung aus dem Ärztemonitor wirkt in diesem Beispiel also gar nicht mehr so furchteinflößend, sondern spiegelt nur eine „normale" Situation wider.

Um also einschätzen zu können, wie die Meldung insgesamt eingeordnet werden sollte, ist es mindestens nötig zu klären, in welchem Alter niedergelassene Ärzte ihre Tätigkeit im Schnitt beginnen und wie lange sie diese dann ausüben. Diese Zahlen wurden aber im Ärztemonitor gar nicht erhoben bzw. werden der Öffentlichkeit nicht zugänglich gemacht. Natürlich kann es durchaus sein, dass die ärztliche Versorgung mindestens in bestimmten Regionen zukünftig schwieriger wird, weil es nicht genügend Kandidaten für eine Praxisübernahme gibt. Die Zahlen zu dem Anteil der Ärzte, die in den nächsten Jahren in den Ruhestand wechseln wollen, sprechen aber alleine ohne weitere Informationen nicht dafür, dass eine besonders dramatische Situation bevorsteht.

...

In vergleichbarer Argumentation fanden sich im Jahr 2012 in schleswig-holsteinischen Medien Überschriften wie „Öffentlichem Dienst droht Überalterung". Konkret ging es darum, dass die Landesregierung bekanntgegeben hatte, dass bis zum Jahr 2020 jeder fünfte Beschäftigte des Öffentlichen Dienstes in den Ruhestand gehen würde und somit eine Überalterung vorläge und eine Pensionierungswelle drohe. Die Landesregierung forderte deshalb, die geplanten Stelleneinsparungen zur Haushaltskonsolidierung in Schleswig-Holstein in den kommenden Jahren weniger restriktiv umzusetzen.

Immer dann, wenn in den Medien oder seitens der Politik plakativ Zahlen herangezogen werden, um eine vielleicht umstrittene Maßnahme zu begründen, sollte Vorsicht geboten sein. So auch in diesem Fall, denn einfaches Nachrechnen zeigt, dass nach den genannten Zahlen vermutlich überhaupt keine Überalterung im Öffentlichen Dienst vorliegt:

Gehen wir einmal davon aus, dass Mitarbeiter des Öffentlichen Dienstes im Durchschnitt 40 Jahre im Dienst sind (einzelne beginnen zwar deutlich früher als mit 20 Jahren, Akademiker aber häufig erst mit Ende 20, sodass wir von einem durchschnittlichen Eintrittsalter in den Öffentlichen Dienst von 25 Jahren und einem Renteneintritt von 65 Jahren ausgehen), so sollten bei gleichmäßiger Altersverteilung pro Jahr also 1/40 oder 2,5 % der Bediensteten in den Ruhestand wechseln. Nach acht Jahren wären dies genau 20 %, welches der Aussage der Landesregierung entspricht. Mitnichten lässt sich also anhand dieser Zahlen von einer generellen Überalterung im Öffentlichen Dienst sprechen; die Aussage wurde schlicht als plakatives (Schein-) Argument eingesetzt, frei nach dem Motto: „Hauptsache unser Ziel wird mit Zahlen begründet".

90-Stunden-Woche

Vor einiger Zeit berichtete ein großes Politmagazin über die Arbeitsbelastung niedergelassener Ärzte. Ausgewählte interviewte Ärzte berichteten zumeist von 60 bis 70 Stunden Arbeit pro Woche, einzelne Ärzte gaben sogar eine Wochenarbeitszeit von 80 bis 90 Stunden an.

Das klingt in der Tat nach viel, aber sind solche immer wieder in den Medien zu lesenden Angaben überhaupt realis-

tisch? Diese Frage lässt sich schon durch die einfachen Grundrechenarten beantworten. Wir betrachten dazu zunächst einmal das Extrembeispiel einer 90-Stunden-Woche. Egal wie man es dreht und wendet: Das wären auf 5 Arbeitstage gerechnet täglich 18 Stunden! Wenn wir einmal annehmen, dass die Mediziner tatsächlich schon um 7 Uhr morgens die Tätigkeit in ihrer Praxis aufnehmen und wenn wir ihnen mindestens eine Stunde Mittagspause zugestehen, dann müssten sie jeden Tag bis 2 Uhr am folgenden Morgen arbeiten. Da bliebe also kaum noch Gelegenheit für eine Nachtruhe. Nun mag es sein, dass viele Praxisinhaber zum Teil auch am Wochenende arbeiten und – neben vereinzelten Sprechstunden – vor allem Bürotätigkeiten verrichten, dann müssten sie pro Tag immer noch 15 Stunden arbeiten, sofern sich die Arbeit auf den Samstag beschränken würde. Bei der Annahme des Beginns der Arbeit jeden Morgen um 7 Uhr und einer Stunde Pause pro Tag müssten die Mediziner immer noch bis 23 Uhr arbeiten. Auch das erscheint kaum möglich. Bleibt die Möglichkeit, dass die Ärzte, die eine 90-Stunden-Woche angaben, auch jeden Sonntag arbeiten. In diesem Fall blieben fast 13 Stunden Arbeit pro Tag. Die Ärzte würden ihre Praxis also an sieben Tagen pro Woche nicht vor 21 Uhr verlassen.

Eigenangaben zu einer Arbeitswoche von 90 Stunden erscheinen also kaum realistisch. Aber wie sieht es mit einer 70-Stunden-Woche aus? Bei einer 5-Tage-Woche wäre das Ende der Arbeitszeit jeden Abend um 22 Uhr. Bei einer durchgängigen 6-Tage-Woche müssten die Mediziner jeden Abend bis kurz vor 20 Uhr arbeiten.

Man erkennt schnell, dass diese Angaben zur wöchentlichen Arbeitszeit mindestens kritisch zu hinterfragen sind und wohl eher dem Reich der Mythen zugeordnet werden müssen. Mit den Angaben möchte man vermutlich eher ganz allgemein auf eine hohe Arbeitsbelastung hinweisen. Und tatsächlich zeigt eine Befragung bei niedergelassen Ärzten im Rahmen des Ärztemonitors der Kassenärztlichen Bundesvereinigung, dass Ärzte nach eigenen Angaben im Durchschnitt 55 Arbeitsstunden pro Woche (inklusive Tätigkeiten für Verwaltung u. ä.) aufwenden. Bei der oben beschriebenen 5-Tage-Woche müssten die Ärzte dann bis abends um 19 Uhr arbeiten. Das ist immer noch sehr viel im Vergleich zu anderen Berufen, aber von regelmäßiger Arbeit auch am Wochenende bis tief in die Nacht kann wohl zum Glück doch nicht die Rede sein.

Milchmädchen, bleib sitzen – oder doch nicht?

Als die Bertelsmann Stiftung vor einiger Zeit ausrechnen ließ, was das Sitzenbleiben an deutschen Schulen kostet, echauffierte sich eine große Sonntagszeitung unter dem Titel „Milchmädchen, bleib sitzen" über die zugrundeliegende Berechnung. Der Grund lag darin, dass die Autoren der Studie angenommen hatten, dass jeder Schüler, der ein Schuljahr wiederholen müsse, ein zusätzliches „Schülerjahr" kosten würde, also Kosten für einen Schüler und ein Jahr verursacht.

Was auf den ersten Blick logisch erscheint, wurde seitens der Sonntagszeitung durch eine einfache Rechnung angezweifelt. Die Rechnung sah wie folgt aus: Die Klassen nehmen beim Sit-

zenbleiben nicht nur Schüler auf, sie geben auch welche ab, nämlich nach unten.

Man stelle sich im Modell eine Schule vor, die drei Klassenstufen hat und in jeder zwanzig Schüler. Wenn jetzt in jeder Stufe zwei Schüler sitzen bleiben, hat Klasse 3 achtzehn Absolventen, die die Schule verlassen, und zwei, die bleiben. Klasse 2 geht mit 18 Schülern ins neue Jahr und nimmt zusätzlich die zwei Nichtabsolventen auf. Klasse 1 geht es mit den zwei Sitzenbleibern aus der Klasse 2 genauso. In den neuen Klassen 2 und 3 sitzen also nach wie vor jeweils zwanzig Schüler. Nur in Klasse 1 sitzen jetzt 22, wenn 20 neue Schüler eingeschult worden sind. Also sind sechs Schüler sitzengeblieben, aber die Schule hat nur zwei zusätzliche Schüler, die zusätzliche Kosten verursachen.

Die Argumentation besteht also darin, dass ein Sitzenbleiber nicht ein zusätzliches „Schülerjahr" an Kosten verursacht, sondern deutlich weniger. Auch diese Argumentation scheint auf den ersten Blick logisch, wenn auch die schlichtere Argumentation in der Studie der Bertelsmann Stiftung, wonach ein Sitzenbleiber genau ein „Schülerjahr" zusätzlich verursacht, unserer Intuition mehr entgegenkommt. Aber worin besteht dann der Denkfehler in der Argumentation der Sonntagszeitung?

Am einfachsten kann man sich diese Frage anhand einer schematischen Darstellung beantworten. Die Sonntagszeitung hatte inhaltlich entsprechend der folgenden Tabelle argumentiert, d. h. wenn die Schule mit jeweils 20 Schülern pro Klasse im Jahr 0 gestartet ist, sind im nächsten Schuljahr (Jahr 1) nach Einführung des Sitzenbleibens (rote Linie) aufgrund von jeweils zwei Sitzenbleibern in Klasse 1 22 Schüler und in Klasse 2 und 3 jeweils 20 Schüler.

Einführung des Sitzenbleibens bei 2-Jahres-Betrachtung

Klasse	Jahr 0	Jahr 1
1	20	20 + 2 = 22
2	20	20 − 2 + 2 = 20
3	20	20 − 2 + 2 = 20

Einführung des Sitzenbleibens bei 5-Jahres-Betrachtung

Klasse	Jahr 0	Jahr 1	Jahr 2	Jahr 3	Jahr 4
1	20	20 + 2 = 22	20 + 2 = 22	20 + 2 = 22	…
2	20	20 − 2 + 2 = 20	22 − 2 + 2 = 22	22 − 2 + 2 = 22	…
3	20	20 − 2 + 2 = 20	20 − 2 + 2 = 20	22 − 2 + 2 = 22	…

Doch wie sieht das Ganze in den folgenden Schuljahren aus? Im zweiten Jahr nach Einführung des Sitzenbleibens sind bereits in Klasse 1 und 2 jeweils 22 Schüler und nur in Klasse 3 noch 20 Schüler. Und ab dem dritten Jahr haben alle Klassen 22 Schüler. Das heißt, die Klassenstärke passt sich erst langsam durch die Sitzenbleiber nach oben an. Lediglich in den ersten beiden Jahren nach Einführung des Sitzenbleibens sind die vollen neuen Klassenstärken durch das Sitzenbleiben noch nicht erreicht. Der Argumentationsfehler der Sonntagszeitung lag also darin, dass der Autor lediglich ein Schuljahr nach Einführung des Sitzenbleibens betrachtet hat.

Nun mag man sich aber die zusätzliche Frage stellen, ob die Sonntagszeitung nicht doch zumindest teilweise richtig lag, denn immerhin wird die volle Klassenstärke nicht sofort erreicht. Auch diese Überlegung greift allerdings zu kurz, denn wenn wir uns vorstellen, das Sitzenbleiben wird an der Mo-

Sitzenbleiber und Klassengröße bei 5-Jahres-Betrachtung

Klasse	t-4	t-3	t-2	t-1	t
1	...	22	20	20	20
2	...	22	22	20	20
3	...	22	22	22	20

dellschule nach Schuljahr t-3 abgeschafft (grüne Linie), hätte man in Schuljahr t-2 trotzdem noch in Klasse 2 und 3 jeweils 22 Schüler und im folgenden Jahr in Klasse 3. Erst nach drei Jahren läge die Klassenstärke wieder bei 20 Schülern, d. h. zwei Jahre lang würden temporäre Überhänge abgebaut, die genau den fehlenden Klassenstärken zu 22 Schülern in den ersten Jahren nach Einführung des Sitzenbleibens entsprechen. Es handelt sich also nur um eine zeitliche Verschiebung und die Berechnung der Bertelsmann Stiftung, wonach ein Sitzenbleiber ein zusätzliches „Schülerjahr" verursacht, stimmt exakt.

HochStapler

Diederik Alexander Stapel galt als Nachwuchsstar der Wissenschaft. Nach dem Ende seines Studiums der Psychologie und Kommunikationswissenschaft 1991 beschäftigte er sich mit Fragen der Sozialpsychologie und gelangte dabei zu vielbeachteten Resultaten. Besonders bekannt wurde eine Studie, die das Ergebnis hatte, dass das Leben in unordentlichen Umgebungen Diskriminierung befördert. Diese wurde in der sehr renommierten Zeitschrift „Science" veröffentlicht und fand auch in den Medien ein großes Echo. In einer anderen Studie behauptete er, dass sich Menschen, die ans Fleischessen denken, unsozialer verhielten als andere, was in einer hiesigen Zeitung mit der Überschrift „Vegetarier sind die netteren Menschen" versehen wurde. So brachte er es während seiner Tätigkeit an verschiedenen niederländischen Universitäten auf mehr als hundert Forschungsarbeiten und erhielt dafür zahlreiche Auszeichnungen.

Alle seine Arbeiten basierten auf umfangreichem Zahlenmaterial aus Experimenten, welches jeweils sorgfältig statistisch ausgewertet wurde. Externe Gutachter prüften alle Ergebnisse vor der Veröffentlichung und hatten keine Beanstandungen. Alle Ergebnisse schienen also auch von statistischer Seite gut abgesichert zu sein. Dies änderte sich jedoch schlagartig, als 2011 drei junge Nachwuchswissenschaftler seiner Arbeitsgruppe nach monatelangen Beobachtungen den Verdacht hatten, dass mit einigen Ergebnissen der Experimente von Diederik Stapel etwas nicht stimmen konnte. Sie teilten dies der Universitätsleitung mit. Konfrontiert mit dieser Anschuldigung gab Professor Stapel zu, die Daten der meisten seiner Artikel einfach frei erfunden zu haben, was zu seiner Suspendierung führte. Er verfolgte bei seinen Arbeiten stets das gleiche Muster, indem er jeweils eine medienwirksame Hypothese aufstellte, ein entsprechendes Experiment entwarf, um diese zu prüfen, das Experiment dann aber nicht durchführte. Stattdessen wählte er fingierte Zahlen aus, die seine Hypothese vermeintlich bestätigten. Dieses Vorgehen ist zwar vielleicht die plumpste Art, „Schindluder" mit Statistik zu treiben, sie wurde aber trotz zahlreicher Überprüfungen im Wissenschaftsbetrieb über Jahre nicht bemerkt.

Mathematischer Nonsens

Wir haben in diesem Buch ja schon anhand vieler Beispiele darauf hingewiesen, dass man der Anwendung von Mathematik und Statistik stets kritisch gegenübertreten sollte, auch wenn die Methoden sehr beeindruckend wirken. Leider geschieht das selbst unter Experten oft nicht. Ganz im Gegenteil kann man mit mathematischen Formeln oft Eindruck schinden, auch wenn diese zur Klärung der Fragestellung gar keinen Beitrag leisten. Sehr anschaulich hat dies eine aktuelle Untersuchung gezeigt:

In dieser wurden 200 Uniabsolventen in den USA Zusammenfassungen zweier wissenschaftlicher Artikel vorgelegt. In diesen Artikeln wurde den Fragen nachgegangen, wie australische Ureinwohner ihre Nahrungsmittel aufteilen und ob Farbige mit einer kriminellen Vorgeschichte in den USA gegenüber vorbestraften Weißen bei der Arbeitssuche diskriminiert werden. Bei beiden Themen kann man schon ahnen, dass komplexe Mathematik wahrscheinlich keine zentrale Rolle gespielt hat. Der Autor der Untersuchung hat nun aber einfach in jeweils eine der beiden Zusammenfassungen per Zufallsprinzip den völlig zusammenhangslosen Satz

„Ein mathematisches Modell ($TPP = T0 - fT0df\text{-}Tpdf$) wird entwickelt, um sequenzielle Effekte zu beschreiben."

eingefügt. Nun wurden die 200 Versuchsteilnehmer dazu befragt, welcher der beiden Artikel wohl den größeren wis-

senschaftlichen Tiefgang habe. Je nach Studienabschlüssen der Teilnehmer fiel das Ergebnis unterschiedlich aus: Nur Mathematiker und Naturwissenschaftler konnten dem Nonsens-Satz im Schnitt wenig abgewinnen, bei allen anderen Studienrichtungen (Mediziner, Geisteswissenschaftler, Erziehungswissenschaftler) vermuteten fast 2/3 der Teilnehmer einen höheren wissenschaftlichen Anspruch in den Artikeln mit der eingefügten Nonsens-Formel.

Man kann also feststellen, dass man mit mathematischen Formeln gut blenden kann, auch wenn sie weder verständlich sind noch zur Klärung der Fragestellung einen Beitrag leisten.

Fehler bei der Datenübertragung

Beim Arbeiten mit Daten können die verschiedensten Fehler gemacht werden. Eine Fehlerquelle, die in der Praxis fast täglich auftritt, sind schlicht die Übertragungen von Daten von einer Person zur nächsten. Das kann durch schlechte Handschriften geschehen, heute sind aber meist Computer beteiligt. Die Probleme können durch unterschiedliche Softwareversionen, unterschiedliche Betriebssysteme oder unterschiedliche Formate entstehen. So hoffen wir natürlich stark, dass sich in diesem Buch solche Fehler nicht eingeschlichen haben, total auszuschließen ist aber auch das trotz größter Sorgfalt nicht.

Bei diesem Buch wäre das zwar sehr ärgerlich, es wird aber hoffentlich keine allzu weitreichenden Konsequenzen nach sich ziehen. Dies kann bei anderen Datenübertragungsfehlern aber durchaus anders sein, wie etwa der Absturz der unbemannten Ariane-5-Rakete im Juni 1996 illustriert. Nach einer teuren, Jahre dauernden Entwicklungsphase sollte die Ariane 5 als erste Rakete dieses neuen Typs abheben. Allein der Wert von Trägerrakete und Messinstrumenten belief sich auf viele Hundert Millionen Euro, hinzu kamen noch weit höhere Entwicklungskosten. Etwa 40 Sekunden nach der Startphase in einer Höhe von etwa 3700 m verlor die Bodenstation den Kontakt zur Ariane 5, diese kam von Ihrem Kurs ab und explodierte. In den anschließenden Untersuchungen stellte sich der Grund heraus: Die von der Rakete gesendeten Daten mussten zur weiteren Verarbeitung in der Software in eine andere Darstellung umgerechnet werden, nämlich von 64 Bit auf 16 Bit. Bei dieser Übertragung kam es zu einem Fehler, sodass kein Kontakt zwischen Bodenstation und Rakete mehr möglich war und der Absturz nicht mehr verhindert werden konnte. Es zeigt sich also, dass schon kleinere Fehler zu vollkommen falschen Ergebnissen führen können, die aber im Falle einer potenziell fehlerhaften Kolumne in diesem Buch hoffentlich nur zu regen Diskussionen führen.

Diskriminierung bei Kuren für Mütter?

Im Sommer 2014 hat das Müttergenesungswerk eine Diskriminierung von bildungsschwächeren Müttern bei der Vergabe von Kuren beklagt. „Frauen, die nicht so fit im Kopf sind wie andere Antragsstellerinnen oder einfach nicht wissen, was sie al-

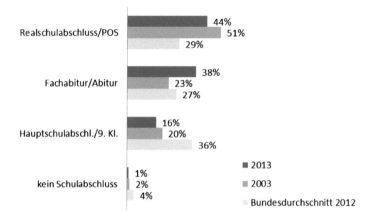

Anteil kurender Mütter nach Schulabschluss (Müttergenesungswerk (2014) Pressemitteilung vom 17. Juni 2014 und Datenreport
2014: Gesundheitsrisiko Mutter)

*les einfordern können, werden vom System diskriminiert", wie
die Geschäftsführerin des Müttergenesungswerks in Medienbe-
richten zitiert wurde. Als empirischer Beleg wurde angeführt,
dass der Anteil der Kuren für Mütter mit Haupt- und Realschulabschluss in den vergangenen 10 Jahren um insgesamt
11 Prozentpunkte gesunken sei, während der Anteil der Abitu-
rientinnen in Mütter- oder Mutter-Kind-Kurmaßnahmen um
15 Prozentpunkte stieg. Außerdem seien bei den Kuren Frau-
en mit Realschulabschluss und Abitur überdurchschnittlich im
Vergleich zum Bundesdurchschnitt vertreten.*

*Allerdings muss man sich die Frage stellen, ob die geliefer-
ten Daten tatsächlich hilfreich sind, um daraus Rückschlüsse
auf eine Diskriminierung von Frauen mit niedrigeren Schulab-
schlüssen bei der Kurvergabe zu erhalten. Warum? – Zum einen
muss berücksichtigt werden, dass in den vergangenen Jahren*

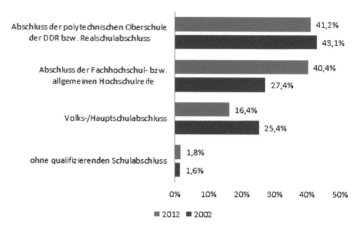

Anteil der erwerbstätigen Mütter mit jüngstem Kind im Alter bis unter 10 Jahren differenziert nach Schulabschluss (Statistisches Bundesamt, Sonderauswertung auf Basis des Mikrozensus Daten zu Müttern nach Schulabschluss, Erwerbsbeteiligung und dem Alter des jüngsten Kindes für die Jahre 2002 bis 2012; eigene Berechnungen)

der Anteil höherer Schulabschlüsse kontinuierlich zugenommen hat. Insofern scheint es gar nicht erstaunlich, dass auch unter den kurenden Müttern heute mehr mit Abitur und weniger mit Hauptschulabschluss zu finden sind. Zum anderen ist der Vergleich mit dem Bundesdurchschnitt der Schulabschlüsse wenig hilfreich, weil sich diese Zahl auf alle Erwachsenen bezieht. Das Durchschnittsalter liegt dabei bei 50 Jahren, während Mütter bei einer Kur im Mittel 13 Jahre jünger sind. Unter den kurenden Müttern sollten also viel mehr höhere Schulabschlüsse als in der Bevölkerung insgesamt vorliegen.

Um einen sinnvolleren Vergleich anzustellen, hat das Statistische Bundesamt auf unsere Anfrage hin Daten für erwerbstä-

tige Mütter mit kleinen Kindern (70 % der kurenden Mütter sind erwerbstätig) differenziert nach Schulabschluss berechnet. Die Ergebnisse sind in der obigen Abbildung dargestellt. Es zeigt sich, dass bei diesem Vergleich kaum mehr Unterschiede zu den Müttern bei einer Kur zu finden sind: 40 % haben Abitur, 41 % einen Realschul- und 16 % einen Hauptschulabschluss. Insofern lässt sich schlussfolgern, dass die vom Müttergenesungswerk dargestellte Diskriminierung von Frauen mit niedrigerem Schulabschluss bezüglich der Chancen, eine Kur bewilligt zu bekommen, zumindest anhand der verfügbaren Zahlen nicht erkennbar ist. Die Aussage des Müttergenesungswerks basiert schlicht auf falschen Datenzusammenstellungen bzw. -interpretationen.

Leben Pessimisten länger?

Vor einiger Zeit ließ sich Pressemeldungen entnehmen, dass nach einer wissenschaftlichen Studie Pessimisten länger leben als Optimisten. Vielleicht geht es Ihnen wie uns: Zum einen widerspricht diese Meldung der landläufigen Meinung, wonach sich ein glücklicher und optimistischer Lebenswandel eher positiv auf die Gesundheit auswirken sollte. Zum anderen wäre die Gültigkeit dieser Meldung etwas deprimierend, würde sie doch bedeuten, dass man nur zwischen einem langen, griesgrämigen und einem kurzen, optimistischen Leben wählen kann. Keine wirklich erstrebenswerte Wahl.

Es lohnt also, die hinter den Pressemeldungen stehende wissenschaftliche Studie näher zu betrachten. Was haben die Autoren der Studie gemacht? Sie haben Lebensläufe von älteren Menschen untersucht, die über einen Zeitraum von fünf Jahren zweimal ausführlich befragt wurden. Unter anderem mussten Sie Angaben bezüglich Ihrer Lebenszufriedenheit geben und zusätzlich wurden die Personen im ersten Zeitpunkt bei der ersten Befragung auch nach ihrer erwarteten Zufriedenheit fünf Jahre später befragt. Anschließend wurde das tatsächliche Sterbealter der Personen verwendet, um die Einflüsse auf diese zu untersuchen. Dazu ist anzumerken, dass das Sterbealter der Personen zumeist bekannt war, da es sich um Daten der Vergangenheit handelte und viele der Teilnehmer an der Studie in der Zwischenzeit verstorben waren. Um die Einflüsse auf die Lebenserwartung zu untersuchen, wurden – wie es sich in wissenschaftlichen Studien gehört – viele weitere potenzielle Einflüsse auf diese mit berücksichtigt, so das Alter, das Geschlecht und der soziale Status der Befragten, wie auch die Zufriedenheit mit der Gesundheit und die Zufriedenheit insgesamt, alles Angaben zu Beginn des Befragungszeitraums. Außerdem wurde aus den Erwartungen der Zufriedenheit fünf Jahre später und der tatsächlich später angegebenen Zufriedenheit ein Merkmal gebildet, das den Pessimismus bzw. Optimismus widerspiegeln sollte: Hatten die Befragten ihre zukünftige Zufriedenheit unterschätzt, also zum späteren Zeitpunkt eine höhere Zufriedenheit angegeben als erwartet, dann galten sie als Pessimisten. Umgekehrt galten die Befragten als Optimisten, wenn sie später eine niedrigere Zufriedenheit angaben, als sie ursprünglich erwartet hatten. Sie hatten ihre Zufriedenheit also überschätzt. Auch wenn dieses Kriterium zur Feststellung des Optimismus einer Person eher schlicht erscheinen mag, so ist es auf den allerersten Blick auch nicht ganz sinnlos.

Tatsächlich fand sich in den Ergebnissen ein positiver Zusammenhang dieser „pessimistischen" Lebenseinstellung auf die Lebenserwartung. Aber ist das bei dem beschriebenen Studienaufbau wirklich erstaunlich und kann daraus rückgeschlossen werden, dass Pessimisten länger leben? Stellen wir uns einmal zwei ansonsten vergleichbare Personen vor, die zum ersten Zeitpunkt beide eine mittlere Zufriedenheit für fünf Jahre später erwarteten (vgl. auch die Abbildung auf der kommenden Seite). Nun wird im Laufe der Jahre einer von beiden unerwartet schwer krank, was sich negativ auf seine Lebenserwartung auswirken sollte. Dann wird diese Person fünf Jahre später vermutlich eine geringere Zufriedenheit mit seinem Leben insgesamt angeben, als er ursprünglich erwartet hatte. Diese Person gilt nach der Studie als Optimist, denn er hatte seine Zufriedenheit fünf Jahre später überschätzt. Umgekehrt können wir uns zwei Personen vorstellen, die zum ersten Befragungszeitpunkt durch eine Krankheit gezeichnet sind. Beide werden eher eine geringe Zufriedenheit auch für fünf Jahre später angeben. Bei einem der Befragten entwickelt sich seine Gesundheit deutlich besser als erwartet. Er dürfte dann fünf Jahre später eine höhere Zufriedenheit angeben als ursprünglich erwartet. Er gilt nach der Studie als Pessimist und dürfte eine höhere Lebenserwartung haben als die zweite Person, bei der sich die Gesundheit weiterhin schlecht entwickelt hat. Der Studienaufbau führt dann logischerweise dazu, dass der vermeintliche Pessimist eine höhere Lebenserwartung aufweist und der vermeintliche Optimist eine geringere Lebenserwartung. Doch lässt sich dieses vermutlich vorrangig mit der Gesundheitsentwicklung erklären und

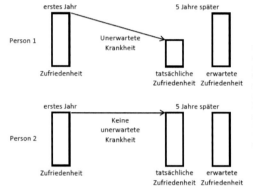

Nach der Definition in dem diskutierten Aufsatz wäre die Person 1 ein *Optimist* im Vergleich zu Person 2, da sie ihre erwartete Zufriedenheit überschätzt hat. Gleichzeitig ist zu erwarten, dass Person 1 aufgrund der neuen Erkrankung eine geringere Lebenserwartung aufweisen dürfte.

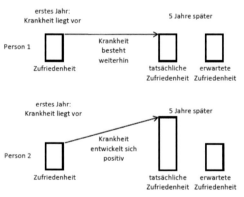

Nach der Definition in dem diskutierten Aufsatz wäre die Person 2 ein *Pessimist* im Vergleich zu Person 1, da sie ihre erwartete Zufriedenheit unterschätzt hat. Gleichzeitig ist zu erwarten, dass Person 2 aufgrund der positiven Entwicklung ihrer Erkrankung eine höhere Lebenserwartung aufweisen dürfte.

Lebensverläufe zweier zum ersten Zeitpunkt gleich zufriedener Personen

weniger mit einer pessimistischen oder optimistischen Lebenseinstellung.

Wie lässt sich nun untersuchen, ob bei dem beschriebenen Studienaufbau tatsächlich vor allem die nicht vorhersehbare

Gesundheitsentwicklung die Unterschiede in der Lebenserwartung erklären kann? Hierzu muss auch die Gesundheit zum späteren Zeitpunkt mit in die Analyse als kontrollierende Größe aufgenommen werden. Und wenn dieses geschieht, löst sich der vermeintliche Effekt von pessimistischer oder optimistischer Lebenseinstellung wie erwartet in Luft auf.

Sie können also beruhigt aufatmen. Egal ob Sie eher ein Optimist oder ein Pessimist sind, dies hat beides keinen nennenswerten Einfluss auf Ihre Lebenserwartung.

Statistik in Sport und Spiel

Glücksspiele haben stets eine wichtige Motivation zur Entwicklung der Statistik dargestellt. Der Grund liegt klar auf der Hand: Wissen über statistische Zusammenhänge ist bei Glücksspielen bares Geld wert, zumindest solange die Mitspieler nicht über dieses Wissen verfügen. Dies ist auch ein Grund dafür, dass in der Anfangszeit die meisten Erkenntnisse zur Wahrscheinlichkeitsrechnung nicht veröffentlicht wurden.

Heute ist das statistische Wissen zu Spielen natürlich weit verbreitet. Trotzdem gibt es nach wie vor viele Mythen und erstaunliche Phänomene, denen wir in diesem Kapitel auf den Grund gehen. Die ersten Kolumnen beschäftigen sich mit Lotto, dem wohl beliebtesten Glücksspiel der Deutschen. Über Casinospiele, Mischtechniken, das Kinderspiel „Stein, Schere, Papier" und Sudokus kommen wir dann zu sieben Kolumnen, die sich mit statistischen Aspekten im Sport befassen.

Wahrscheinlichkeiten beim Lotto

Dass ein Lottogewinn relativ unwahrscheinlich ist, davon können Millionen Lottospieler wöchentlich ein Lied singen. Nur wie wahrscheinlich ist es konkret, beim Spiel 6 aus 49 die höchste Gewinnklasse zu erreichen?

Machen wir uns für diese Überlegung einmal klar, wie das Spiel 6 aus 49 funktioniert: Stellen wir uns vor, der Tippschein mit den 6 Zahlen sei abgegeben und es soll ermittelt werden, wie wahrscheinlich es bei der Ziehung der Lottozahlen ist, dass genau diese 6 Zahlen aus der Urne mit den 49 Kugeln gezogen werden. Dabei ist die Wahrscheinlichkeit für jede Zahl – und damit übrigens auch für jede Zahlenkombination – gleich groß. Bei der ersten gezogenen Kugel haben wir noch 6 Zahlen zur Auswahl, die richtig wären. Dem stehen 49 Kugeln in der Urne gegenüber. Die Wahrscheinlichkeit, mit der ersten gezogenen Kugel eine der 6 richtigen Zahlen zu ziehen, ist also 6/49. Dann folgt die zweite Kugel. Es sind nur noch 48 Kugeln in der Urne und es soll eine der verbleibenden 5 „richtigen" Zahlen gezogen werden. Die Wahrscheinlichkeit, dass dieses eintritt, ist also 5/48. Gleiches gilt dann für die folgenden Ziehungen: Die Wahrscheinlichkeit, bei der dritten gezogenen Kugel richtig zu liegen, beträgt 4/47, bei der vierten 3/46, bei der fünften 2/45 und für die letzte zu ziehende Kugel 1/44. Insgesamt ergibt sich als Wahrscheinlichkeit für 6 aus 49 also 6/49 × 5/48 × ... × 1/44 = 1/13.983.816.

Aber es gibt ja auch noch die Zusatzzahl. Hierbei wird eine Zahl aus den Zahlen 0 bis 9 gezogen. Hat man diese richtig getippt, hat man „6 Richtige mit Zusatzzahl". Da genau eine Zahl aus zehn möglichen gezogen wird, verringert sich die Wahrscheinlichkeit hierfür genau um 1/10 auf dann 1/139.838.160.

Wie lässt sich diese Zahl nun aber interpretieren, denn sie erscheint ja doch etwas abstrakt. 1/139.838.160 bedeutet, dass man statistisch im Mittel 2.689.195 Jahre Lotto spielen müss-

te, um bei einem Tippfeld und wöchentlichem Spiel „6 Richtige mit Zusatzzahl" zu haben. Spielt man sowohl Mittwoch als auch Samstag und füllt einen ganzen Tippschein mit 12 Feldern aus, dann müsste man „nur noch" 112.049 Jahre spielen, um rein statistisch einmal zu gewinnen. Man sollte also ein extremer Glückspilz sein, um einmal im Leben „6 Richtige mit Zusatzzahl" zu gewinnen, oder darauf hoffen, dass die Lebenserwartung extrem steigt ...

Strategien beim Lotto

In der vorherigen Kolumne haben wir uns mit der Frage beschäftigt, wie wahrscheinlich es ist, beim Lotto „6 Richtige mit Zusatzzahl" zu haben. Dabei mussten wir feststellen, dass die Wahrscheinlichkeit hierfür extrem gering ist. Gibt es trotzdem Möglichkeiten, seine Gewinnchancen zu erhöhen?

Um diese Frage zu beantworten, muss man zwischen der Wahrscheinlichkeit z. B. für „6 Richtige" und den ausgeschütteten Gewinnen unterscheiden. Die Wahrscheinlichkeit für „6 Richtige" lässt sich nicht beeinflussen, da jede einzelne Lottozahl die gleiche mathematische Wahrscheinlichkeit für eine Ziehung aufweist. Die ausgeschütteten Gewinne hingegen lassen sich durchaus beeinflussen, da die Gewinne in jeder Gewinnklasse durch alle Gewinner geteilt werden. Gibt es fünf Spieler, die in einer Gewinnklasse richtig getippt haben, und werden 100.000 € in dieser Gewinnklasse ausgeschüttet, so erhält jeder nur 20.000 €.

Wie aber sollte man beeinflussen können, dass man bei einem Lottogewinn diesen nicht mit vielen anderen Gewinnern teilen muss? – Viele Lottospieler haben ihre persönlichen Glückszahlen, z. B. Geburts- oder Hochzeitstage. Da es nur 12 Monate im Jahr gibt und die Tage im Monat maximal bis 31 gehen, werden kleinere Zahlen viel häufiger als größere getippt. Und die 19 ist eine der am häufigsten getippten Lottozahlen aufgrund der Geburtsdaten im 20. Jahrhundert. Auch Reihen und feste Muster sind sehr beliebt bei den Lottospielern.

Wie stark sich dieses auf die Gewinnausschüttungen auswirken kann, zeigt das Beispiel aus dem Jahr 1999, bei dem die Zahlen 2, 3, 4, 5, 6 und 26 gezogen wurden. Obwohl die Spieler 6 richtige hatten, erhielten sie jeweils „nur" gut 100.000 €, da 31 Gewinner diese Zahlen getippt hatten, knapp zehnmal so viele wie sonst üblich. Wäre die komplette Reihe von 1 bis 6 gezogen worden, hätte die Ausschüttung pro Gewinner nach Schätzungen keine 100 € betragen, da Tausende jede Woche auf die ersten sechs Zahlen setzen. Möchte man also seine Gewinnchancen maximieren, so sollten eher größere als kleinere Zahlen und vor allem unsystematische Zahlentipps abgegeben werden. Vielleicht sollte man aber ins eigene Kalkül auch mit einbeziehen, dass lediglich 50 % des Einsatzes beim Lotto in Deutschland als Gewinn ausgeschüttet wird – denn dann nützt der Verzicht aufs Lottospielen dem eigenen Geldbeutel mit großer Sicherheit am meisten.

…

Die oben erwähnte Fünferreihe aus dem Jahr 1999 war natürlich etwas Ungewöhnliches. Im Juli 2014 wurden dann die Zahlen 9, 10, 11, 12, 13 und 37 gezogen.

Auch hier stellten fünf Zahlen eine direkte Zahlenfolge dar. Die Bild-Zeitung titelte dazu auf der ersten Seite: „Lottozahlen völlig irre!". Die Zeitung zitierte einen Sprecher von Westlotto mit den Worten, dass es sich um eine „Jahrtausend-Zahlenreihe" handele (was bereits anhand der zwei Fünferreihen binnen 15 Jahren gewagt erscheint). Natürlich scheint es auf den ersten Blick vollkommen unwahrscheinlich, dass eine derartige Fünferreihe gezogen wird. Hierbei muss aber beachtet werden, dass es natürlich sehr viele Möglichkeiten für Fünferreihen gibt, denn auch bei anderen Fünferreihen hätte „Bild" wohl ähnlich getitelt.

Versuchen wir einmal, die Anzahl der Möglichkeiten für eine Fünferreihe zu berechnen. Wenn die erste Zahl der Reihe die 1 gewesen wäre und die Fünferreihe somit aus den Zahlen 1, 2, 3, 4, 5 bestanden hätte, dann hätte die sechste Zahl beliebig aus den 44 verbleibenden Zahlen bis 49 gezogen werden können (wobei auch die Möglichkeit einer Sechserreihe eingeschlossen ist). Ähnlich wäre dies aber auch mit der 2 als erste Zahl der Fünferreihe 2, 3, 4, 5, 6 möglich gewesen: Alle Zahlen zwischen 7 und 49 sind hier zur Kombination möglich (die 1 allerdings nicht, da sie ja sonst die kleinste Zahl der Fünferreihe gewesen wäre), sodass sich 43 weitere Möglichkeiten ergeben. Und genauso bei der 3 (jetzt wieder mit der 1 eingeschlossen), der 4, bis zur 45 als erster Ziffer der Fünferreihe. Das heißt, für eine Fünferreihe gibt es $1 \times 44 + 44 \times 43 = 1936$ Möglichkeiten. Bedenkt man nun, dass die Anzahl der Möglichkeiten für 6 gezogene Kugeln aus 49 Kugeln genau 13.983.816 beträgt (vgl. die Kolumne „Wahrscheinlichkeiten beim Lotto"), dann kann man in $13.983.816/1936 \approx 7223$ Ziehungen eine Fünferreihe erwarten. Gleichzeitig gibt es beim Spiel 6 aus 49 eine Ziehung am Mittwoch und eine am Samstag, was ca. 104 Ziehungen im Jahr bedeutet, sodass man etwa alle 69 Jahre mit einer solchen Ziehung rechnen kann, welches doch weit von einem Jahrtausendereignis entfernt ist.

Außerdem sollte berücksichtigt werden, dass es ja noch viele weitere Möglichkeiten für kuriose Lottoziehungen gibt. Vermutlich hätte die Bild-Zeitung auch bei den Zahlenfolgen 1, 3, 5, 7, 9, 11 oder 2, 4, 6, 8, 10, 12 ähnlich getitelt.

Auffällige Zahlenfolgen beim Lotto sind also gar nicht so selten, wie man vielleicht spontan denken mag.

Neue Regeln beim Lotto

Opa Siegfried möchte seine Enkelin Aileen vor dem mündlichen Abitur noch einmal richtig motivieren. Er verspricht ihr, für sie ein Jahr einen Lottoschein zu lösen, wenn sie bestehen sollte. Aileen jedoch hat in Mathematik aufgepasst und versucht ihren Opa zu überreden, ihr das Geld des Lottoeinsatzes lieber direkt zu schenken, da beim Lotto im Durchschnitt die Hälfte des Einsatzes verloren geht. Opa Siegfried versucht seine Geschenkidee zu verteidigen und widerspricht: „Mit den neuen Lottoregeln, die 2013 eingeführt wurden, sind die Gewinnchancen enorm gestiegen!". Wer hat recht?

Tatsächlich haben sich die Lottoregeln deutlich verändert. Die Zusatzzahl fällt weg und man gewinnt auch bei zwei Rich-

tigen plus Superzahl. Insgesamt liegen die Chancen, überhaupt einen Gewinn zu erzielen, neuerdings bei 3,18 %, früher hingegen nur bei 1,86 %. Opa Siegfried liegt mit seiner Aussage also richtig. Auf der anderen Seite sagt die Gewinnchance aber noch nichts darüber aus, wie hoch der Gewinn ist, wenn man denn überhaupt gewinnt. So erhält man bei einem Zweier plus Superzahl gerade einmal 5 € – bei einem Einsatz von einem Euro pro Spiel und einer Chance von 1 zu 76 nicht eben üppig. Berücksichtigt man, dass der Preis pro Spiel von 75 Cent auf 1 € gestiegen ist, so sinken die durchschnittlichen Gewinne bei einem Dreier ohne Superzahl bis zu einem Sechser ohne Superzahl allesamt ab. Lediglich im Falle des Sechsers mit Superzahl kann man mit knapp 9 Mio. € zukünftig deutlich mehr erwarten als früher mit gut 5 Mio. €. Ob dieses bei einer früher wie heute gleichbleibenden Chance von 1 zu 140 Mio. tatsächlich relevant ist, mag jeder Leser selber beurteilen.

Entscheidend ist aber, dass sich an der Quote der Einsätze, die in Form von Gewinnen ausgeschüttet werden, überhaupt nichts ändern wird: 50 Cent des einen Euro Einsatzes geht im Mittel beim Lottospielen verloren. Der größte Teil landet als Steuer beim Staat, der sich – Bemühungen um Vorbeugung der Glücksspielsucht hin oder her – aufgrund der Preiserhöhung beim Lotto also über sprudelnde Einnahmen freuen dürfte.

Aileen hat es übrigens geschafft: Nachdem Opa Siegfried verstanden hat, dass er beim Lottospielen auch zukünftig im Mittel 50 % des Einsatzes verlieren dürfte, wird er ihr das Geld nun nach dem bestandenen Abitur direkt schenken.

Von Lotto und Blitzen

Durch die Medien geistert immer wieder der Vergleich, dass es wahrscheinlicher sei, von einem Blitz getroffen zu werden, als im Lotto eine Million zu gewinnen. Was ist davon zu halten?

In Deutschland wird ja (fast) alles statistisch erfasst, auch das Risiko, Opfer eines Blitzschlags zu werden. Nähern wir uns der Frage also mit Zahlen: Pro Jahr werden in Deutschland ca. 100 Menschen vom Blitz getroffen, fünf bis zehn dieser Blitzschläge enden dabei tödlich. Auf der anderen Seite gibt es im Jahr rund 100 neue Lottomillionäre. Diese Zahlen deuten also darauf hin, dass die beiden Ereignisse in der Tat ungefähr gleich wahrscheinlich sind. Aber ist dieser Vergleich – quer über die gesamte Bevölkerung – wirklich hilfreich? Die Autoren spielen kein Lotto, ihre Chance auf einen Jackpot liegt also bei 0. Trotzdem sind sie vor einem Blitzschlag natürlich nicht gefeit. Insofern werden also ein wenig Äpfel mit Birnen verglichen.

Unabhängig davon ist es natürlich sehr unwahrscheinlich, im Lotto zu gewinnen. Wie oben besprochen liegt die Wahrscheinlichkeit für einen 6er beim Ausfüllen einer Tippreihe bei ungefähr 1:14 Mio., mit Superzahl dann sogar bei 1:140 Mio. Wenn man jede Woche einen Lottoschein mit 12 Feldern ausfüllt, so liegt die Chance auf den Jackpot in einem Jahr bei etwa 1:225.000. Für einen regelmäßigen Lottospieler ist die Chance auf einen Jackpot also immerhin knapp viermal so groß wie die Blitzschlagwahrscheinlichkeit von 1:800.000 (100 Blitzschlagopfer von 80 Mio. Bevölkerung). Trotzdem ist dies immer noch sehr unwahrscheinlich und ändert nichts daran, dass jeder Lottospieler im Schnitt die Hälfte seiner Einsätze verliert.

Zum Schluss aber noch eine gute Nachricht für alle Schleswig-Holsteiner: Die Wahrscheinlichkeit, im Lotto zu gewin-

nen, ist im hohen Norden natürlich genauso hoch wie überall sonst in Deutschland. Das Blitzschlagrisiko liegt hier allerdings weit unter dem Bundesschnitt, da vor allem die südlichen Bundesländer vom Blitzschlag betroffen sind.

Der geplatzte Black-Jack-Traum

Burkhard konnte in der vergangenen Nacht kaum schlafen. Am Abend hatte er den Film „21" gesehen, in dem eine Gruppe von Studenten die Spielbänke in Las Vegas beim Black-Jack-Spielen mit einem Trick ausnimmt. Die Idee will er gleich mit seinem Freund Tobias diskutieren, der in einem Spielcasino arbeitet.

Um Burkhards Idee beurteilen zu können, muss man zuerst die Regeln von Black Jack kennen: Das Ziel des Spiels – bei uns auch als „17 und 4" bekannt – liegt darin, mit zwei oder mehr Karten in der Summe näher an 21 Punkte heranzukommen als der Croupier, wobei die 21 nicht überschritten werden darf. Als Blatt wird traditionell ein 52er-Kartenspiel verwendet. Der Croupier verteilt zu Beginn an jeden Spieler und sich selber eine offene Karte, anschließend erhalten die Spieler eine zweite offene Karte. Jeder Spieler darf nun solange weiter verdeckt Karten ziehen, wie er glaubt, nahe genug an die 21 herangekommen zu sein. Will kein Spieler weitere Karten ziehen, deckt der Croupier eine zweite Karte auf. Sofern er mit seinen Karten maximal 16 Punkte hat, muss er eine weitere Karte ziehen. Gewonnen hat, wer am dichtesten an die 21 Punkte herangekommen ist, ohne diese zu überschreiten.

Was ist das besondere an Black Jack? – Wendet der Spieler eine rationale Strategie beim Black Jack-Spielen an, so kann er im Mittel nahezu verlustfrei spielen. Dieses ist der elementare Unterschied zu vielen anderen Glücksspielen, bei denen die Bank im Mittel deutlich gewinnt. Im Film „21" wird nun gezeigt, dass man beim Black Jack durch gezieltes Kartenzählen sogar einen Gewinn erwarten darf. Beim Kartenzählen wird genau beobachtet, welche Karten aus dem Stapel bereits verspielt sind. Berücksichtigt der Spieler diese Information, kann er bei genügend Spielen gegen die Spielbank gewinnen.

Burkhard sieht sich also schon im Geld schwimmen wie Dagobert Duck. Allerdings zerplatzen seine Träume, als Tim ihm erklärt, dass heute in Spielcasinos mit vielen Kartenspielen auf einmal gespielt wird und die Karten zum Teil auch zwischendurch gemischt werden. Die Vorteile durch Kartenzählen sind damit dann nicht mehr möglich.

Todsichere Strategie?

*Haben Sie schon einmal von der todsicheren Strategie beim Roulette gehört? Sie starten mit einem Euro und setzen diesen auf Rot. Wenn Sie Glück haben, dann fällt Rot, Sie erhalten 2 €
zurück und haben 1 € gewonnen. Was machen Sie nun aber, wenn Schwarz fällt? Dann setzen Sie in der nächsten Runde 2 € auf Rot. Denn wenn Sie nun gewinnen und 4 € erhalten, dann haben Sie in der ersten Runde 1 € verloren, aber in der zweiten Runde 2 € gewonnen, bleibt also ein Gewinn von 1 €.*

Und sollte Ihnen das Glück auch in der zweiten Runde nicht hold sein, dann spielen Sie einfach immer so weiter: Bei Verlust verdoppeln Sie Ihren Einsatz. Irgendwann wird ja schon Rot fallen, sodass Sie dann einen Euro als Gewinn einstreichen können. Klingt doch todsicher, oder?

Das Problem ist, dass mögliche Pechsträhnen und das begrenzte Kapital in der bisherigen Überlegung ignoriert wurden. Nehmen wir an, dass Sie das Casino mit 100 € betreten. Nach sechs Runden, bei denen Schwarz gefallen ist, haben Sie schon 1 + 2 + 4 + 8 + 16 + 32 = 63 € verloren. Danach können Sie aber gar nicht mehr verdoppeln, da Ihr Kapital dafür nicht mehr reicht. Wenn Sie nun aufhören, dann haben Sie die 63 Euro tatsächlich verloren. Da Sie bei der Verdopplungsstrategie ja immer nur 1 € gewinnen, ist das sehr viel, auch wenn solche Pechsträhnen nur selten eintreten. Und in der Tat kann man ausrechnen, dass Sie im Mittel mit der Strategie Verluste machen. Was wäre aber nun, wenn Dagobert Duck mit seinen vielen Phantastilliarden Talern das Casino betritt? Er könnte die Verdoppelung mit seinem Kapital quasi ewig durchhalten, sodass der Gewinn von 1 € realisiert werden könnte. Also doch eine Überlegung, um ein Vermögen zu verdienen? – Leider scheitert auch diese Strategie, da in allen Casinos ein Tischlimit (in Deutschland oft von 3000 €) besteht. Mehr darf man nicht setzen, sodass auch Dagobert mit einem Startbetrag von 1 € höchstens neunmal verdoppeln kann, dann würde er alles eingesetzte Kapital verlieren.

Die Verdopplungsstrategie führt also nicht zum gewünschten Ergebnis. Gibt es aber vielleicht andere, komplexere Strategien, mit denen man im Mittel beim Roulette gewinnen könnte? Darauf liefert in der Mathematik die Theorie der Martingale eine Antwort: Egal wie ausgefeilt Ihre Strategie ist, im Mittel machen Sie Verlust.

Stein, Papier, Schere

Der Sommerurlaub steht bevor und die Geschwister Claas und Miriam wollen mit ihren Eltern in die Berge fahren. Um sich die Zeit zu vertreiben, spielen die beiden „Stein, Papier, Schere". Die Regeln sind denkbar einfach: Jeder denkt sich eines der Symbole „Stein", „Papier" oder „Schere" aus und beide müssen ihre Auswahl gleichzeitig mit der Hand zeigen. Dabei gewinnt „Papier" gegen „Stein", „Stein" gegen „Schere" und „Schere" gegen „Papier". Wird von beiden das gleiche Symbol gewählt, gewinnt keiner. Wer am häufigsten gewinnt, ist Sieger des Spiels.

Eigentlich ist das Spiel gerecht, denn die Gewinnchancen sind – sofern keiner eine Ahnung über die Wahl des Gegners hat – für beide Spieler gleich groß. Allerdings fällt es Spielern oft schwer, die Symbole tatsächlich rein zufällig auszuwählen und so kann man vielleicht doch durch eine gewisse Strategie einen Vorteil erringen. Empirisch lässt sich zum Beispiel beobachten, dass ungeübte Spieler bevorzugt mit Stein beginnen, sodass die Wahl des Papiers in der ersten Runde vielleicht einen leichten Vorteil bedeutet. Außerdem lässt sich beobachten, dass Spieler, die in einer Runde verloren haben, oft auf das Sieger-Symbol des Gegners setzen. Dieser muss nun also einfach das entsprechende Gegensymbol auswählen, um erneut zu gewinnen. Auch ist bekannt, dass kaum ein Spieler dreimal hintereinander das gleiche Symbol wählt. Hat ihr Gegner also beispielsweise zweimal Schere gewählt, so ist es unwahrscheinlich, dass er dieses auch ein drittes Mal auswählt. Sie können nun also z. B. das Papier wählen, denn wenn Ihr Gegner den Stein auswählt, gewinnen Sie und bei der Wahl des Gegners auf Papier gibt es immerhin ein Unentschieden – insgesamt ein Vorteil für Sie. Taktisch können Sie auch die Information verwenden, dass bei Turnieren immer wieder beobachtet wird, dass am wenigsten die Schere ausgewählt wird. Stellen wir uns vor, der Gegner wählt nur Papier und Stein, dann könnten Sie selber z. B. immer Stein wählen und würden in 50 % der Fälle gewinnen, in den anderen Fällen ist das Ergebnis ein Unentschieden.

Zum Glück kann jeder der genannten Tricks allerdings auch vom Gegner angewandt werden, wenn er diese ebenfalls kennen sollte. Der langen Fahrt in den Urlaub steht also nichts mehr im Wege, denn „Stein, Papier, Schere" bleibt dann ein Glücksspiel und Claas und Miriam können die lange Zeit auf der Rückbank des Autos prima mit einem spannenden Turnier überbrücken.

Mischen

„Kein Wunder, dass du schon wieder gewinnst. Du hast nicht richtig gemischt." Solche und ähnliche Worte waren wohl schon oft der Beginn von deftigen Kneipenschlägereien. Um schlichtend eingreifen zu können, hat also insbesondere der Kneipen-

wirt ein erhebliches Interesse daran, die Frage beantworten zu können, wie gutes Mischen aussehen sollte.

Dabei kann dem Wirt die Mathematik und Statistik helfen. Ein entscheidender Punkt ist natürlich die Misch-technik. Wir betrachten hier die wohl bekannteste Methode, das riffle shuffle oder Bogenmischen. Dabei werden die Kar-ten in zwei etwa gleich große Stapel geteilt, die dann mit den Daumen gewölbt und ineinander geschoben werden. Aber wie oft sollte man dieses Mischen wiederholen, um eine gute Durchmischung zu garantieren? Gehen wir von einem Blatt mit 52 Karten aus, so gibt es die unvorstellbar große Zahl von 52 × 51 × 50 × … × 3 × 2 Möglichkeiten diese anzu-ordnen. Das ist eine Zahl mit 68 Stellen! Mit einmaligem Mischen kann man sicherlich nicht garantieren, dass all diese Kombinationen mit gleicher Wahrscheinlichkeit vorkommen. Traditionell wurde etwa beim Bridge stets dreimal gemischt. Reicht das? Der amerikanische Mathematiker und Zauber-künstler Persi Diaconis hat zusammen mit seinem Kollegen Dave Bayer diese Frage untersucht und – unter Verwendung komplizierter Mathematik – herausgefunden, dass dreimaliges Mischen bei geübten Spielern zu wenig ist. Auch nach fünfma-ligem Mischen ist eine gute Durchmischung noch keineswegs erreicht. Danach ändert sich das aber schlagartig. Nach sieben-maligem Mischen kann man die Kartenreihenfolge nahezu als rein zufällig ansehen. Selbst Profis haben dann keine Chance, aus der Kartenreihenfolge der vorigen Runde auf die Zusam-mensetzung der gemischten Karten zu schließen.

Wem also als Wirt sein Inventar lieb und teuer ist, dem ist anzuraten, mindestens siebenmaliges Mischen bei Kartenspie-len seiner Gäste vorzuschlagen. Natürlich schützt aber auch das beste Mischen nicht vor zusätzlichen Assen im Ärmel. Dem

Kneipenwirt werden also auch in Zukunft Streitigkeiten beim Kartenspiel vermutlich nicht erspart bleiben. Aber zumindest das Mischen scheidet dann als Grund aus.

Ist der Sudoku-Vorrat bald erschöpft?

Seit gut zehn Jahren erfreuen sich Sudokus in Deutschland größter Beliebtheit. In hunderten Zeitungen finden sich Woche für Woche die Zahlenrätsel, die aus einem Quadrat mit 9 × 9 = 81 Feldern bestehen, welche wiederum in 3 × 3 = 9 Blöcke unterteilt sind. Ziel ist es, die Felder so mit den Zahlen von 1 bis 9 zu füllen, dass in jeder Zeile, in jeder Spalte und in jedem Block alle Zahlen von 1 bis 9 einmal vorkommen. Ausgangspunkt sind stets einige vorgegebene Zahlen, die dann passend ergänzt werden sollen. Je nachdem welche Zahlen vorgegeben sind und wie geübt der Spieler ist, kann die Lösung schnell von der Hand gehen oder auch stundenlanges Knobeln erfordern. Dabei scheint jedes Sudoku wieder anders zu sein. Auch regelmäßige Sudoku-Löser berichten selten davon, dass ihnen das gleiche Zahlengitter mehrmals begegnet ist.

Bei der Vielzahl an Sudokus, die jede Woche veröffentlicht werden, wirft dies die Frage auf, wie viele Sudokus es eigentlich gibt. Wir können uns der Frage nähern, indem wir mit einem leeren 9 × 9-Gitter beginnen und zuerst die erste Zeile ausfüllen. Beim ersten Feld können wir noch eine beliebige Zahl eintragen, haben also neun Möglichkeiten. Wenn wir diese erste Zahl gewählt haben, darf diese nicht mehr im zweiten Feld *vorkommen. Dort haben wir also nur noch acht Möglichkeiten, beim dritten Feld sieben und so fort, sodass wir schon für die erste Zeile $9 \times 8 \times 7 \times \ldots \times 2 \times 1$, also über 350.000 Möglichkeiten haben. Könnten wir jede Zeile unabhängig voneinander auf diese Weise ausfüllen, dann kämen wir so auf die gigantisch große Zahl 350.000^9. Allerdings müssen wir ja bedenken, dass die Möglichkeiten in der zweiten Zeile schon deutlich eingeschränkt sind, weil wir die erste Zeile mit berücksichtigen müssen. Hier ist das Zählen schon schwieriger. Trotzdem kommt man immer noch auf eine Zahl von über 6 Trilliarden unterschiedlicher Sudokus, wie vor einigen Jahren die Mathematiker Bertram Felgenhauer und Frazer Jarvis nachwiesen. Wenn alle Menschen auf der Erde beispielsweise ein Sudoku in der rekordverdächtigen Zeit von zwei Minuten lösen könnten, so wären sie nicht annähernd in der Lage, alle Sudoku-Varianten zusammen über ihr gesamtes Leben zu Gesicht zu bekommen. Auch in den längsten Sommerferien muss also beim Sudoku-Spielen keine Langeweile aufkommen.*

Das ultimative Sudoku

In der letzten Kolumne sind wir der Frage nachgegangen, wie viele Sudokus es gibt. Nun möchten wir beschreiben, wie das schwierigste Sudoku aussieht. Was hierbei als „schwierig" empfunden wird, hängt natürlich von demjenigen ab, der „knobelt". Typischerweise werden aber diejenigen Sudokus als größte Herausforderung angesehen, bei denen möglichst wenige Ein-

träge vorgegeben sind. Bei den meisten Fällen sind dabei typischerweise etwa 30 Felder vorgegeben, bei schwierigen Sudokus auch nur 25. Bei der Erstellung des Sudokus muss darüber hinaus stets sichergestellt werden, dass es zu den vorgegebenen Einträgen nur eine einzige Lösung gibt.

Aber wie sieht die ultimative Herausforderung beim Sudoku aus? Anders gefragt: Wie viele vorgegebene Anfangseinträge reichen aus, um ein eindeutig lösbares Sudoku zu erstellen? Klar ist, dass sieben vorgegebene Zahlen nicht ausreichen: Sind etwa nur die Zahlen von 1 bis 7 vorgegeben, so kann man nach der ersten Lösung einfach alle 8- und 9-Einträge vertauschen und erhält eine weitere Lösung. Andererseits kennt man eine große Zahl an Beispielen, bei denen 17 Vorgaben zu einer eindeutigen Lösung führen. Reichen aber auch 16 Zahlen oder sogar noch weniger? Die Antwort lautet: Nein, eine eindeutige Lösbarkeit ist bei weniger als 17 Vorgaben nicht möglich. Leider gibt es bis heute keinen einfachen Beweis dafür. Zum Nachweis hat man stattdessen eine mathematische „Holzhammermethode" benutzt: Eine Gruppe um den irischen Mathematiker Gary McGuire hat einfach mithilfe von Computern bei allen Vorgaben von 16 Zahlen durchprobiert, ob es eine eindeutige Lösbarkeit des Sudokus gibt. Dieses Unterfangen klingt zwar einfach, benötigt aber ungeheure Rechenzeiten. Immerhin gibt es mehrere Billiarden mögliche Anfangskombinationen, die einzeln überprüft werden müssen. Die gesamte nötige Rechenzeit betrug bei dem Projekt mehrere Millionen Stunden parallel auf vielen Prozessoren. Nach diesem gewaltigen Aufwand kann man nun tatsächlich ausschließen, dass 16 vorgegebene Zahlen beim Sudoku zur eindeutigen Lösbarkeit ausreichen. Wer also die ultimative Sudoku-Herausforderung sucht, der kann Sudokus mit 17 vorgegebenen Zahlen, auffindbar z. B. im Internet, verwenden.

Die Macht der Wettquoten

Während der Fußball-WM waren die Tipprunden ja wieder fester Bestandteil der Fan-Kultur. Dabei haben vermutlich viele auf einen der zahlreichen Anbieter von Tipprunden im Internet gesetzt, bei denen Wettquoten stets eine wichtige Rolle spielen. Haben Sie sich dabei vielleicht auch gefragt, wie sich die Wettquoten eigentlich berechnen? Was bedeutet es, wenn für ein Spiel eine Quote von 1,30 bei Sieg von Mannschaft A angegeben wird?

Zunächst einmal bedeutet eine Quote von 1,30, dass man bei der Richtigkeit des Tipps das 1,3-Fache des Betrags ausgezahlt bekommt, den man eingesetzt hat. Hat man also 100 € gewettet und liegt richtig, erhält man 130 € ausgezahlt und hat somit 30 € Gewinn gemacht. Lag man falsch, ist der Einsatz weg. Die Quoten für alle möglichen Ausgänge einer Partie (Sieg für Mannschaft A, Unentschieden und Sieg für Mannschaft B) basieren dabei im Wesentlichen auf den Wahrscheinlichkeiten für die jeweiligen Ausgänge. Wenn also die Wahrscheinlichkeiten z. B. als 80 % Gewinn für Mannschaft A, 15 % Unentschieden und 5 % Gewinn für Mannschaft B angenommen werden, berechnen sich die jeweiligen Quoten als 1/0,8 = 1,25 für Sieg Mannschaft A, 1/0,15 = 6,67 für Unentschieden und 1/0,05 = 20 für Sieg Mannschaft B. Da die Buchmacher der Wettanbieter aber natürlich auch noch berücksichtigen müssen, dass Sie selber einen Gewinn einstreichen wollen, werden

diese Quoten mit Abschlägen belegt, also z. B. mit 0,9 multipli-
ziert. Bei diesem Faktor kalkuliert der Buchmacher also 10 %
Gewinn für den Wettanbieter ein.

   Die Wahrscheinlichkeiten für die einzelnen Spielausgänge
berechnen die Wettanbieter zumeist über komplizierte statis-
tische Algorithmen, die auf den Spielausgängen der einzelnen
Teams in der Vergangenheit basieren. Manchmal werden diese
Wahrscheinlichkeiten auch durch Experteneinschätzungen er-
gänzt. Zusätzlich hat der Wettanbieter auch die Möglichkeit,
die Quoten derart zu verändern, dass er das Tippen für die
Spieler scheinbar reizvoll macht. Wenn also Mannschaft A mit
sehr hoher Wahrscheinlichkeit gewinnen wird, die Quote also
sehr nahe bei 1 liegt, dann kann er bei Sieg von Mannschaft B
die Quote stark hoch setzen. Im Falle des sehr unwahrschein-
lichen Siegs von Mannschaft B muss er dann zwar hohe Aus-
zahlungen vornehmen, er hat darüber aber für Zocker einen
zusätzlichen Anreiz geschaffen, mitzuwetten. Aber egal wie die
Wettquoten sind, die größte Spannung sollte sich auf dem Platz
abspielen.

Englands WM-Leid

Steven und Brian sind entsetzt! England ist bei der WM 2014
bereits in der Vorrunde ausgeschieden und das, obwohl der be-
rühmte Physiker Stephen Hawking vor der WM eine Formel
errechnet hatte, die den Erfolg der Briten sichern sollte. Kon-
kret hatte Hawking Englands 45 WM-Spiele seit 1966 unter

die Lupe genommen und für eine große Anzahl an Merkmalen untersucht, ob diese in der Vergangenheit Erklärungsgehalt über Sieg und Niederlage hatten. Dabei stieß er auf erstaunliche Erkenntnisse. So gewann England häufiger, wenn in roten statt in weißen Trikots gespielt wurde. Auch die Haartracht der Spieler hatte einen Einfluss, blonde Spieler schossen bei Elfmetern mehr Tore als glatzköpfige oder dunkelhaarige. Auch die Uhrzeit des Anstoßes – möglichst nahe an 15 Uhr – und die Herkunft des Schiedsrichters sollte den Spielausgang positiv beeinflussen. Steve und Brian fragen sich also, warum es bei der Fülle an Erkenntnissen nicht geklappt hat mit dem Erfolg bei der WM in Brasilien.

Aus statistischer Sicht sollte die Antwort einfach sein. Hawking hat schlicht möglichst viele Eigenschaften aus der Vergangenheit in seine Analyse einfließen lassen. Dabei fand aber keine Berücksichtigung, ob diese Merkmale auch einen inhaltlichen Einfluss auf den Spielerfolg hatten. So dürften sich immer statistische Zusammenhänge finden lassen, die aber nichts mit inhaltlichen Zusammenhängen zu tun haben. Dass beispielsweise die Trikotfarbe in der Vergangenheit Erklärungsgehalt für den Spielausgang hatte, dürfte wie auch die Haarfarbe der Spieler wohl eher dem Zufall geschuldet sein. Wenn nämlich eine sehr große Anzahl an Eigenschaften mit in die Analyse einbezogen wird, werden sich immer zufällige Auffälligkeiten finden lassen, die man aber in Zukunft nicht wieder erwarten kann. Stellen wir uns einmal vor, Hawking hätte auch die Anfangsbuchstaben der Nachnamen der Spieler mit in seine Analyse einbezogen, so wären bestimmte Buchstaben mit Sicherheit häufiger bei Siegen aufgetreten als andere. Der Grund läge dann schlicht darin, dass bessere Spieler zufällig bestimmte Anfangsbuchstaben gehabt haben. Nur für die Prognose des

Ausgangs zukünftiger Spiele hätte diese Erkenntnis keine Bedeutung.

Steven und Brian können aus der Analyse von Hawking also höchstens ableiten, dass sich der Erfolg einer Fußballmannschaft auch in Zeiten umfangreicher statistischer Analysen immer noch auf dem Platz und weniger durch Haar- und Trikotfarbe entscheidet.

Investition Sammelalbum

Die nächste Fußball-Europa- oder Weltmeisterschaft steht eigentlich immer vor der Tür. Aber keine Sorge: Da es ja in Deutschland bekanntlich schon ca. 80. Mio. Bundestrainer gibt, möchten wir hier keine statistischen Überlegungen zur deutschen Mannschaftsaufstellung diskutieren. Stattdessen wollen wir ein wenig genauer auf die Fußball-Sammelbildchen eingehen, denn auch diese gehören zu jedem internationalen Turnier. Jeder, der schon einmal die Bilder der Fußballstars für ein Album gesammelt hat, kennt das Problem: Zu Beginn des Sammelns erhält man beim Kauf neuer Bilder nur sehr selten doppelte und die Sammlung füllt sich schnell. Je mehr Bildchen man aber gesammelt hat, desto schwieriger wird es, fehlende zu bekommen. In vielen Packungen erhält man nur noch Doppelte. Doch wie viele Bilder muss man im Mittel kaufen, bis das Album voll ist?

Nehmen wir als Beispiel das wohl bekannteste Sammelalbum von Panini. Zur EM 2012 enthielt es 540 verschiedene

Aufkleber, von denen wir annehmen, dass sie alle gleich oft in den verkauften Tüten vorkommen (eine nach Meinung vieler Sammler kühne Hypothese, die von Panini aber immer wieder beteuert wird, siehe die folgende Kolumne). Wir gehen dabei vereinfachend davon aus, dass man die Bilder einzeln kaufen kann. Für das erste Bildchen in unserem Album müssen wir natürlich nur dieses eine kaufen, da ja noch keine doppelten auftreten. Aber schon beim zweiten könnten wir ja wieder das erste erwischen. Das passiert aber nur selten, nämlich mit Wahrscheinlichkeit 539/540. Im Mittel sind für den zweiten Aufkleber also 540/539 ≈ 1,002 Bilder nötig, beim dritten 540/538 usw. Wenn nur noch ein einziges Bild fehlt, muss man also im Schnitt 540 Bilder kaufen, um das Album tatsächlich mit dem letzten Bild zu vervollständigen. Um das ganze Album zu füllen, benötigen wir also im Mittel

$$1 + 540/539 + \ldots + 540/2 + 540/1 = 3710$$

gekaufte Bilder. Das ist dann etwa das 7-Fache aller Bilder im Album. Fehlen etwa noch 10 Aufkleber, wären beim regulären Kauf im Schnitt über 1500 Bilder nötig, was einer Investition von über 180 Euro entspricht! An dieser Überlegung sieht man, wieso Tauschbörsen so beliebt sind: Tauschen kommt da sicherlich günstiger. Außerdem hat das Tauschen den Vorteil, dass man dabei auch wieder mit den anderen „Bundestrainern" in lange Diskussionen über die deutsche Mannschaftsaufstellung einsteigen kann . . .

Seltene Panini-Bilder

Besonders zu Welt- und Europameisterschaften tritt immer wieder die Frage auf, ob bei den angebotenen Sammelbildchen der Fußballspieler wirklich alle gleich häufig vertreten sind. Schließlich kennt jeder Sammler das Phänomen, dass am Ende ein Spieler mehrmals vorliegt, ein anderer aber einfach nicht in den Tütchen auftaucht. In einem gewissen Rahmen ist dies natürlich dem Zufall geschuldet, aber trotzdem hält sich stets hartnäckig die Vermutung, dass es bei der Verteilung der Aufkleber nicht mit rechten Dingen zugeht. Um belastbare Aussagen treffen zu können, wurden vor der Weltmeisterschaft 2014 die Leser von Spiegel Online dazu aufgefordert, die gekauften Sammelbilchen der Firma Panini in ein Online-Formular einzutragen. Auf diese Weise kam die gewaltige Zahl von mehr als 24.000 Bildchen zusammen. Und tatsächlich deuten statistische Auswertungen darauf hin, dass einige Motive systematisch häufiger auftauchen als andere. Auch über mögliche Ursachen wurde spekuliert.

Wir möchten uns an dieser Stelle gar nicht mit den Details der Auswertung beschäftigen, sondern mit den Auswirkungen. Wenn alle 640 Bildchen gleichhäufig auftauchen, dann muss ein Sammler für ein volles Album im Schnitt gut 4500 Bilder erwerben, wie wir in der vorherigen Kolumne für die 540 Bilder des Albums der Europameisterschaft erklärt haben. Was passiert aber, wenn einige Bilder häufiger vorkommen als andere? Man muss im Schnitt mehr Bildchen erwerben, denn schließlich erhält man von den häufigen Bildchen mehr Doppelte und für die selteneren muss man deutlich mehr Tütchen kaufen. In diesem Fall ist die genaue Berechnung sehr

*viel schwieriger, aber sie ist noch immer mit dem Computer
möglich. Betrachten wir ein fiktives Zahlenbeispiel: Wenn die
Bildchen nicht alle mit Wahrscheinlichkeit 1/640 vorhanden
sind, sondern eine Hälfte der Bilder 50 % wahrscheinlicher
ist als die andere, so muss der Sammler im Schnitt mehr als
5100 Bilder erwerben, um das Album voll zu haben und damit
etwa 600 mehr als ursprünglich. Er müsste also 100 Tütchen
zusätzlich kaufen. Ändert man die Werte sogar darauf, dass
eine Hälfte der Bilder dreimal so wahrscheinlich ist wie der
andere Teil, so müssen sogar mehr als 8100 Bilder gekauft
werden. Aber egal, ob die Aufkleber tatsächlich alle gleichhäufig sind oder nicht, der beste Tipp ist stets, das Album nicht
durch reinen Kauf der Aufkleber zu füllen, sondern fleißig mit
Freunden zu tauschen.*

Wie fair ist die 3-Punkte-Regel?

*Die Fußball-Bundesliga ist nach wie vor die beliebteste Sport-
liga der Deutschen. Dabei gilt in der Bundeliga seit Mitte
der 90er-Jahre die 3-Punkte-Regel: Für einen Sieg gibt es drei
Punkte, für ein Unentschieden einen Punkt und für verlorene
Spiele nichts. Vor der Regeländerung gab es – wie heute noch
beim Handball – für einen Sieg nur zwei Punkte. Die Idee
hinter der Regeländerung war es, den Anreiz zu verringern,
dass sich zwei Mannschaften mit einem Unentschieden zufrieden geben und nichts mehr riskieren. Die Spiele sollten also
spannender werden. Die meisten Studien zeigen allerdings,*

dass dies nicht eingetreten ist. Heute werden zumeist sogar weniger Tore geschossen als früher und den Zuschauern wird eher eine defensive Spielweise geboten.

Wenn nun aber die Einführung der 3-Punkte-Regel nicht zu spannenderen Spielen geführt hat, so kann man sich die Frage stellen, wie fair eigentlich die 3-Punkte-Regel ist, denn es treten – gerade bei knappen Saisonausgängen – immer wieder Situationen auf, bei denen die Meisterschaft oder der Abstieg an der Zählweise der Punkte hängt.

Was man dabei als fair empfindet, hängt natürlich sehr von den eigenen Vorlieben ab: Ein eingefleischter Fan findet es sicherlich nie fair, wenn sein Verein durch die 3-Punkte-Regel schlechter dasteht als mit der 2-Punkte-Regel. Etwas objektiver kann man diese Frage allerdings mithilfe einer Computersimulation angehen: So haben schwedische Statistiker eine „virtuelle Liga" von 18 Fußballmannschaften erstellt. Der Vorteil dieser virtuellen Liga ist, dass man vorher schon objektiv sagen kann, welches Team stärker ist als das andere, was in einer normalen Liga natürlich nicht möglich ist. Die Forscher ließen nun die „Teams" im Computer millionenfach eine „Saison" durchspielen und verglichen anschließend die Ergebnisse am Ende einer jeden Saison auf Basis der 2- bzw. 3-Punkte-Regel. Man sollte dabei die Regel als fairer bezeichnen, deren Ausgang am ehesten mit der vorher festgelegten Stärke der Teams übereinstimmt. Es stellte sich heraus, dass zwischen der 2- und der 3-Punkte-Regel kaum ein Unterschied besteht. Insofern lässt sich die Einführung der 3-Punkte-Regel nicht als Argument dafür anführen, dass die eigene Lieblingsmannschaft „völlig unfair" durch die Regel bewertet wird. Und natürlich weiß jeder gute Fußballfan ja sowieso: „Entscheidend is auf'm Platz".

Wer ist besser: THW Kiel oder Bayern München?

Bayern München ist im Jahr 2013 mit einer in vielerlei Hinsicht historischen Saisonleistung Deutscher Fußballmeister geworden. Aber an dieser Stelle wird der norddeutsche Handballfan natürlich einwenden, dass dies nichts im Vergleich zur Leistung des THW Kiel in der Vorsaison war, in der die Kieler alle Spiele gewannen. Aber lassen sich solche Erfolge in unterschiedlichen Sportarten eigentlich einfach miteinander vergleichen?

Tatsächlich ist es so, dass es in einem Fußballspiel häufig 20 und mehr Torgelegenheiten gibt, aber im Durchschnitt nur etwa drei Tore fallen. Es sind also nur wenige Torgelegenheiten tatsächlich erfolgreich und der Zufall spielt somit ganz offensichtlich eine bedeutsame Rolle. Hingegen fallen in einem Handballspiel häufig 50 und mehr Tore und ein hoher Anteil der Angriffe endet mit einem erfolgreichen Torwurf. Der Zufall spielt eine geringere Rolle.

Dieser Unterschied hat eine große Bedeutung für den Ausgang eines Spiels. Konkret hat dies der Physiker Eli Ben-Naim mit Kollegen für Ligen aus Großbritannien und den USA über viele Jahrzehnte untersucht. Das Ziel war es, herauszufinden, wie oft Spiele im Fußball, Eishockey, Basketball, Baseball und American Football überraschend ausgegangen sind, also mit einer Niederlage des eigentlich favorisierten Teams. Und tatsächlich lag die Wahrscheinlichkeit, dass das eigentlich schwächere Team gewann, im Fußball 50 % höher als z. B. beim Basket-

ball – einer Sportart mit hohen Korbzahlen. Fußball ist also viel stärker vom Zufall abhängig und somit spannender in Bezug auf den Ausgang des Spiels.

Dieses statistisch erklärbare Resultat lässt sich auch an den Endständen der Bundesligen nach einer Saison ablesen: Zwischen 2007/08 und 2011/12 hatte der Deutsche Meister im Fußball im Durchschnitt knapp dreimal so viele Punkte wie das letztplatzierte Team in der Bundesliga am Ende einer Saison. Im Handball hingegen erreichte der Deutsche Meister etwa zehnmal so viele Punkte wie das letztplatzierte Team in der Bundesliga am Ende einer Saison. Auch unter Berücksichtigung der unterschiedlichen Punktzählweisen (siehe vorige Kolumne) bleibt dies erhalten.

Zum Glück werden die norddeutschen Derbys zwischen dem THW und der SG Flensburg-Handewitt aber auch in Zukunft von Spannung geprägt sein, denn – Statistik hin oder her – bei zwei Top-Teams bleibt auch im Handball der Ausgang des Spiels immer offen.

Olympia-Rekorde

Höher, schneller, weiter – das ist das Motto der Olympischen Spiele. Und auch bei den nächsten Sommerspielen werden sicher wieder Rekorde aufgestellt. Aber muss es eigentlich immer Rekorde geben?

Klar ist, dass der allererste Kugelstoßer bei Olympischen Spielen auch sofort einen Weltrekord aufgestellt hat, völlig egal, wie weit seine Kugel flog. Da internationale Wettbewerbe

neu waren, konnte man damit rechnen, dass in der Anfangszeit im Kugelstoßen häufiger Weltrekorde geknackt wurden.
Und tatsächlich wurden in den 50er- und 60er-Jahren noch
24 Weltrekorde aufgestellt, in den 70er- und 80er-Jahren aber
nur noch 12 und der aktuelle Rekord existiert seit 1990.

Für dieses Phänomen sollte man zwei Ursachen unterscheiden. Zum einen setzte im Sport in der Mitte des letzten Jahrhunderts eine Professionalisierung ein: Es wurde ein systema-
tisches Training eingeführt, die Ernährung und medizinische
Versorgung verbesserten sich; auch unerlaubte Mittel mögen eine Rolle gespielt haben. Daher liegt die durchschnittliche Weite
beim Kugelstoßen heute deutlich höher als zu Beginn. Aber
offensichtlich kann das Aufstellen neuer Rekorde nicht unbe-
grenzt weitergehen – und dafür gibt es nicht nur Leistungs-
gründe, sondern auch statistische.

Als zweite Ursache für das Auftreten von Rekorden spielt
nämlich auch der Zufall eine Rolle. Nehmen wir dazu vereinfacht an, dass alle Kugelstoßer gleich gut sind und der reine
Zufall entscheidet, wer wie weit stößt. Wie oft tritt dann
ein Rekord auf? Der erste Kugelstoßer dieser Reihe stellt natürlich sofort einen Rekord auf, der zweite nur noch mit
Wahrscheinlichkeit 1/2, der dritte nur mit Wahrscheinlichkeit 1/3 usw. Unter den ersten zehn Kugelstößen ist also mit
$1 + 1/2 + 1/3 + \ldots + 1/10 = 2{,}9$ Rekorden zu rechnen, bei den
ersten 100 entsprechend mit etwa fünf. Man benötigt dann
schon über 200 Versuche für den 6. Rekord und bei der gewaltigen Zahl von 10.000 Kugelstößen kann man nicht einmal
zehn Rekorde erwarten. Die Zeiten zwischen zwei Rekorden
werden also sehr schnell sehr lang.

Rekorde wird es also vermutlich immer geben. Allerdings
halfen früher Zufall und Leistungszuwächse, neue Rekorde auf-
zustellen. Nach vielen Jahrzehnten Wettbewerben treten zu-

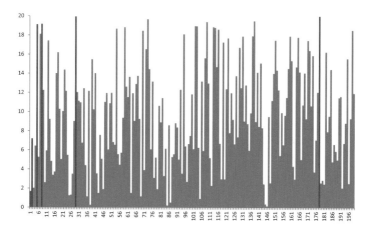

„Rekorde" bei einer Zufallszahl zwischen 0 und 20

fallsbedingte Rekorde nur noch sehr selten auf, sodass bei stagnierenden Leistungszuwächsen kaum noch Rekorde zu erwarten wären.

...

In der vorangestellten Abbildung ist exemplarisch für 200 Werte eine Zufallszahl zwischen 0 und 20 generiert worden, welches z. B. Weiten beim Kugelstoßen sein könnten. Weiten ohne Rekord sind blau dargestellt, Weiten mit Rekord hingegen rot. Es lässt sich gut erkennen, wie schnell die ersten Rekorde „purzeln" und wie lange es anschließend dauert, bis ein neuer Rekord aufgestellt wird.

Fallstricke bei der Verwendung statistischer Kennzahlen

„Brasilien – Kolumbien: 2:1". So könnte der Inhalt einer sicher tausendfach verschickten SMS aus dem Stadion von Fortaleza nach dem entsprechenden Viertelfinale bei der WM 2014 lauten. Obwohl der Versender der SMS das ganze Spiel mit all seinen Strafraumszenen, Torwartleistungen und Entscheidungen des Schiedsrichters miterlebt hat, verschickt er an seine Freunde nur die wesentliche Information, nämlich wie dieses Spiel ausgegangen ist. Und bei den meisten Spielen ist das ja auch genau die Information, die von Interesse ist, gerade in der KO-Phase einer Weltmeisterschaft. Und doch wird den meisten Fußballfans von diesem Spiel nicht nur das Ergebnis in Erinnerung geblieben sein, sondern auch der Wirbelbruch des brasilianischen Stars Neymar, der den weiteren Verlauf des Turniers sicherlich stark beeinflusst hat. Hier wäre also eine SMS mit dem Text „Brasilien – Kolumbien: 2:1, Neymar schwer verletzt" wahrscheinlich passender gewesen.

Eine wesentliche Aufgabe der Statistik ist es, aus einer oft riesigen Datenmenge die entscheidenden Informationen herauszudestillieren. Dies geschieht oft durch die Angabe einer oder weniger Kennzahlen, etwa des Mittelwerts, der Varianz oder auch eines Rankings. Es ist klar, dass bei dieser Datenverdichtung auch Informationen verloren gehen werden. Die Kunst besteht hierbei darin, dass die für die Fragestellung relevanten Erkenntnisse dabei aber erhalten bleiben und die Kennzahl diese deutlich aufzeigt. Um die Verwendung solcher Kennzahlen geht es in diesem Kapitel.

Ein Klassiker in der Statistik ist der Umgang mit dem Mittelwert, umgangssprachlich auch als Durchschnitt bezeichnet. Dieser taucht an vielen Stellen in diesem Buch auf. Beim Durchschnitt handelt es sich vermutlich um die am häufigsten verwendete Kennzahl in der Statistik, die eingesetzt wird, um eine Verteilung auf einen Wert reduziert zu beschreiben. Dabei gibt es aber elementare Fallstricke. Durch die Reduktion auf einen charakteristischen Wert kann die Verteilung deutlich zu sehr vereinfacht werden, sodass wichtige Informationen verloren gehen. Dies zeigt die nachfolgende Kolumne.

Die Krux mit dem Mittelwert

„Wenn man den Kopf in der Sauna hat und die Füße im Kühlschrank, sprechen Statistiker von einer angenehmen mittleren Temperatur." Dieses Zitat wird Franz Josef Strauß zugerechnet. Was wollte der ehemalige Bayerische Ministerpräsident damit sagen?

Der Mittelwert – umgangssprachlich auch Durchschnitt genannt – bildet statistisch ab, welcher Wert sich ergeben würde, wenn die Summe aller Merkmalswerte gleichmäßig auf alle Merkmalsträger verteilt würde. Im oben genannten Beispiel ergäbe sich beispielsweise die mittlere Temperatur von 43 °C, wenn die Sauna 80 °C und der Kühlschrank 6 °C warm wä-

ren. Dass diese mittlere Temperatur wenig hilfreich ist, erscheint offensichtlich.

Nun mag man über dieses bildliche Beispiel schmunzeln, gleichzeitig wird der Mittelwert aber in vielen Bereichen als vergleichendes Maß verwendet. So wird die Wirtschaftsleistung eines Landes häufig als Bruttoinlandsprodukt pro Kopf ausgewiesen und man ist leicht geneigt, diesen Wert als Reichtum pro Kopf zu interpretieren. Dieses ist allerdings zu vorschnell. So weist etwa Deutschland ein (kaufkraftbereinigtes) Bruttoinlandsprodukt von gut 34.000 US$ auf, der afrikanische Staat Äquatorialguinea eines von knapp 19.000 US$. Beide Werte scheinen nicht so weit auseinanderzuliegen. Allerdings lassen sich die Zahlen für Äquatorialguinea dadurch erklären, dass der Reichtum des erdölreichen Staates vor allem der Herrscherfamilie um den Präsidenten Teodoro Obiang zugutekommt, während weite Teile der Bevölkerung von weniger als zwei Dollar am Tag leben. Das Einkommen ist in Äquatorialguinea also weitaus ungleicher verteilt als in Deutschland.

Wie lässt sich diese Ungleichheit statistisch abbilden, wenn der Mittelwert an dieser Stelle offensichtlich versagt? Ein einfaches Maß stellt das Medianeinkommen dar, bei dem die Bevölkerung quasi nach Einkommen aufgereiht wird und das Median-Einkommen derart definiert ist, dass die eine Hälfte weniger und die andere Hälfte mehr Einkommen zur Verfügung hat. In Deutschland liegt das Medianeinkommen bei gut 33.000 € pro Haushalt und Jahr. In Äquatorialguinea, für das keine verlässlichen Zahlen vorliegen, dürfte es hingegen deutlich unter 1000 € liegen.

...

Den Kern des vorigen Beispiels kann man in einer leichten Abänderung auch folgendermaßen erklären:

Sie sitzen in größerer geselliger Runde zusammen, insgesamt sind Sie 50 Personen. Nun geht plötzlich die Tür auf und Bill Gates betritt den Raum. Was ist passiert? – Im Durchschnitt sind Sie alle im Raum nun Milliardäre.

Beim Mittelwert wird bildlich alles Vermögen auf einen großen Haufen gelegt (zugegebenermaßen müsste dieser Haufen sehr groß sein, denn Bill Gates Vermögen beläuft sich auf etwa 56 Mrd. Euro). Anschließend wird das Geld gleichmäßig auf alle aufgeteilt. Unabhängig von Ihrem Vermögen und dem Vermögen Ihrer Freunde hätte jeder also mindestens eine Milliarde. Beim Median hingegen müssten Sie sich alle in eine Reihe stellen, geordnet nach dem Vermögen. Auf der einen Seite würde also derjenige stehen, der am ärmsten ist, auf der anderen Seite Bill Gates. Nun müsste die Person in der Mitte, also die 26. Person, aufgesucht werden. Und deren Vermögen wäre das Medianvermögen. Der Median ist also im beschriebenen Fall nahezu nicht durch Bill Gates beeinflusst worden.

Erstaunliche Mehrung des BIP

Sie haben es vermutlich gar nicht gemerkt, aber das Bruttoinlandsprodukt (BIP), also der Wert der hergestellten Waren und Dienstleistungen in einem Land, ist im September 2014 sprunghaft angestiegen. Und das nicht nur in Deutschland, sondern in allen Ländern der Europäischen Union. Hat es also einen besonderen Wachstumsschub gegeben? – Nein, das ist nicht der Fall, sondern es wird lediglich die Berechnungsgrundlage des BIP internationalen Vorgaben angepasst. Neu ist, dass einzelne Bereiche des Wirtschaftslebens anders als vorher verbucht werden. So waren bisher Ausgaben für Forschung und Entwicklung „Vorleistungen", die nun aber als „Wirtschaftsleistung" gerechnet werden. Ebenso wird mit Rüstungsgütern verfahren. Kauft ein Land Panzer und Fregatten, stellen diese nun Investitionen dar, die die Wirtschaftsleistung des Landes erhöhen. Mag man über diesen Punkt bereits geteilter Meinung sein, so wird gerade auch die ebenfalls neue Einbeziehung von Geschäften des Drogenhandels und des Zigarettenschmuggels Stirnrunzeln hervorrufen. Auch diese Größen werden nun ins BIP eingerechnet. Sollen also zukünftig Drogendealer und Schmuggler präzise über ihre Tätigkeiten Buch führen? Dies ist natürlich unrealistisch. Stattdessen hat das Statistische Bundesamt Modellberechnungen entwickelt, um diese Größen zu schätzen.

Man könnte geneigt sein, die Neuberechnung des BIP als rein statistisches Artefakt abzutun und die Konsequenzen daraus als buchhalterische Feinheiten einzuordnen. Aber es gibt auch ganz konkrete Auswirkungen, die einigen Ländern sehr gefallen dürften. Ein Grund ist, dass die Schulden eines Landes häufig als Schuldenquoten ausgewiesen werden, also als Anteil der Schulden an der Wirtschaftsleistung. Und wenn nun das neue BIP höher als das alte liegt, sinkt automatisch auch die Schuldenquote. Für Deutschland fällt diese von etwa 78,4 % auf 76 % ab. Und gerade für Länder wie Italien wirken sich die Neuberechnungen positiv aus. Bisher hatte Italien eine Schuldenquote von 132,6 %, nach der Neuberechnung sind es „nur

*noch" 127,9 %. Vor allem aber sinkt die jährliche Neuver-
schuldung für Italien unter die in den Maastricht-Verträgen
festgelegte magische Grenze von 3 %: Italien wird statt 3,0 %
Neuverschuldung nach der alten Berechnung nun nur noch
2,8 % aufweisen – und das ganz ohne zusätzliche Sparanstren-
gungen.*

Rankings

*„Schleswig-Holstein landet beim Bildungsvergleich nur auf
Platz 12." So oder ähnlich lauteten kürzlich viele Schlagzei-
len in den Medien. Hintergrund für diese Meldung war der
„Bildungsmonitor 2014", eine Studie zur Bildungssituation in
Deutschland, die von der arbeitgebernahen „Initiative Neue
Soziale Marktwirtschaft" in Auftrag gegeben und vom Institut der Deutschen Wirtschaft durchgeführt wurde. In diese
Studie flossen insgesamt 93 Kennzahlen ein, anhand derer
die Bundesländer miteinander verglichen wurden, darunter
etwa die „Durchschnittliche Lesekompetenz in Klasse 9", das
„Durchschnittsalter der Absolventen" oder die „Eingeworbe-
nen Drittmittel pro Professor". Die zugrundeliegenden Zahlen
stammten dabei aus seriösen Quellen. Wie nicht anders zu
erwarten war, wiesen bei jedem Bundesland einige dieser Faktoren eher über-, andere eher unterdurchschnittliche Werte
auf.*

*Aber wie errechnet sich nun daraus die Rangfolge der Bun-
desländer? Die wesentliche Idee ist, die einzelnen Indikatoren*

vergleichbar zu machen und die Kennzahlen jedes Bundeslandes anschließend zu mitteln. So erhält man für jedes Land einen einzigen Wert, der anschließend verglichen werden kann. Dieses Verfahren wirkt auf den ersten Blick sehr objektiv; schließlich lassen sich die Werte der Kennzahlen nicht manipulieren. Aber trotzdem ist bei der Interpretation Vorsicht geboten. Ein wesentlicher Grund liegt in der Auswahl der Indikatoren. Auch wenn 93 einbezogene Kennzahlen schon recht viel erscheinen, so fallen einem sicherlich noch viele weitere Werte ein, die etwas über die Bildungssituation aussagen könnten und ob etwa die „Drittmittel pro Professor" dabei relevant genug sind oder nicht, bleibt dem Ersteller der Studie überlassen. Bei der Auswahl der Indikatoren trifft ein arbeitgebernahes Institut wohl andere Entscheidungen als etwa eine Gewerkschaft oder ein Philologenverband. Bei anderen Kennzahlen, wie etwa dem „Durchschnittsalter der Absolventen", ist vor dem Hintergrund der G8/G9-Diskussion nicht einmal klar, ob ein kleiner Wert hierbei eher positiv oder negativ zu Buche schlagen sollte. Besonders kritisch sollte bei solchen auf den ersten Blick objektiven Vergleichsstudien also hinterfragt werden, welche Kennzahlen in das Ranking einfließen, denn dieses hängt von den subjektiven Einschätzungen der Studienverfasser ab. Jedes Ranking ist also nur so objektiv, wie es die zugrundeliegenden Kennzahlen und ihre Gewichtung sind.

„Am besten" heißt nicht immer „gut"

Rankings sind momentan sehr beliebt. Fast täglich können wir unser Bundesland, unsere Schule, unsere Krankenkasse oder unsere Heimatstadt in Rangfolgen zu den unterschiedlichsten Themen wiederfinden. Und natürlich sind wir besonders froh, wenn „wir" dabei weit oben auftauchen. Stets zum Jahreswechsel spielen Rankings auch für viele Arbeitnehmer ganz direkt eine Rolle, denn immer mehr Unternehmen machen Bonuszahlungen und Aufstiegschancen daran fest, wie man im Vergleich zu den Kollegen abschneidet. Bei dieser Praxis kann man natürlich viel Kritik im Detail üben. Sind etwa die angelegten Kriterien sinnvoll gewählt und sind die Einschätzungen des Vorgesetzten wirklich objektiv? Aber selbst wenn dies alles gut umgesetzt ist, ergibt sich ein grundsätzliches statistisches Problem von Rankings: Wenn alle Angestellten im Wesentlichen gleich gut arbeiten, dann ist ein Ranking ziemlich wenig aussagekräftig.

Ein Beispiel, das diese Tatsache eindrucksvoll veranschaulicht, liefert eine Untersuchung von Zigaretten im US-Magazin Readers Digest vor einiger Zeit. Dabei wurden die gesundheitsgefährdenden Inhaltsstoffe von Zigaretten unterschiedlicher Marken untersucht, etwa die Menge an Teer und Nikotin. Das Ergebnis lässt sich etwa so zusammenfassen: Alle untersuchten Zigaretten sind schädlich und die Inhaltsstoffe unterschieden sich nur unwesentlich. Nun denkt man wahrscheinlich, dass die Zigarettenhersteller diese Ergebnisse gern totgeschwiegen hätten. Das ist aber weit gefehlt, denn die Hersteller der Marke „Old Gold" nutzten aus, dass jedes Ranking einen Sieger hervorbringt: Ihre Zigaretten waren (wenn auch nur unwesentlich) weniger schädlich als die der anderen Marken. Daraufhin wurde in den USA eine sehr erfolgreiche Werbe-kampagne gestartet, in der damit geworben wurde, dass „Old Gold"-Zigaretten die gesündesten Zigaretten von allen seien. Die Kampagne wurde zwar nach einigen Wochen von Re-gierungsbehörden gestoppt, hat aber trotzdem ihre Wirkung nicht verfehlt. Viele Zigarettenraucher stiegen in der Folge aus Gesundheitsgründen auf „Old Gold" um.

In einigen Fällen verschleiert ein Ranking also eher das Er-gebnis, als dass es bei der Einordnung hilft: Auch wenn ein Produkt „das Beste ist", heißt es noch lange nicht, dass es gut ist.

Nach oben gemittelt

Beim Monatstreffen der Landkommune geht es hoch her. Da einige Mitglieder schon lange das Gefühl hatten, dass sich nicht alle gleich stark für die Kommune engagieren, ist Buch über die Tätigkeiten für die Gemeinschaft geführt worden. Wäh-rend Siggi etwa 16 Stunden in der Woche für die Kommune arbeitet, kommen beispielsweise Per und Gerlinde nur auf je 4 Stunden. Das wird von allen als ungerecht empfunden und so wird beratschlagt, wie hoch der Arbeitseinsatz zukünftig sein sollte. Gerhard hat dafür einen konkreten Vorschlag: Es soll-te zukünftig jeden Monat der durchschnittliche Arbeitseinsatz ermittelt werden. Wer weniger als den Durchschnitt für die Gemeinschaft gearbeitet hat, sollte im kommenden Monat min-

destens den durchschnittlichen Arbeitseinsatz erbringen. Wer quasi freiwillig über dem Durchschnitt gelegen hat, müsste seinen Arbeitseinsatz natürlich nicht verändern.

Der Vorschlag wird kurz diskutiert und von allen als fair empfunden. Aber was sind die Konsequenzen dieses Vorschlags? – Es hilft, dieses Vorgehen an einem einfachen Beispiel durchzuspielen. Nehmen wir einmal an, die Kommune bestünde nur aus Siggi, Per und Gerlinde. Zusammen haben sie 24 Stunden gearbeitet, also jeder im Mittel acht Stunden. Per und Gerlinde lagen also unter dem Durchschnitt und müssten im Folgemonat acht Stunden arbeiten. Soweit, so gut, aber was ist im darauf folgenden Monat? Erneut würde der Durchschnitt berechnet werden. Zusammen wurden 32 Stunden an Arbeit geleistet (2 × 8 Stunden von Per und Gerlinde und 1 × 16 Stunden von Siggi), im Durchschnitt also 10,7 Stunden. Wiederum liegen Per und Gerlinde unter dem Durchschnitt, da dieser gestiegen ist, sie müssten im folgenden Monat also 10,7 Stunden arbeiten. Im folgenden Monat würde sich dieser Effekt natürlich erneut ergeben und es ist leicht ersichtlich, dass bei diesem Verfahren nach etlichen Monaten alle annähernd so viel arbeiten würden wie Siggi, also 16 Stunden. Dieses Verfahren führt also dazu, dass sich der Arbeitseinsatz aller mittelfristig „nach oben mitteln" würde, was vermutlich nicht von allen gewünscht sein dürfte.

Auch wenn dieses Beispiel fiktiv ist, so wird ein derartiges Verfahren häufig auch in Unternehmen eingesetzt, um z. B. Vertriebsmitarbeiter miteinander zu vergleichen und mit ihnen neue Ziele zu vereinbaren. Auch wenn es auf den ersten Blick nachvollziehbar und fair erscheinen mag, so ist es für viele Mitarbeiter mittelfristig wahrscheinlich kaum zu schaffen.

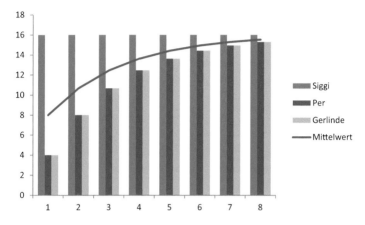

Nach oben gemittelt

...

Der Effekt des „Nach-Oben-Mittelns" lässt sich sehr schön auch grafisch erkennen. Dadurch, dass Siggi deutlich mehr arbeitet als Per und Gerlinde, liegt der Mittelwert der Arbeitszeit immer oberhalb des Arbeitseinsatzes von Per und Gerlinde. Sie müssen im nächsten Monat immer mehr arbeiten als im vorherigen Monat. Dadurch verschiebt sich der Mittelwert aber wieder nach oben, sodass sie ihren Arbeitseinsatz erneut steigern müssen. Dieses geht immer so weiter, bis sie nach vielen Monaten nahezu so viel arbeiten werden wie Siggi.

Das Dilemma mit den Verkehrskontrollen

Stellen wir uns folgende fiktive Situation vor: Vor ein paar Tagen sind neue Zahlen zu Verkehrsdelikten veröffentlicht worden – ein emotional besetztes Thema, bei dem die politischen Wogen hoch schlagen. Und flugs hat die Opposition nachgerechnet und festgestellt, dass pro Polizist im eigenen Bundesland weniger Delikte geahndet werden konnten als im Nachbarbundesland. Eine niedrige Zahl von Verkehrssündern (pro eingesetztem Polizisten) kann nun ja bedeuten, dass die Autofahrer sich bewundernswert korrekt im Straßenverkehr verhalten. Aber mancher Zeitgenosse wird diese wohlmeinende Interpretation wohl rasch verwerfen und dann eher die Überlastung oder die veraltete Ausstattung der Polizei als Erklärung vermuten. Die Opposition könnte das Thema aufgreifen und eine sofortige Aufstockung der Polizeikräfte von der Regierung fordern. Diese wiederum würde vermutlich bedauernd auf die leeren Haushaltskassen verweisen. Diese fiktive Situation aus dem täglichen Politikbetrieb kann sich wohl jeder von uns vor das geistige Auge rufen. Dabei bleibt aber die Frage nach der Interpretation und der Aussagekraft der gebildeten Kennzahl unbeachtet. Was würde passieren, wenn tatsächlich mehr Polizeikräfte für Verkehrskontrollen eingestellt würden? Da davon ausgegangen werden kann, dass man sich bei den bisherigen Kontrollen vor allem auf die Brennpunkte konzentriert hat, müssten die neuen Polizisten nun an Stellen Kontrollen durchführen, die bisher durch weniger Delikte aufgefallen sind. Die Anzahl der aufgeklärten Verkehrsdelikte pro Polizist würde also sinken! Wenn nun sogar noch die Verkehrsteilnehmer feststellen würden, dass es mehr Kontrollen gibt, und ihr Verhalten deshalb verstärkt den Verkehrsregeln anpassen würden, fiele die Anzahl der aufgeklärten Verkehrsdelikte pro Polizist nochmals. Die Maßnahme, mehr Polizeikräfte einzustellen, würde also vermutlich gerade dazu führen, dass bei der nächsten Evaluierung die Kennzahl „geahndete Verkehrsdelikte pro Polizist" deutlich sinken würde. Die Opposition würde erneut aufschreien …

Das Beispiel verdeutlicht, dass Evaluierungen und Vergleiche, die sich ausschließlich an Kennzahlen orientieren, häufig nur auf den ersten Blick klare Erkenntnisse liefern. Denn im vorliegenden fiktiven Bundesland wäre es ansonsten am sinnvollsten, möglichst viele Polizisten zu entlassen, um beim nächsten Bundeslandvergleich vermeintlich glänzend dazustehen.

Das Bundesländer-Ranking
beim Blitz-Marathon

Tatsächlich gab es im September 2014 den „Praxistest" für das in der vorangegangenen Kolumne beschriebene statistische Phänomen. Zu dieser Zeit wurde der zweite Blitz-Marathon durchgeführt, in dessen Rahmen im ganzen Bundesgebiet zumeist vorher angekündigte Tempokontrollen durchgeführt wurden. Der Blitz-Marathon fand dabei medial große Beachtung. So titelte beispielsweise Spiegel-Online: „Die Blitzer-Bilanz der Bundesländer: Saarländer und Sachsen sind die schlimmsten Raser". Als Grundlage für diese Aussage diente eine Auswer-

tung, wonach in diesen beiden Bundesländern der Anteil der kontrollierten Verkehrsteilnehmer, die sich nicht an die vorgeschrieben Höchstgeschwindigkeit hielten und dabei erwischt wurden, besonders hoch war.

Hierbei ist zu beachten, dass der bundesweite Blitzmarathon vorher angekündigt war und dabei die mediale Verbreitung in den einzelnen Bundesländern vermutlich sehr unterschiedlich ausfiel. Es ist zu erwarten, dass in Bundesländern, in denen die einzelnen Standorte der Kontrollen stark propagiert wurden, weniger anteilige Verstöße stattgefunden haben. Außerdem weisen die Bundesländer sehr unterschiedliche Verkehrsstrukturen auf, die ebenfalls keine Berücksichtigung fanden. Es erscheint plausibel, dass zum Beispiel in den Stadtstaaten Hamburg und Bremen der Verkehr besonders stark durch Staus behindert wird und dadurch der Anteil der Geschwindigkeitsverstöße niedriger ausgefallen ist. Auch die Verkehrsinfrastruktur (Anteil der Landstraßen und Autobahnen) und z. B. die Altersstruktur der Bevölkerung können bei einem derart einfachen Bundeslandvergleich keine Berücksichtigung finden.

Aber auch ein statistischer Einfluss kann die Anteile der Tempoverstöße in den Bundesländern beeinflussen: So lagen die Kontrollschwerpunkte an Straßen, an denen in der Vergangenheit bereits viele Raser ertappt wurden. Wenn nun in Bundesländern relativ wenige Kontrollen stattfanden, darf erwartet werden, dass diese wenigen Kontrollen die Standorte mit den höchsten Raseranteilen umfassten. Anteilig sollten dann besonders viele Raser geblitzt werden. In Bundesländern, die sich mit vielen Standorten am Blitzmarathon beteiligten, wurde vermutlich aber auch an Straßen kontrolliert, an denen eher weniger Raser zu erwarten waren. Und tatsächlich lag der Anteil der kontrollierten Fahrzeuge am Kraftfahrzeugbestand der einzelnen Bundesländer zwischen 2,5 % und 30,3 % – eine gewaltige Spanne. Dabei lässt sich tendenziell beobachten, dass Bundesländer mit relativ wenigen Kontrollen höhere Anteile an Tempoverstößen aufweisen im Gegensatz zu Bundesländern mit relativ vielen Kontrollen und einem geringeren Anteil an Rasern.

Es lässt sich somit festhalten, dass ein einfaches Bundeslandranking auf Basis des Blitzmarathons wenig sinnvoll erscheint und wohl kaum widerspiegelt, in welchen Bundesländern die Autofahrer besonders viel rasen. So wurde der Blitzmarathon auch zur „Unstatistik des Monats" im September 2014 gekürt, siehe www.unstatistik.de.

Quote oder Anteil

Die Zahlen sind erschreckend: In der Euro-Zone lag die Arbeitslosenquote 2013 unter Jugendlichen bei fast 25 % und in einigen Ländern noch viel höher. In Griechenland lag sie etwa bei über 55 % und in Spanien ähnlich hoch. Das sind erschreckende Zahlen und es ist klar, dass alles getan werden muss, um den jugendlichen Arbeitslosen eine Perspektive zu bieten. Von Zeit zu Zeit werden in den Medien aber auch deutlich niedrigere Zahlen genannt: Dann spricht man von Arbeitslosenanteilen von 10 % in der EU und von etwa 20 % in den „Krisenstaaten". Das ist immer noch viel, aber nicht einmal halb so hoch wie die erstgenannten Zahlen.

Aber wie kommen solch extrem unterschiedliche Werte zustande? Beide Angaben basieren auf denselben Daten. Der Unterschied ist ein rein sprachlicher: Bei der Arbeitslosenstatistik unterscheidet man den Begriff des „Arbeitslosenanteils" von dem der „Arbeitslosenquote". Dieser minimale Unterschied führt zu den extrem unterschiedlichen Werten: In der EU gibt es etwa 55 Mio. Jugendliche, von denen rund 5,5 Mio. arbeitslos sind. Das führt zu dem Arbeitslosenanteil von etwa 5,5 Mio./55 Mio. = 10 %. Die anderen 90 % arbeiten aber natürlich nicht alle in einem normalen Beruf. Gerade bei Jugendlichen gehen viele noch zur Schule, studieren oder machen eine sonstige Ausbildung. Sie stehen dem Arbeitsmarkt also kurzfristig nicht zur Verfügung. Rechnet man diese heraus, so bleiben nur etwa 24 Mio. Jugendliche übrig. So berechnet man die hohe Arbeitslosenquote von 5,5 Mio./24 Mio. = 23 %. An dem Wert von 5,5 Mio. Jugendlichen in der EU hat sich also gar nichts geändert. Nur die Bezugsgröße ist nun eine andere. Daher kann man erst einmal auch nicht sagen, welche der Zahlen nun die „richtige" ist. Es kommt einfach darauf an, wofür man sich interessiert. Noch komplizierter wird es, wenn darüber spekuliert wird, ob vielleicht viele Jugendliche nur weiter zur Schule gehen, weil sie ansonsten arbeitslos wären.

Liest man also verschiedene Zahlen zur Arbeitslosigkeit in der Zeitung oder hört sie bei Interviews mit Politikern, so ist es wichtig, sich immer wieder klar zu machen, worüber eigentlich gerade gesprochen wird. Dabei kann es schon auf Feinheiten wie die Unterscheidung von „-anteil" und „-quote" ankommen.

Verbraucherpreisindex

Karl ist wütend: „So eine Sauerei, der Friseur hat die Preise schon wieder um einen Euro angehoben! Es wird aber auch immer alles teurer!" Seine bessere Hälfte Susanne versucht ihn zu beruhigen: „Im Radio haben sie gerade berichtet, dass die Verbraucherpreise im letzten Monat gerade einmal um 1,2 % gegenüber dem Vorjahr gestiegen sind – früher gab es auch einmal 5 % Inflation!" Da Susanne in der Regel besser als Karl informiert ist, versucht er Susanne aus der Reserve zu locken: „Wer weiß schon genau, wie die im Statistikamt das wieder berechnet haben!" – Es stellt sich also die Frage, wie der Verbraucherpreisindex, der quasi die Inflation der privaten Haushalte misst, konkret berechnet wird.

Jeden Monat werden mehr als 100.000 einzelne Preise im ganzen Bundesgebiet erhoben. Diese werden dann entsprechend ihrem Anteil an einem „typischen Warenkorb" zusammengefasst. Darunter werden die Ausgaben verstanden, die der durchschnittliche Haushalt tätigt. Dazu gehört Karls Feierabendbier genauso wie der jährliche Urlaub an der Nordsee. Susanne und Karl verhalten sich relativ durchschnittlich und geben etwa 30 % ihres Einkommens für Miete und Nebenkosten aus, aber nur gut 10 % für Nahrungsmittel. Dementsprechend würde sich eine Steigerung der Miete deutlich stärker als eine Steigerung des Brotpreises in der Entwicklung der Verbraucherpreise widerspiegeln.

Da sich nun aber die Konsumgewohnheiten ändern, wird alle fünf Jahre der typische Warenkorb neu berechnet: Auf der Basis von 60.000 Haushalten, die all ihre Ausgaben dokumentieren müssen, wird ermittelt, wofür „der durchschnittliche

Deutsche" sein Geld ausgibt. Würde diese Anpassung nicht vorgenommen, würden immer noch die Kosten von Telegrammen und Kutschenreparaturen mit berücksichtigt.

Nur wie kann es sein, dass Karl das Gefühl hat, dass alles teurer wird, wenn doch der Verbraucherpreisindex kaum Preissteigerung ausweist? Während wir Güter des täglichen Bedarfs häufig bar bezahlen müssen, werden viele andere Kosten entweder vom Konto abgebucht (z. B. die stark gesunkenen Handykosten) oder fallen nur selten an (z. B. die Kosten für den Urlaub am anderen Ende der Welt, der vor 20 Jahren noch enorm teuer war). Außerdem ist es wohl menschlich, dass wir uns über negative Informationen stärker aufregen als über positive. Zum Glück kennt Susanne ihren Karl nur zu gut und so stimmt es ihn gleich milde, dass sie ihm erzählt, sein Feierabendbier sei ein Sonderangebot gewesen.

Drei Minuten Arbeit für ein Bier

Fast jeder schweift gelegentlich gedanklich zurück und erinnert sich sehnsüchtig an Zeiten, in denen die Brötchen nur halb so teuer waren wie heute oder in denen man den Tank seines Autos für umgerechnet 30 € randvoll füllen konnte. Den meisten wird dabei durchaus bewusst sein, dass natürlich früher nicht einfach alles billiger war, sondern gleichzeitig die Einkommen in den früheren Jahren ebenfalls deutlich geringer als heute ausfielen.

Um beide Aspekte bei einer Bewertung gemeinsam zu berücksichtigen, kann man die sogenannte Kaufkraft ausrechnen. Besonders anschaulich lässt sich diese darstellen, wenn man für einzelne Produkte angibt, wie lange ein durchschnittlicher Arbeitnehmer für den Kauf des Produkts arbeiten müsste. Genau diese Berechnungen hat das Institut der deutschen Wirtschaft für die Entwicklung von 1991 bis 2012 veröffentlicht, mit teilweise erstaunlichen Ergebnissen. So sind die meisten Lebensmittel 2012 nahezu unverändert so teuer wie 1991. Für eine Flasche Bier musste man 2012 im Durchschnitt 3 Minuten lang arbeiten, genau wie 1991, Butter ist hingegen leicht billiger geworden, da man 1991 für ein Päckchen 6 Minuten und 2012 nur 4 Minuten arbeiten musste. Der Preis ist also um 33 % gefallen. Kleidung und Gebrauchsgüter sind ebenfalls zumeist billiger geworden. So betrug die aufzuwendende Arbeitszeit für einen Herrenanzug 1991 knapp 21 Stunden, während dafür 2012 nur 14 Stunden notwendig waren. Den guten alten Röhrenfernseher konnte sich der durchschnittliche Arbeitnehmer 1991 nach 78 Stunden Arbeit leisten, 2012 war bereits nach 28 Stunden der Erwerb eines Flachbildgeräts möglich. Der Preis ist also um knapp 65 % gesunken. Teurer geworden ist vor allem Superbenzin. 1991 war eine Arbeitszeit von 4 Stunden notwendig, um einen 60-Liter-Tank mit Superbenzin zu füllen, 2012 mussten dafür 6 Stunden aufgewendet werden, immerhin eine reale Preissteigerung von 50 %. Strom hingegen ist nur um gut 10 % teurer geworden. Für 200 kWh musste 1991 3 Stunden und 8 Minuten gearbeitet werden, 2012 betrug die notwendige Arbeitszeit 3 Stunden und 30 Minuten. Aber auch mit diesen Zahlen im Hinterkopf werden wir alle uns vielleicht schon bei unserem nächsten Kinobesuch wieder an den niedrigen Eintrittspreis zum Film „Kevin allein

*zu Haus" 1991 zurückerinnern, auch wenn wir heute für den
Eintritt etwa eine Minute weniger arbeiten müssen als damals.*

Alles eine Frage der Definition

*In diesem Buch haben wir schon viele Fallstricke bei der Be-
nutzung von Statistiken aufgezeigt. Einige Fallen waren eher
subtil, andere bei näherer Betrachtung eher plump. Dieser Fall
fällt wohl in die zweite Kategorie:*

*Wie in Deutschland, so wird auch in Schweden oft auf die
Unpünktlichkeit der Bahn geschimpft. Gerade im Winter und
gerade in den Weiten Nordschwedens haben viele Züge Verspätung. So waren etwa im Jahr 2011 insgesamt im Schnitt
13 von 100 Zügen unpünktlich. Bei einer derart hohen Quote
plante ein schwedischer Wettanbieter sogar Wetten auf die Verspätung einiger Zuglinien. So schien es tatsächlich eine große
Leistung, dass der Anteil der verspäteten Züge im Jahr 2012 auf
3 % gesenkt werden konnte. Man sollte also annehmen können,
dass die Fahrgäste sehr dankbar und zufrieden reagiert hätten.
Das war aber nicht der Fall: Bei einer Untersuchung stellte
sich im Dezember 2012 heraus, dass die staatliche schwedische
Bahngesellschaft SJ von allen untersuchten schwedischen Unternehmen die unzufriedensten Kunden hat. Wie kann das bei
dieser enormen Pünktlichkeitsverbesserung erklärt werden?*

*Dazu muss man sich anschauen, was eigentlich unter einer
Verspätung verstanden wird. Man wird dabei wohl nicht ab
der ersten Sekunde von einer Verspätung sprechen, sondern eine*

*gewisse Toleranz einräumen. Wie groß man diese Toleranz aber
wählt, das ist sicherlich etwas willkürlich. Und so wurde diese
Toleranz just zum Jahr 2012 geändert: Zuvor sprach man ab
5 Minuten von einer Verspätung, dann wurden 15 Minuten
angesetzt. Die Reduzierung der Verspätungen resultierte also
ganz wesentlich aus einer Änderung der Definition des Wor-
tes „Verspätung". Als offizielle Begründung für diese Änderung
wurde eine Vereinheitlichung mit europäischen Standards angeführt; allerdings sind 15 Minuten durchaus kein Standard
in Europa. In Deutschland etwa gilt eine Bahn als pünktlich,
wenn sie innerhalb von 6 Minuten nach der fahrplanmäßi-
gen Zeit eintrifft. Vielleicht erschien den Verantwortlichen also
doch eine Änderung der Definition als kostengünstigstes und
einfachstes Mittel, die gemessene Pünktlichkeit zu verbessern.
Dieser Weg, einfach die Definition einer Messgröße zu verändern, um ein gewünschtes Ergebnis zu erhalten, stellt vermutlich eine häufig gewählte Methode dar, führt aber keineswegs
zu einer Verbesserung der gemessenen Situation.*

Verbreitungsgeschwindigkeit und Todesraten bei Ebola

Die folgende Kolumne stellt den Stand der Ebola-Epidemie
im Herbst 2014 dar.

*Die Ebola-Epidemie in Westafrika verschlimmerte sich im
Herbst 2014 in einem rasanten Maße, sodass uns immer neue*

Schreckensmeldungen erreichten. Dabei waren und sind alle berichteten Zahlen mit einem großen Fragezeichen zu versehen. Selbst für die Weltgesundheitsorganisation WHO ist es nicht leicht, an verlässliche Daten zu kommen. Trotzdem sind solide Schätzungen immens wichtig, um die passenden Maßnahmen zu ergreifen. Eine ganz entscheidende Zahl ist dabei die Reproduktionsrate, die angibt, wie viele Menschen sich im Mittel bei einem Ebola-Infizierten anstecken. Fällt dieser Wert unter 1, so wird sich die Epidemie auf Dauer abschwächen. Im Herbst 2014 lagen die Schätzungen dafür jedoch noch zwischen 1,5 und 2. Auch wenn dieser Wert auf den ersten Blick gar nicht so hoch erscheint, so hat er doch gravierende Auswirkungen: Die Zahl der Ebola-Infizierten hatte sich zuletzt alle drei Wochen verdoppelt! Geht dies über längere Zeit so weiter, führt dies zu einem exponentiellen Wachstum, im schlimmsten Fall mit zu erwartenden hunderttausenden Infizierten schon im Frühjahr 2015. So weit war es im Herbst 2014 aber glücklicherweise noch nicht und so bestand die Hoffnung, dass sich die Verbreitungsgeschwindigkeit durch die getroffenen Maßnahmen abschwächen würde.

Zu den Auswirkungen der Krankheit auf die Infizierten ließ sich zeitgleich aber Unterschiedliches vernehmen. Die WHO schätzte, dass etwa 70 % der Infizierten die Krankheit nicht überleben. Es tauchen andererseits auch immer wieder weit niedrigere Zahlen von deutlich unter 50 % auf, die aber nicht einfach dadurch zustande kommen, dass eine unterschiedliche Datengrundlage betrachtet wird. Stattdessen liegt der Ursprung in einer fehlerhaften Berechnung: Es wird nämlich einfach zu einem Zeitpunkt die Anzahl der Toten ins Verhältnis zur Anzahl der Infizierten gesetzt. In Zeiten, in denen sich die Krankheit nicht ausbreitet, ist dies auch eine sinnvolle Kennzahl,

*nicht jedoch, wenn die Zahl der Neuinfizierten jede Woche zu-
nimmt. Da der Tod nicht sofort nach der Infektion eintritt,
vergleicht man nämlich die Toten, die sich meist schon lange
vorher infiziert hatten, mit allen Infizierten, von denen viele
sich erst unmittelbar zuvor mit der Krankheit ansteckten. Dadurch erhält man automatisch eine deutlich zu niedrige Schätzung der Todesrate. Insgesamt bleibt zu hoffen, dass auch eine
gut recherchierte Statistik dazu beiträgt, die Ebola-Epidemie
realistisch einzuschätzen und in den Griff zu bekommen.*

…

Bei vielen Menschen ist das Wort „exponentielles Wachstum" einfach mit „schnellem Wachstum" assoziiert. Das ist
natürlich auf lange Sicht auch nicht falsch, führte aber bei
der Betrachtung von Ebola in der Anfangsphase vielleicht
gerade in die Irre. Wie sich ein exponentielles Wachstum
der Zahl der Ebola-Infizierten konkret auswirkt, ist in der
folgenden Abbildung dargestellt. Dabei wurde eine knappe
Verdoppelung der Anzahl der Infizierten alle drei Wochen
unterstellt, was den Angaben der WHO im Herbst 2014
entspricht. Die Zahlen – basierend auf der Modellrechnung – stimmen sehr gut mit den Angaben der WHO zur
Anzahl der Infizierten im ersten halben Jahr der Epidemie
überein.

Das Problem des exponentiellen Wachstums ist dabei
zweifach gelagert: Zum einen verharren die Zahlen der Infizierten zu Anfang der Epidemie viele Monate auf einem
eher niedrigen Niveau. So überschritt die Zahl der Infizierten erst Anfang August 2014 die 1000er-Grenze. Lange war
Ebola also schon in allen Medien, ohne dass das Problem

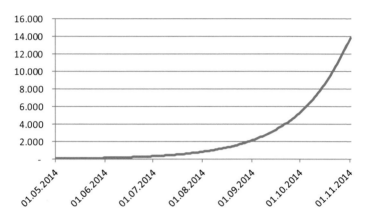

Ebola-Infizierte von Ende Mai bis Anfang November 2014 bei exponentieller Zunahme (Modellrechnung)

wirklich bedrohliche Ausmaße annahm. Ende Oktober lag die Zahl der Infizierten dann bei etwa 14.000.

Im Herbst 2014 – nach Abschluss der Arbeiten an diesem Buch – ist nicht absehbar wie sich die Krankheit weiter ausbreiten wird, nachdem jetzt viele zusätzliche Maßnahmen ergriffen werden. Wie nötig aber diese Maßnahmen sind, zeigt die zweite Abbildung. Unterstellt man nämlich eine weiter fortschreitende exponentielle Zunahme, so entwickelt sich die absolute Zahl der Infizierten jetzt sehr schnell, wie die zweite Abbildung verdeutlicht. Etwa zum Jahreswechsel würde die 100.000er-Grenze überschritten und bereits Ende März wären etwa 1 Mio. Menschen mit dem Virus infiziert. Es ist deutlich ersichtlich, dass eine Eindämmung der Epidemie zu einem späten Zeitpunkt enorm aufwendige Maßnahmen erfordern würde. Es lässt sich also nur hoffen, dass zum Zeitpunkt des Erscheinens dieses Bu-

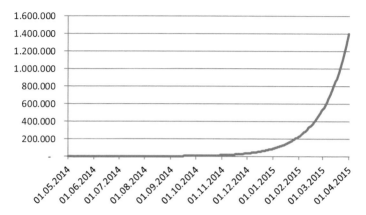

Ebola-Infizierte von Ende Mai 2014 bis Anfang April 2015 bei exponentieller Zunahme (Modellrechnung)

ches die eingeleiteten Maßnahmen zur Eindämmung der Ebola-Epidemie dazu geführt haben werden, dass sich die dargestellte Entwicklung bis ins Frühjahr 2015 abwenden ließ.

Zum Thema „Ebola" vergleiche auch die Kolumne „Angst vor Ebola-Helfern" im Kapitel „Irrungen und Wirrungen mit Statistik im Alltag".

Krebsregister

Anfang April 2013 ist das neue bundesweite Krebsfrüherkennungs- und Krebsregistergesetz in Kraft getreten. Ein we-

sentlicher Inhalt des Gesetzes ist die nun bundeseinheitliche Meldepflicht und Dokumentation von Krebsfällen. Wenn man ansonsten häufig an die „Datenkrake" bei derartigen Datensammlungen denken mag, liegen die Vorteile des Krebsregisters auf der Hand: Durch entsprechende Auswertungen der anonymisierten Daten soll eine bessere Grundlage für die medizinische Erforschung von Krebsbehandlungen geschaffen werden. Neben diesem Vorteil gibt es aber noch einen statistischen Aspekt, der in der Vergangenheit häufig für Aufregungen gesorgt hat.

So wurden für die Jahre Anfang des Jahrtausends rund um das Atommülllager in der Samtgemeinde Asse in Niedersachsen für einzelne Krebsarten erhöhte Krebsraten (also Krebsfälle im Verhältnis zur Bevölkerung) festgestellt. Dies hat – verständlicherweise – in der betreffenden Bevölkerung zu Verunsicherungen geführt. Diese Krebshäufungen (Cluster) schienen nahezulegen, dass aufgrund möglicher Kontaminationen durch die Asse eine erhöhte Krebsgefahr in der Region vorlag. Nun gab es zu dieser Zeit in Niedersachsen allerdings keine allgemeine Meldepflicht für Ärzte bei Krebsfällen, sodass nur etwa die Hälfte der Ärzte Krebsmeldungen an das Krebsregister vornahm. Gleichzeitig erscheint es plausibel, dass speziell in Regionen, in denen mögliche Gefahrenquellen – wie es ein Atommülllager zweifelsohne ist – Ärzte besonders für das Thema Krebs sensibilisiert sind und somit auftretende Krebsfälle häufiger tatsächlich auch an das Krebsregister meldeten als in anderen Regionen. Wenn nun aber, wie im Fall der Asse, in einer Region besonders viele Krebsfälle gemeldet wurden, konnte man nicht sicher sein, ob dieses ausschließlich an einer überdurchschnittlichen Teilnahme der Ärzteschaft in der Region an den Meldungen zum

Krebsregister lag oder tatsächlich ungewöhnlich viele Krebsfälle in der Region vorlagen.

Somit kann erst eine Meldepflicht von Krebsfällen für alle Ärzte helfen, regionale Cluster von Krebsfällen tatsächlich zu identifizieren und auf die Suche nach den Ursachen zu gehen. In einigen Bundesländern, so etwa Schleswig-Holstein, existiert ein verpflichtendes Krebsregister übrigens bereits seit 1997 und es wird davon ausgegangen, dass mehr als 90 % aller Krebsfälle tatsächlich gemeldet werden.

Body-Mass-Index

Rufen Sie sich für einen Moment die Bilder einiger Filmstars vor Ihr inneres Auge: Zum Beispiel die von George Clooney, Johnny Depp oder Tom Cruise. Und nun vielleicht noch die Bilder der Top-Handballer Lars Kaufmann und Marcus Ahlm. Woran denken Sie? Wir vermuten, dass Sie eher nicht an das Übergewicht denken, das diese Personen eint. Aber tatsächlich liegt der Body-Mass-Index (BMI) aller fünf über 25 und damit haben alle fünf nach Definition der Weltgesundheitsorganisation Übergewicht. Aber wie kann es sein, dass uns unser Gefühl so täuscht? Schließlich haben wir zur Feststellung des Übergewichts eine „wissenschaftliche" Kenngröße – den BMI – herangezogen. Der lässt sich doch nicht betrügen!

Die meisten gewichtsbewussten Leser werden den BMI gut kennen. Man berechnet ihn so:

Gewicht in kg/(Körpergröße in m × Körpergröße in m).

Etwa bei George Clooney (ca. 77 kg bei 1,70 m) ergibt sich als BMI 77/(1,7 × 1,7), also knapp 27. Der kritische Leser wird wahrscheinlich schon erkennen, dass der BMI eine statistische Kennzahl ist, die die gesamte Frage der Körperfülle in eine einzige Zahl legt. Und wie bei all solchen Kennzahlen ist klar, dass nicht alle relevanten Faktoren individuell berücksichtigt werden können.

Zum Beispiel fließt in den BMI nicht ein, ob das Gewicht aus Körperfett oder Muskeln besteht. Und in der Tat ist anzunehmen, dass sich die Körpermasse der oben genannten Schauspieler und vor allem der Handballer zu einem guten Teil aus Muskeln zusammensetzt. Muskeln wiegen knapp 20 % mehr als Fett. So kann Krafttraining – trotz Fettabbaus – zu einem höheren BMI führen. Für die Gesundheit des Menschen scheint es ferner wesentlich zu sein, wo das Fett sitzt. So deuten viele Studien darauf hin, dass Fett an den Beinen weit weniger gefährlich ist als Bauchfett. Auch das ist im BMI nicht berücksichtigt. Außerdem wirkt die Formel extrem willkürlich. Wieso sollte das Gewicht eines Menschen durch seine Körpergröße im Quadrat, also ein Flächenmaß, geteilt werden?

Historisch wurde der BMI erstmals im 19. Jahrhundert erwähnt, populär wurde er dann durch den US-Psychologen Ancel Keys in den 1970er-Jahren. Interessanterweise wurden die oben genannten Schwächen des BMI schon von Keys benannt und er warnte vor der unreflektierten Anwendung.

Der BMI allein ist also sicher kein verlässlicher Indikator, sondern höchstens ein erstes Indiz für gesundheitsgefährdendes Übergewicht. Solange man ihn für das private Fitnessprogramm verwendet, sind die Nachteile vielleicht nicht so wesentlich. Problematischer wird es, wenn der BMI als zentrales

Kriterium genutzt wird, um etwa über eine Verbeamtung oder den Abschluss einer Versicherung zu entscheiden.

Eine Zahl, zwei Deutungen?

Beim Kindergartenfest wird unter den Eltern intensiv diskutiert. Katharina hat in der Presse vom Familienreport der Bundesregierung gelesen. Vor allem der Satz „Deutschland ist keine Republik der Einzelkinder. Nur ein Viertel der Kinder sind (noch) Einzelkinder." ist ihr im Gedächtnis geblieben. Sie kann diese Zahl kaum glauben, ist ihr Eindruck doch eher, dass bestimmt die Hälfte der Eltern in ihrem Umfeld nur ein Kind haben. Monika und Hauke pflichten ihr bei.

Doch ist das Ganze eigentlich ein Widerspruch? – Tatsächlich ist im Familienreport nachzulesen, dass nur 26 % aller minderjährigen Kinder ohne Geschwister aufwachsen, dreiviertel haben also mindestens ein Geschwisterkind. Dies bestätigt eindeutig die Sicht des Familienministeriums, dass Deutschland kein Land der Einzelkinder ist. Allerdings lässt sich die Interpretation dieser Statistik anhand des folgenden Beispiels verdeutlichen: Man stelle sich zwei Familien vor, eine mit einem Kind, eine mit drei Kindern. Dann hat eines von vier Kindern, also 25 %, keine Geschwister, während drei von vier Kindern, also 75 %, mit Geschwistern aufwachsen. Man könnte aber auch sagen, dass 50 % der Familien Einzelkinderfamilien sind und 50 % der Familien mehrere Kinder haben.

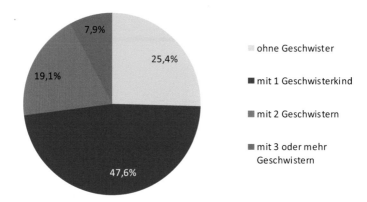

Minderjährige Kinder nach Anzahl der Geschwister, 2010, in Prozent (BMfFSFJ, Familienreport 2011, eigene Darstellung)

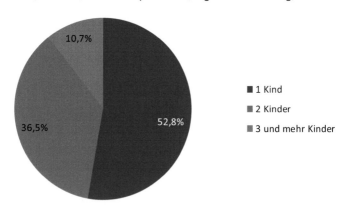

Familien nach der Anzahl der Kinder, 2010, in Prozent (BMfFSFJ, Familienreport 2011, eigene Darstellung)

Beide Aussagen sind statistisch richtig, haben aber deutlich unterschiedliche Intentionen.

Und tatsächlich lässt sich im Familienreport auch nachlesen, dass etwas mehr als die Hälfte der Familien (52,8 %) nur ein Kind hat und somit in weniger als der Hälfte der Familien mehr als ein Kind aufwächst. Diese Statistik, die deutlich stärker nach einer Einzelkinderrepublik klingt, wurde seitens des Familienministeriums in der entsprechenden Pressemitteilung nicht erwähnt.

Die Eltern im Kindergarten hat ihr Eindruck also nicht getäuscht: Familien mit mehreren Kindern sind in Deutschland tatsächlich leicht in der Minderheit, auch wenn der überwiegende Teil der Kinder Geschwister hat.

Dieses Beispiel zeigt, dass häufig Statistiken nicht falsch sind, es aber besonders wichtig ist, sich die inhaltliche Aussage der statistischen Kennzahlen zu verdeutlichen. Ansonsten lässt man sich durch eine statistische Kennzahl möglicherweise schnell inhaltlich „blenden".

Gute oder schlechte Nachricht?

Stellen Sie sich vor, Sie würden vor die Wahl gestellt, in einer von zwei Regionen zu leben, wobei die eine Region eine knapp viermal so hohe Krebsrate aufweisen würde wie die andere. Spontan würden einem vermutlich Assoziationen wie „Fukushima, Dioxin & Co." durch den Kopf gehen und die Entscheidung würde schnell zugunsten der Region mit der niedrigeren Krebsrate fallen. Wenn dann allerdings die Region mit der höheren Krebsrate „Deutschland" und die Region mit der niedrigeren Krebsrate „Sudan" hieße, würde man sich vermutlich irritiert umentscheiden.

Und in der Tat zeigt die Krebsrate eindrucksvoll, dass statistische Kennzahlen häufig nicht so einfach zu interpretieren sind, wie es auf den ersten Blick scheint. Die Krebsrate (oder korrekt die Krebsinzidenz) misst die Anzahl der Krebsneuerkrankungen je 100.000 Einwohner. Wenn nun aber HIV, Malaria, Hunger und Bürgerkrieg die dominierenden Risiken für weite Bevölkerungsteile des Sudan darstellen, ist leicht ersichtlich, dass viele Menschen sterben, bevor Krebs überhaupt ausgebrochen ist. Und bei einer in weiten Teilen des Landes überhaupt nicht ausgebauten Gesundheitsversorgung wird Krebs vermutlich selbst dann nicht erkannt, wenn ein Mensch daran stirbt. Die hohe Krebsrate in einem Land kann also ein Spiegelbild der guten Gesundheitsversorgung und – da Krebs vor allem im höheren Lebensalter auftritt – der hohen Lebenserwartung sein, auch wenn dieses pervers anmuten mag.

Aber auch in anderen Bereichen können Kennzahlen durchaus unterschiedlich interpretiert werden. So hat der DGB kürzlich gewarnt, dass aktuell gut jeder vierte Arbeitnehmer, der entlassen wird, direkt Hartz IV in Anspruch nehmen muss. Dieses sei ein Zeichen für die zunehmende Prekarisierung der Arbeitswelt. Das Bundesarbeitsministerium im Gegenzug interpretiert die gleiche Zahl als positive Entwicklung, da sie zeige, dass im Zuge der guten wirtschaftlichen Entwicklung immer mehr Personen, die zuvor keine Chancen auf dem Arbeitsmarkt gehabt haben, zumindest temporär wieder Arbeit finden.

Wie eine statistische Kennzahl zu interpretieren ist, zeigt sich somit häufig erst, wenn die Hintergründe der Daten genauer analysiert werden.

Signifikanz

„Die Jugendarbeitslosigkeit ist unter unserer Regierungsführung signifikant zurückgegangen!" Diese oder ähnliche Aussagen können wir allabendlich in den Nachrichten oder auch in Talkrunden verfolgen. Das Wort „Signifikanz" erlebte dabei in den vergangenen Jahren einen regelrechten Boom. An den unterschiedlichsten Stellen taucht es auf. Aber was ist darunter eigentlich zu verstehen?

In der öffentlichen Diskussion wird das Wort „signifikant" oft im Sinne von „relevant" oder „groß" benutzt. In dem obigen Beispielsatz sollte also vermutlich unterstrichen werden, dass die Jugendarbeitslosigkeit stark zurückgegangen ist. Anders hingegen ist die Bedeutung in der Statistik. Von Signifikanz spricht man dabei, wenn die beobachteten Ergebnisse nicht rein durch Zufall zu erklären sind. Stellen wir uns als Beispiel den Wasserstand der Kieler Förde vor. Würde dieser nur an einer Messstelle einmal täglich ermittelt, so wären die Ergebnisse sicherlich mit Vorsicht zu betrachten, da sie etwa von vorbeifahrenden Fähren oder plötzlichen Windböen beeinflusst sein könnten. Ist nun der gemessene Wasserstand heute einen Zentimeter höher als der gestrige, dann würde man nicht von einem signifikanten Anstieg sprechen, da dies auch durch den Zufall erklärt werden kann. Ist der gemessene Wasserstand allerding mehr als einen Meter höher, so vermutlich schon. Um dies auch exakt zu fassen, hält die Statistik für solche Fälle das Werkzeug der statistischen Tests bereit. Dabei spielt die Genauigkeit des Messens in jedem Fall eine wesentliche Rolle. Würde man in der gesamten Förde verteilt sehr viele sehr genaue Messinstrumente aufstellen, dann könnte sich bereits ein Anstieg des Wasserstands um einen Zen-

*timeter als statistisch signifikant, also nicht durch den Zufall
zu erklären, erweisen. Stellt man sich einen völlig konstanten
Wasserstand vor und könnte nur genau genug messen, so läge schon ein signifikanter Anstieg vor, wenn zum Beispiel ein
Kind zum Baden ins Wasser geht und hierdurch den Wasser-
spiegel erhöht. Hier würde man aber sicherlich nicht von einem
relevanten Anstieg sprechen. Es kommt also sehr genau darauf
an, in welchem Kontext „Signifikanz" verwendet wird. In Bezug auf die Jugendarbeitslosigkeit kann man nur hoffen, dass
ein relevanter Rückgang gemeint ist und nicht nur ein statistisch signifikanter, welches ja bedeuten könnte, dass es genau
einen einzigen jugendlichen Arbeitslosen weniger gibt.*

Armutsmessung

*Das Thema Armut spielt in weiten Bereichen politischer und
gesellschaftlicher Diskussionen eine bedeutende Rolle. So unstrittig die Bedeutung des Themas inhaltlich ist, so gleichzeitig
schwer ist es, Armut sinnvoll statistisch zu messen. Natürlich
lässt sich eine derart komplexe Fragestellung nicht annähernd
erschöpfend im Rahmen weniger Zeilen einer Kolumne diskutieren, einige wesentliche Aspekte sollen im Folgenden aber
dargestellt werden.*

*Während die UN extreme Armut international mit weniger
als 1,25 US$ pro Tag definiert, kann dieses Maß verständ-
licherweise nicht auf Deutschland übertragen werden. Dies
zeigt aber schon, dass es global geltende absolute Grenzen der*

Armut kaum geben kann. In Deutschland könnte man als absolute Armutsgrenze z. B. den Hartz-IV-Satz verwenden, der gesetzlich festgelegt ist. Gängig ist aber kein absolutes, sondern ein relatives Armutsmaß. Dieses basiert auf dem sogenannten Medianeinkommen. Das Medianeinkommen ist dabei das Einkommen der Person, die quasi „in der Mitte" liegt, d. h. gleich viele Personen verdienen mehr und gleich viele Personen weniger; siehe hierzu auch die Kolumne „Die Krux mit dem Mittelwert". So werden Personen, die weniger als 60 % des Medianeinkommens zur Verfügung haben, als armutsgefährdet und Personen, die weniger als 40 % des Medianeinkommens zur Verfügung haben, als arm definiert. Dieses auf den ersten Blick sinnvolle Maß weist aber Tücken auf. Stellen wir uns vor, dass das Einkommen aller verdoppelt würde, dann würde weiterhin der gleiche Anteil Personen arm sein wie vorher. Auch wenn es also nur Millionäre und Milliardäre in Deutschland gäbe, könnte der Armutsanteil genauso hoch sein wie heute. Und stellen wir uns als weiteres Extrem vor, dass den Personen, die weniger als 40 % des Medianeinkommens haben, dieses halbiert würde. Auch in diesem Fall blieben die gleichen 40 % arm und die derart gemessene relative Armut würde sich nicht ändern.

Einen weiteren nicht unerheblichen Aspekt stellt die Messung des Einkommens dar, die der Armutsmessung zugrunde liegt. Die meisten gängigen Maße legen nur das Erwerbseinkommen zugrunde. Ein Lottomillionär, der nach seinem Gewinn als Privatier lebt, hätte kein Einkommen und würde in die Gruppe der Armen fallen. Nun mag man einwenden, dass es nicht so viele Lottomillionäre gibt. Sämtliche Formen des Vermögens – Immobilien, Aktien, Gold – aber nicht mit in die Armutsmessung einzubeziehen, ist erkennbar problematisch.

Ist der Vatikan kriminell?

Statistiken gelten dann als unbestechlich, wenn sie seriösen Quellen entstammen. Gegen die Staatsanwaltschaft eines mitteleuropäischen Staates als Quellengeber wird man dabei vermutlich keine Vorbehalte haben. Wie ist somit der Sachverhalt zu bewerten, dass ein Land – auch nach eigenen Aussagen – die höchste Kriminalitätsrate der Welt aufweist? Und liegt vielleicht ein spezieller Fall vor, wenn es sich bei dem Staat um den Vatikan handelt?

Entscheidend ist für die Bewertung dieser Aussage, dass die Kriminalitätsrate als Anzahl der registrierten Straftaten je Staatsbürger gemessen wird. Da von den knapp 1000 im Vatikan lebenden Einwohnern nur gut 500 die vatikanische Staatsbürgerschaft aufweisen, gleichzeitig aber die Anzahl der Straftaten pro Jahr bei etwa 800 liegt, ist die Kriminalitätsrate entsprechend hoch. Dass etwa 20 Millionen Pilger pro Jahr den Vatikan besuchen und ein großer Teil der Straftaten Taschendiebstähle sind, erklärt die immens hohe Kriminalitätsrate im Vatikan vermutlich weitestgehend.

Wenn man diese Hintergründe kennt, mag man vielleicht über diese Statistik schmunzeln. Dabei sind die Daten vermutlich valide ermittelt worden und somit ist die Statistik an sich nicht falsch. Entscheidend ist aber bei jeder Statistik, die Datengrundlage genau zu kennen und zu bewerten. Und da statistische Kennzahlen häufig als Relationen gemessen werden, gilt es, sowohl den Zähler (die Größe, die gezählt wird) als auch den Nenner (die Zahl, die den Zähler „auf einen Nenner bringt", d. h. vergleichbar macht) genauer unter die Lupe zu nehmen, da beide Größen Aspekte beinhalten können, die man erst auf den zweiten Blick sieht.

So könnte sich die fiktive Meldung „Bürger verhalten sich umweltbewusster – die Anzahl der gefahrenen Kilometer je PKW ist gesunken" vielleicht dadurch erklären, dass immer mehr Haushalte Zweitwagen besitzen und sich somit die gleiche (oder sogar gestiegene?) Anzahl gefahrener Kilometer nur auf mehr PKW verteilt. Andersherum könnte es sich mit der fiktiven Aussage „Trunkenheit am Steuer sinkt im hohen Alter" verhalten, da sich im hohen Alter immer weniger Menschen hinter das Steuer setzen und somit auch Trunkenheitsfahrten automatisch in Relation zur Bevölkerung im hohen Alter abnehmen.

Es lässt sich somit festhalten, dass häufig nicht die Statistik an sich falsch ist, sondern die Interpretation korrekt vorgenommen werden muss.

...

Dass sich derartige Effekte nicht nur bei kuriosen Beispielen wie der hohen Kriminalitätsrate im Vatikan finden lassen, zeigt sich auch an dem Beispiel der Stadt Frankfurt am Main, die die deutsche Kriminalitätsstatistik anführt. Dabei sollte allerdings berücksichtigt werden, dass zum Beispiel alleine knapp 60 Mio. Menschen pro Jahr den Frankfurter Flughafen als Passagiere nutzen und die Zahl der Einpendler in die Stadt der Einwohnerzahl entspricht. Jede Straftat, die – egal durch wen verursacht – auf dem

Boden der Stadt Frankfurt verübt wird, wird der Stadt und ihren Einwohnern zugerechnet.

Wie viele Schulden hat der Staat?

Zwei Billionen Euro – so hoch ist der Schuldenstand von Bund, Ländern und Gemeinden derzeit in etwa. Eine mit Sicherheit hohe Summe – aber wie viel sind zwei Billionen Euro konkret? Da sich Normalsterbliche Summen von einer Million Euro vielleicht noch ganz gut vorstellen können, aber bei Milliarden und sicher bei Billionen das Vorstellungsvermögen erschöpft ist, hilft es immer, die Summen pro Kopf zu berechnen. Dieses ist scheinbar einfach: Die Bundesrepublik hat knapp 82 Mio. Einwohner, sodass die Pro-Kopf-Staatsverschuldung bei knapp 25.000 € liegt. Dieses ist eine zugegebenermaßen hohe Summe, spontan könnte man aber denken, dass sie über einen längeren Zeitraum durchaus zurückgezahlt werden könnte: Über 25 Jahre müssten ja „nur" 1000 € pro Person getilgt werden. Aber Halt: Ist denn die Basis „Pro Kopf" angebracht? Stellen wir uns eine vierköpfige Familie vor. In diesem Fall würde der zu tilgende Betrag schon 4000 € pro Jahr betragen. Und Oma und Opa gibt es ja auch noch, die vielleicht nur eine kleine Rente beziehen. Auf der anderen Seite aber auch viele Alleinstehende. Insofern scheint eine Umrechnung auf die Lohn- und Einkommensteuerzahler, den größten Posten der Steuereinnahmen, angebrachter. Wenn man von etwa 30 Mio. Steuerpflichtigen (zusammen veranlagte Ehegatten werden als ein

Steuerpflichtiger gezählt) ausgeht, so beträgt der Schuldenstand pro Steuerpflichtigem 66.666 €. Die Tilgung über 25 Jahre würde also bei 2666 € pro Steuerpflichtigem und Jahr liegen. Wird dem noch die durchschnittliche Höhe der Lohn- bzw. Einkommensteuer gegenübergestellt, die bei etwa 5300 € pro Jahr liegt, kommt man auf eine Steigerung der Lohn- und Einkommensteuer von knapp 50 %, die notwendig wäre, um über 25 Jahre den Schuldenberg abzutragen. Eine Erhöhung der Steuern, die fernab der Realität scheint. Insofern ist der Schuldenstand von 2 Billionen Euro nicht nur abstrakt extrem hoch, sondern auch ganz konkret beängstigend.

Rückgang des ÖPNV in Schleswig-Holstein?

Im Frühjahr 2014 wurde in den Medien in Schleswig-Holstein berichtet, dass die Verkehrsunternehmen des Landes weniger Fahrgäste im Liniennahverkehr transportiert hätten als in den Vorjahren. Konkret waren 2013 gut 157 Mio. Fahrgäste in Bussen und Bahnen befördert worden, wie das Statistikamt Nord mitgeteilt hatte, im Jahr 2012 hingegen noch 216 Mio. Dieses entsprach einem Rückgang von 59 Mio. Fahrgästen oder 27 %. Die Aufregung in Politik und Gesellschaft war dementsprechend groß und so wurden – je nach eigener Interessenlage – zum Teil sehr weitreichende Maßnahmen gefordert.

Es stellt sich also die Frage, ob die Schleswig-Holsteiner tatsächlich binnen eines Jahres die Lust auf die Nutzung des öffentlichen Nahverkehrs verloren hatten. – Die Antwort lautet: „Nein“, denn die Meldung zeigt, wie vorsichtig man bei der Interpretation von Statistiken sein muss. Die Zahl von 157 Mio. Fahrgästen bezieht sich ausschließlich auf Verkehrsunternehmen mit Sitz in Schleswig-Holstein. Es wird also nicht gezählt, wie viele Schleswig-Holsteiner Bus und Bahn gefahren sind, sondern lediglich, wie viele Fahrgäste von in Schleswig-Holstein ansässigen Unternehmen befördert wurden. Dabei muss berücksichtigt werden, dass die Pinneberger Verkehrsgesellschaft im Dezember 2012 vollständig mit der Hamburger VHH verschmolz und sich der Unternehmenssitz nach Hamburg verlagerte. Dieses erklärte nahezu vollständig den Rückgang der Fahrgastzahlen der in Schleswig-Holstein ansässigen Unternehmen des ÖPNV um 59 Mio., denn im gleichen Zuge sind die Fahrgastzahlen von Hamburger Unternehmen von 2012 auf 2013 um 58 Mio. Fahrgäste angestiegen. Das heißt, es hat vermutlich gar keine relevante Veränderung in den Fahrgastzahlen stattgefunden. Die meisten Busse fuhren auch in 2014 auf den gleichen Strecken, die Fahrgäste wurden nun aber zum Teil Hamburger Unternehmen zugerechnet.

Das Fazit könnte lauten: Außer Aufregung nichts gewesen. Und die Aufregung hätte vermieden werden können, wenn rechtzeitig beachtet worden wäre, wie die durch das Statistische Landesamt bekannt gegebene Zahl genau definiert war …

Immer mehr Bummelstudenten?

Werner ist aufgeregt. Gerade hat er im Radio gehört, dass die Studiendauer in den letzten Jahren in vielen Studiengängen gestiegen sei. Das bestätigt wieder einmal seinen Eindruck, dass die Studentinnen und Studenten heute dem Studium nicht mehr den nötigen Ernst entgegenbringen, den er selbstredend während seines Studiums vor 40 Jahren an den Tag gelegt hat. Bei nächstbester Gelegenheit wird er sein neues Wissen genüsslich an die Bewohner der benachbarten Studenten-WG weitergeben. Mit derlei Fakten konfrontiert, werden die jungen Frauen und Männer mit Sicherheit auch gleich kleinlaut einräumen, dass sie es wohl wieder gewesen seien, die am vergangenen Wochenende nicht gelernt und stattdessen noch nach 20 Uhr laut Musik gehört haben!

Gesagt, getan, stellt er sich am nächsten Morgen Rebecca in den Weg und berichtet ihr von seinen Erkenntnissen. Diese – auch noch frech – hört ihm ganz ruhig zu, um ihm dann zu erklären, dass dies wohl eher ein statistisches Artefakt sei. Denn durch die Einführung neuer Studiengänge mit Bachelor- und Masterabschlüssen müssen sich die durchschnittlichen Studiendauern am Anfang ganz von alleine mit jedem Jahr erhöhen. Baff ob dieser selbstbewussten Antwort zieht sich Werner erst einmal in seine Wohnung zurück und beginnt im Internet zu recherchieren. Und tatsächlich scheint Rebecca recht zu haben. Denn wenn ein neuer Studiengang mit sechssemestriger Regelstudienzeit eröffnet wird, können nach den ersten drei Jahren erst einmal nur all die Studierenden einen Abschluss machen, die das Studium ohne jede Zeitverzögerung abgeschlossen haben. Damit beträgt die durchschnittliche Studiendauer in diesem ersten Abschlussjahrgang also automatisch 6 Semester. Nun – und das muss selbst Werner aus eigener Erfahrung zugeben – schafft nicht jeder das Studium in der Regelstudienzeit. Im kommenden Semester werden neben den Studierenden, die ihr Studium in der Regelzeit abschließen, also auch einige dabei sein, die sieben Semester benötigen. Automatisch steigt die mittlere Dauer bis zum Studienabschluss. Im Semester darauf passiert das gleiche, nun noch von denen beeinflusst, die sogar acht Semester für das Studium brauchen. Die mittlere Dauer bis zum Studienabschluss wird also kontinuierlich steigen.

Werner ist ein wenig zerknirscht. Offensichtlich hat er seinen Nachbarn vorschnell Unrecht getan. Er nimmt sich vor, für das kommende Wochenende Ohrenstöpsel zu kaufen und sich weniger über etwaige abendliche Musik aufzuregen.

Irrungen und Wirrungen mit Statistik im Alltag

Denken Sie an den heutigen Tag zurück. Wir sind fast sicher, dass Sie – auch ohne die Lektüre dieses Buchs – mehrmals mit Statistik konfrontiert worden sind. So findet man kaum eine Zeitungsseite und kaum ein Fußballspiel in der Sportschau ohne eine ganze Reihe von Zahlen und Diagrammen. Neben diesen eher offensichtlichen Stellen wurden Sie aber mit großer Sicherheit auch mehrmals von Statistik beeinflusst, ohne dass Sie es überhaupt gemerkt haben. In diesem Kapitel sind einige – mehr oder weniger ins Auge stechende – Alltagssituationen zur Statistik beschrieben. Wie immer in diesem Buch verstehen wir Statistik dabei in einem weiten Sinne, sodass wir auch Themen aus dem eher rein mathematischen Bereich aufgenommen haben.

War's der Vollmond?

Der Wecker klingelt und Stefan quält sich aus dem Bett. Muss er nach der unruhigen Nacht tatsächlich schon aufstehen? Den ersten Kaffee fest umklammert klagt er Doris am Frühstückstisch sein Leid. Der Vollmond hat ihn mal wieder um den Schlaf gebracht. Wenn der Mond in der Lage ist, für Ebbe und

Flut zu sorgen, dann kann doch nur darin der Grund für seine Schlaflosigkeit liegen.

Doch stimmt diese weit verbreitete Meinung über die Kraft des Vollmonds wirklich? – Wissenschaftlich lässt sich dieser Mythos nicht belegen. Eine aktuelle Studie des Max-Planck-Instituts für Psychiatrie hat keine Hinweise dafür gefunden, dass die Mondphasen über die Schlafqualität von Menschen mitentscheiden. Vielmehr sind es Ärger, Sorgen, Alkoholkonsum am Vorabend und die Essgewohnheiten, die den Schlaf beeinflussen. Die Forscher hatten für die Studie große Datensätze über den Schlaf zahlreicher Testpersonen ausgewertet. Außerdem wurden weitere Studien zum Zusammenhang von Vollmond und Schlaf herangezogen, um den Mythos wissenschaftlich zu untersuchen. Tatsächlich gibt es auch einzelne Studien, die einen vermeintlichen Einfluss des Vollmonds auf den Schlaf gefunden haben. Allerdings mangelte es in diesen Studien an größeren Testpersonenanzahlen, sodass der Zufall eine zu große Rolle spielte, oder andere Einflüsse konnten das Schlafproblem erklären. Es stellt sich aber die Frage, warum sich der Mythos so hartnäckig hält. Die Forscher erklären dieses mit zwei Effekten. Zum einen finden vor allem die wenigen Studien, die einen vermeintlichen Einfluss des Vollmonds auf den Schlaf gefunden haben, Eingang in die mediale Berichterstattung, andere dagegen nicht. Und zum anderen spielt selektive Wahrnehmung eine entscheidende Rolle: Liegt man bei Vollmond nachts wach, so wird man sich daran am nächsten Morgen erinnern, anderenfalls bleibt einem der Mond einfach nicht im Gedächtnis.

Und wie sieht es mit anderen Einflüssen des Vollmonds aus? Auch hier muss man schlussfolgern, dass es sich dabei um Mythen handelt. So zeigen wissenschaftliche Untersuchungen, dass

*bei Vollmond weder mehr Kinder geboren werden, egal wie
hartnäckig dies behauptet wird, noch gibt es ein erhöhtes Kom-
plikationsrisiko bei Operationen. Auch die Behauptung, dass
bei Vollmond geschlagenes Holz weniger schwindet und reißt,
lässt sich wissenschaftlich nicht untermauern.*

*Der Vollmond ist also tatsächlich harmlos und Stefan muss
sich wohl damit abfinden, dass er einfach schlecht geschlafen
hat.*

...

Gerade der Fall des bei Vollmond geschlagenen Holzes,
des sogenannten Mondholzes, ist aber auch ein gutes Beispiel dafür, wie Mythen entstehen: Mondholz weist nämlich
häufig wirklich eine bessere Qualität auf als nicht bei Vollmond geschlagenes Holz. Man könnte also versucht sein,
doch an den Vollmondeffekt zu glauben. Tatsächlich ist es
aber so, dass forstwirtschaftliche Betriebe, die sich nach dem
Vollmond richten, selber an den positiven Effekt glauben
und es gleichzeitig eine Käuferschicht gibt, die dies ebenfalls tut. Wenn ein Betrieb sich die Mühe macht, das Holz
extra nach dem Mondkalender zu schlagen, sucht es besonders hochwertige Bäume aus und behandelt das Holz
anschließend besonders gut. Das Holz weist dann eine bessere Qualität auf. Allerdings lässt sich nachweisen, dass diese
überdurchschnittliche Qualität des Mondholzes ihren Ursprung einzig in der besseren Auswahl und der anschließenden Behandlung der Bäume hat und nicht im Zeitpunkt des
Schlagens. Werden vergleichbare Bäume einmal bei Vollmond und einmal nicht bei Vollmond geschlagen und anschließend beide Hölzer identisch behandelt, gibt es keine

messbaren Qualitätsunterschiede der Hölzer mehr. Es handelt sich also um einen sogenannten Selektionseffekt.

Anders gelagert ist der Fall bei einzelnen Studien, die vermeintlich einen Einfluss des Vollmonds auf den Schlaf nachgewiesen haben. So wurden beispielsweise Testpersonen über einen Zeitraum von einem Monat hinsichtlich ihres häuslichen Schlafs befragt. Anschließend stellte sich heraus, dass die Testpersonen im Testmonat bei Vollmond tatsächlich schlechter geschlafen hatten. Allerdings stellte man später fest, dass im Testmonat der Vollmond auf ein Wochenende gefallen war. Am Wochenende hatten die Testpersonen aber abends opulenter gegessen und mehr Alkohol getrunken. Bei einer Wiederholung des Versuchs mit Vollmondtagen am Wochenende und in der Woche verschwand dann der vermeintliche Effekt des Vollmonds auf den Schlaf. Die Ursache in der ersten Testreihe lag also schlicht in einem „Wochenendeffekt" mit den damit einhergehenden Begleiterscheinungen.

Ist Rotwein gesund?

Ist Rotwein gesund? – Diese scheinbar einfache Frage wird sich jeder, der den roten Rebensaft gerne und in Maßen trinkt, schon einmal gestellt haben. Und tatsächlich gibt es zu dieser Frage zahllose Untersuchungen, die jedoch nicht immer stichhaltige Ergebnisse liefern. Am ehesten kann man sich der Frage nähern, indem man eine andere, auf den ersten Blick fast identische Frage stellt: Leben Rotweintrinker gesünder als Nicht-Rotweintrinker? – Diese Frage lässt sich nämlich eindeutig beantworten. Untersuchungen zeigen, dass Menschen, die regelmäßig und in Maßen Rotwein trinken, gesünder leben und eine höhere Lebenserwartung haben. Scheinbar kann sich der Rotweingenießer also beruhigt zurücklehnen, sich einen guten Tropfen gönnen und sagen, dass er gleichzeitig auch etwas für seine Gesundheit tut – eine perfekte Situation! Doch leider wäre dieser Rückschluss zu einfach. Warum? – Durch die Beantwortung der Frage, ob Rotweintrinker gesünder leben, ist die Frage, ob Rotwein gesund ist, noch nicht beantwortet. Denn vielleicht leben Rotweintrinker insgesamt gesünder, ernähren sich besser, treiben mehr Sport und haben Berufe, die körperlich weniger belastend sind. In diesem Fall wäre nicht der Rotwein für die Gesundheit verantwortlich, sondern die Lebensumstände wären es. Die Frage stichhaltig zu untersuchen, lässt sich beispielsweise über den Ansatz der statistischen Zwillinge realisieren. Dabei wird für jeden Rotweintrinker ein Nicht-Rotweintrinker gesucht, der bezüglich seiner Ernährungsgewohnheiten, seinem sportlichen Engagement und seiner sonstigen Lebensbedingungen vergleichbar ist. Unterschiede hinsichtlich der Gesundheit zwischen diesen beiden Gruppen müssten bei perfekter Kontrolle der weiteren Faktoren dann durch den Rotweinkonsum ausgelöst sein. Lägen hingegen keine Unterschiede vor, wäre die bessere Gesundheit der Rotweintrinker durch diesen Selektionseffekt der sonstigen Lebensgewohnheiten verursacht. Valide statistische Studien mit hinreichend großen Fallzahlen stehen zu diesem Thema nach Kenntnis der Autoren bisher noch aus. Aber – und dieses kann als Trostpflaster für Rotweinliebhaber dienen – entscheidend sind in jedem Fall die gesamten Lebensumstände, egal ob mit oder ohne maßvollen Rotweinkonsum …

…

Für den beschriebenen Selektionseffekt gibt es viele Beispiele, die häufig zu Mythen führen, die sich hartnäckig halten. So wird immer wieder angeführt, dass Kinder, die in Deutschland mit einem Kaiserschnitt zur Welt gekommen sind, im Mittel intelligenter sind als Kinder, die auf natürliche Weise geboren wurden. Dieses ist auch empirisch nachgewiesen. Der Grund hierfür liegt allerdings darin, dass Kaiserschnitte häufiger von gebildeteren Müttern angestrebt werden.

Ist „Shades of Grey" gefährlich?

Die erotische Roman-Trilogie „Shades of Grey" der Britin E.L. James hat sich weltweit mehr als 70 Millionen Mal verkauft und führte wochenlang die Bestsellerlisten vieler Länder an. Wesentlicher Teil der Handlung ist die Beziehung zwischen der Literaturstudentin Ana Stele und dem Milliardär Christian Grey. Aufmerksamkeit erregten die Romane dabei vor allem durch die explizite Beschreibung der Sexualpraktiken, die als wesentliches Element Dominanz und Sadismus enthalten. Bei solchen Themen wird natürlich in der Öffentlichkeit viel über mögliche negative Auswirkungen des Werks auf die Entwicklung junger Frauen diskutiert. Und tatsächlich scheint eine großangelegte Studie solche Befürchtungen vor Kurzem bestätigt zu haben. In vielen Medien wurde in den letzten Wo-

chen darüber berichtet, dass das Lesen des Buchs dazu führe, das dort beschriebene Verhalten selbst auszuleben: Junge Leserinnen sollen sich nach dem Lesen der Bücher vermehrt zu Stalkern und Gewalttätern hingezogen fühlen, wechselnde Sexualpartner haben, häufiger übermäßig Alkohol konsumieren und unter Essstörungen leiden.

Aber wie kam man zu dieser besorgniserregenden Schlussfolgerung? Als wesentlicher Teil der zugrundeliegenden Studie aus dem Journal of Women's Health wurden mehr als 600 junge Frauen detailliert zu ihren Neigungen und ihrem Verhalten interviewt. In der Tat stellte sich dabei statistisch abgesichert heraus, dass junge Leserinnen der Trilogie vermehrt zu dem oben beschriebenen Verhalten neigen als Nicht-Leserinnen. Aber kann man daraus tatsächlich schließen, dass das Lesen des Buchs dies verursacht hat? Bei der genannten Studie wurde diese Frage nämlich keineswegs untersucht, sondern es wurden nur interviewte Leserinnen der Trilogie mit Nicht-Leserinnen verglichen. Schließlich ist ja durchaus auch umgekehrt denkbar (und vermutlich sogar plausibler), dass für junge Frauen mit häufig wechselnden Sexualpartnern und einer Neigung für Stalker und Gewalttäter „Shades of Grey" eher von Interesse ist als für solche, bei denen dies nicht der Fall ist. Ob das Verhalten der jungen Frauen also der Grund oder die Folge des Lesens des Buchs ist, bleibt völlig offen. Insofern ist „Shades of Grey" in erster Linie schlicht ein Bestseller und dafür, dass die Trilogie das Verhalten von Leserinnen negativ beeinflusst, gibt es keine statistischen Belege.

Angst vor Ebola-Helfern

„Die meisten Menschen sterben im Bett. Für ein langes Leben sollten Sie also Betten meiden!" Scherzhaft werden Vorschläge wie dieser immer wieder in Zusammenhang mit Statistik genannt. Sie sollen verdeutlichen, dass aus einem beobachteten statistischen Zusammenhang noch lange nichts über Ursache und Wirkung geschlossen werden kann. Trotzdem lassen sich in der Wissenschaft und den Medien fast wöchentlich Beispiele finden, bei denen solche Fehlschlüsse vorschnell begangen werden. So wird der nachgewiesene statistische Zusammenhang von Rauchen und Intelligenz häufig als „Rauchen schadet der Intelligenz" verkürzt interpretiert, obwohl vielleicht eher gelten dürfte, dass weniger intelligente Menschen im Schnitt häufiger mit dem Rauchen anfangen als intelligentere.

Es zeigt sich also, dass der Mensch schnell rein statistische Zusammenhänge für Kausalzusammenhänge hält, vor allem wenn weitergehende Informationen fehlen. Vor diesem Hintergrund sind auch einige Meldungen aus der Anfangszeit der Ebolaepidemie in Westafrika besser zu verstehen. Es wurde etwa gemeldet, dass in Teilen der lokalen Bevölkerung eine große Angst vor den Helfern herrsche. Teilweise wurden sogar Verwandte und Bekannte gewaltsam aus Isolierstationen befreit. In den meisten westlichen Medien wurden diese Meldungen mit größtem Unverständnis aufgenommen. Der Hintergrund für dieses Unverständnis sind aber auch unsere Erfahrungen mit einem modernen Gesundheitssystem und unser Vertrauen in dieses. Fehlen solche Erfahrungen aber, so erscheint das Verhalten gar nicht mehr so irrational. Die Beobachtungen vor Ort sind nämlich oft folgende: Gehen Menschen mit Symptomen wie Fieber zu den Isolierstationen, so stirbt der größte Teil von denen, die dort aufgenommen werden. Von denjenigen hingegen, die nicht aufgenommen, sondern nach Hause geschickt werden, geht es vielen nach einigen Tagen schon wieder besser. Natürlich liegt dies daran, dass Ebolainfizierte in die Isolierstationen aufgenommen werden, und Patienten, die z. B. nur eine Grippe haben, nicht. Was liegt allerdings für die mit einem modernen Gesundheitssystem nicht vertraute Bevölkerung vor Ort näher, als an häufig todbringende Auswirkungen der Behandlung in den Isolierstationen zu denken. Die Angst vor den Helfern ist dann natürlich auch verständlich. Dieses Beispiel zeigt, wie wichtig neben der konkreten medizinischen Hilfe gerade die Aufklärung über das Vorgehen zur Seuchenbekämpfung ist.

...

Zum Thema „Ebola" vergleiche auch die Kolumne „Verbreitungsgeschwindigkeit und Todesraten bei Ebola" im Kapitel „Fallstricke bei der Verwendung statistischer Kennzahlen".

Regenwahrscheinlichkeit

„Und nimm bitte die Regenjacke mit!" Haben Sie diese Aufforderung noch von Ihren Eltern im Ohr, wenn Sie als Kind das Haus verlassen wollten und auf dieses Kleidungsstück nun

wirklich keinen Wert legten? Oder fühlen Sie sich vielleicht er-
tappt, weil Sie diese Worte heute Morgen zu Ihrem Kind gesagt
haben, das daraufhin entnervt die Augen verdreht hat?

Möglicherweise ist dieser Satz gefallen, nachdem es am
Vortag im Radio geheißen hat: „Die Regenrisiko in Schleswig-
Holstein liegt morgen bei 80 %.“, sodass die Regenjacke doch
wohl dabei sein sollte, oder? – Statistisch stellt sich bei dieser
Wettermeldung die Frage, was 80 % Regenrisiko (oder genau-
er: Regenwahrscheinlichkeit) in Schleswig-Holstein eigentlich
konkret bedeutet. Der Deutsche Wetterdienst kann einem dabei
vielleicht helfen: „‚Morgen ist (an einem bestimmten Ort) mit
einer Niederschlagswahrscheinlichkeit von 80 % zu rechnen‘
ist so zu interpretieren, dass es in 8 von 10 Fällen (Tagen) bei
der (für ‚morgen‘) prognostizierten Wetterlage am betreffen-
den Ort geregnet hat. Es ist damit nicht ausgesagt, dass 80 %
des Zeitraumes des (‚morgigen‘) Tages verregnet sein werden
und auch nicht, wie viel es regnen soll.“ Konkret bedeutet
dies für unser Beispiel, dass am Folgetag mit 80 % Wahr-
scheinlichkeit an dem beobachteten Ort in Schleswig-Holstein
mindestens ein wenig Niederschlag fallen wird. Nun ist zum
Ersten Niederschlag nicht gleich Niederschlag („Mama, das
wird höchstens ein kurzer Nieselregen ... “), zum Zweiten ist
Schleswig-Holstein groß und die 80 % Regenwahrscheinlich-
keit, die im Durchschnitt an jedem Ort in Schleswig-Holstein
gelten soll, belassen ja auch eine 20 %ige Wahrscheinlichkeit
für Trockenheit („Mama, der Regen fällt bestimmt nur an der
Nordseeküste und die Kinder dort werden sicher eine Regen-
jacke dabei haben ... “) und zum Dritten ist ein Tag lang
(„Mama, der Regen fällt bestimmt erst um 16 Uhr, wenn ich
zum Kaffeetrinken mit Tante Hertha schon wieder zu Hause
sein muss ... “). Und tatsächlich sagt die definierte Regenwahr-

scheinlichkeit von 80 % für gesamt Schleswig-Holstein kaum konkret aus, wie niederschlagsreich der Tag an einem ganz konkreten Ort im Sendegebiet zu einer bestimmten Tageszeit sein wird. Präzise lassen sich also nur schwer Aussagen treffen.

Wer nun allerdings glaubt, dass Wetterprognosen, die sich auf kleinere Regionen, kürzere Zeiteinheiten und konkrete Niederschlagsmengen beziehen, helfen würden, den Generationenkonflikt um die ewige Regenjackenfrage zu lösen, unterschätzt vermutlich die Bedeutung des Abnabelungsprozesses der Kinder von den Eltern ...

Junge oder Mädchen?

Julia und Thomas sind seit vielen Jahren ein Paar und haben vier Kinder: alles Jungen. Nun ist Julia erneut schwanger und beide philosophieren gemeinsam über das mögliche Geschlecht des Kindes. Thomas argumentiert, dass nun doch wohl nahezu sicher ein Mädchen zu erwarten sei, da bei fünf Kindern jeweils Jungen zu bekommen sehr unwahrscheinlich sein müsste. Julia hingegen behauptet, dass die Wahrscheinlichkeit für ein Mädchen schlicht 50 % ist. Wer hat recht?

Wie so oft muss man zur Beantwortung dieser Frage genau betrachten, welche Aussagen getroffen wurden. Julia bezieht ihre Aussage, dass die Wahrscheinlichkeit für ein Mädchen 50 % ist, auf die konkrete fünfte Schwangerschaft, d. h. sie lässt ihre ersten vier Kinder – alles Jungen – dabei schlicht außer Acht. Wenn einmal davon abgesehen wird, dass Jungen eine etwas höhere Geburtswahrscheinlichkeit als Mädchen aufweisen, und wenn einmal davon ausgegangen wird, dass das Geschlecht in keiner Weise beeinflusst werden kann, stimmt Julias Aussage: Ob sie als nächstes einen Jungen oder ein Mädchen zur Welt bringen wird, ist schlicht vom Zufall abhängig, jeweils mit einer Wahrscheinlichkeit von 50 %. Die Geschlechter der ersten vier Kinder spielen für die fünfte Geburt keine Rolle.

Und was ist mit Thomas Aussage? – Thomas argumentiert, dass es sehr unwahrscheinlich ist, bei fünf Geburten fünf Jungen zu bekommen. Und grundsätzlich hat auch er mit dieser Aussage recht, denn die Wahrscheinlichkeit, einen Jungen zu bekommen, ist bei jeder Geburt 50 % und somit beträgt die Gesamtwahrscheinlichkeit für fünf Jungen ($0,5 \times 0,5 \times 0,5 \times 0,5 \times 0,5 = 0,5^5 =$) 3,125 %. Er hat dabei aber nicht berücksichtigt, dass die ersten vier Jungen schon geboren sind, also ihr Geschlecht nicht mehr dem Zufall unterliegt. Die Wahrscheinlichkeit, als nächstes ein Mädchen zu bekommen, beträgt also 50 % – genau wie von Julia behauptet.

Entscheidend ist, dass das Geschlecht eines Kindes nicht von den Geschlechtern vorher geborener Kinder abhängt. Dieses bezeichnet man in der Statistik als Unabhängigkeit von Ereignissen.

Julia und Thomas ist dieses egal. Sie freuen sich unabhängig vom Geschlecht auf die anstehende Familienvergrößerung und werden sich frühestens bei der sechsten Schwangerschaft wieder mit den Wahrscheinlichkeiten der Geschlechter beschäftigen.

Stereotypen und Wahrscheinlichkeiten

Das Klassentreffen nach 20 Jahren ist rauschend gefeiert worden und Tanja und Julia lassen am nächsten Tag noch einmal alles Revue passieren. Besonders Bianca hat sie erstaunt. Sie war erst kurz vor dem Abitur in den Jahrgang gekommen, sodass die beiden Bianca nicht wirklich gut kennengelernt hatten. Trotzdem scheint sie seit der Schulzeit einen größeren Wandel durchgemacht zu haben. Zu Schulzeiten wollte sie Betriebswirtschaft studieren, nun war sie im selbstgestrickten Pullover erschienen und hatte den ganzen Abend grünen Tee getrunken. Außerdem hatte sie sich intensiv mit Stefan über Literatur unterhalten. Zu ärgerlich aber auch, dass die beiden Freundinnen keine Gelegenheit gefunden haben, mit Bianca zu sprechen, um zu erfahren, was aus ihr geworden ist. Tanja ist sich nach den Beobachtungen des Abends trotzdem sicher, dass sie wohl kaum Betriebswirtschaft studiert haben dürfte, sondern eher Bibliothekarin sein müsste. Julia stimmt ihrer Freundin zu.

Was auf den ersten Blick als plausibel erscheinen mag, birgt allerdings einen typischen Fallstrick, der häufig in der Beurteilung von Wahrscheinlichkeiten gemacht wird. Während sich Tanja und Julia an den Stereotypen über Bianca orientieren und auf ihren möglichen Beruf schließen, lassen sie die sogenannten Basisraten außer Acht. Darunter versteht man in diesem Fall die Häufigkeit, mit der ein Beruf auftritt. Da der BWL-Studiengang sehr populär ist und es somit viele Betriebswirtinnen gibt, der Beruf der Bibliothekarin im Vergleich dazu aber eher exotisch ist, wird es trotz ihrer äußeren Erscheinung wahrscheinlicher sein, dass Bianca Betriebswirtin ist. Tatsächlich mag zwar der Anteil der Frauen, die gerne selbstgestrickte

Pullover tragen und grünen Tee und Literatur lieben, unter den Betriebswirtinnen geringer sein als unter den Bibliothekarinnen, aber die deutlich höhere Zahl an Betriebswirtinnen dürfte das kompensieren. Nehmen wir einmal an, dass die Stereotypen auf jede 10. Bibliothekarin zutreffen mögen und nur auf jede 100. Betriebswirtin. Wenn es aber 50-mal mehr Betriebswirtinnen als Bibliothekarinnen gibt, ist es 5-fach wahrscheinlicher, dass Bianca Betriebswirtin und nicht Bibliothekarin ist.

Das Urteilen nach stereotypen Zuordnungen kann also sehr vorschnell sein. Tanja und Julia nehmen sich aber in jedem Fall vor, in fünf Jahren beim nächsten Klassentreffen mit Bianca zu sprechen und herauszufinden, welchen beruflichen Weg sie tatsächlich eingeschlagen hat.

Eine Paddeltour und die Zahl π

Die Natur erwacht, die Sonne sendet die ersten warmen Strahlen: Der Frühling steht endlich vor der Tür. Das wollen Sandra und Klaus gleich für eine ausgiebige Paddeltour nutzen und machen sich an die Planung. Bevor es losgeht, müssen sie eine passende Strecke finden. Klaus zückt die Karte und findet einen schönen kleinen Fluss, der sich von Neukirchen bis Mühlhausen durch die Natur schlängelt. Er misst nach und sieht, dass Neukirchen und Mühlhausen vier Kilometer Luftlinie auseinander liegen. „Vier Kilometer ist doch nicht schlecht für die erste Tour im Frühling, oder?", meint Klaus. Aber Sandra wendet ein: „Guck mal, wie viele Schleifen der Fluss macht. Wenn wir den

Fluss abfahren, ist die Strecke doch viel länger." Das sieht auch Klaus ein und sie fragen sich, wie weit ihre geplante Tour wohl tatsächlich ist. Das ist auf der Karte schwer auszumessen, weil sich der Fluss in vielen kleinen Bögen durch die Landschaft schlängelt.

Mit der Frage, in welchem Verhältnis die Länge eines Flusses zur Luftlinie von der Quelle bis zur Mündung steht, haben sich tatsächlich schon Mathematiker auseinandergesetzt und dabei etwas auf den ersten Blick sehr erstaunliches herausgefunden: Jeder naturbelassene Fluss in der Ebene tendiert im Laufe der Jahrhunderte dazu, immer größere Schleifen auszubilden. Andererseits verbinden sich manchmal auch zwei Schlaufen des Flusses wieder, sodass der Fluss eine „Abkürzung" nimmt. Untersucht man dieses Wechselspiel, so lässt sich feststellen, dass sich nach einiger Zeit das Verhältnis der Länge des Flusses zur Luftlinie von der Quelle bis zur Mündung bei einem festen Wert einpendelt und dieser Wert ist kurioserweise gerade die Kreiszahl $\pi = 3,14159\ldots$ Dieses Phänomen, für das es keine einfache Erklärung gibt, lässt sich in der Tat an vielen naturbelassenen Flüssen im Flachland sehr gut beobachten. Im Gebirge oder bei durch den von Menschen begradigten Flüssen ist das Verhältnis typischerweise etwas kleiner.

Für Sandra und Klaus bedeutet dies, dass die Länge ihres geplanten Paddelausflugs statt der gemessenen Luftlinie von vier Kilometer wohl tatsächlich etwa $3,14 \times 4 \approx 12,6$ Kilometer beträgt. Das ist zwar eigentlich länger als von beiden geplant, aufgrund des frühlingshaften Wetters entschließen sie sich aber trotzdem für die Tour, wobei sie sich schnell einig sind, mit der Flussströmung zu paddeln.

...

Wer vielleicht spontan gedacht haben mag, dass dieses Phänomen doch eigentlich leicht zu verstehen sei, da π die Kreiszahl ist und sich durch die Landschaft schlängelnde Flüsse vermutlich wie Halbkreise verhalten, der solle dieses Modell noch einmal gründlich nachrechnen. Er wird dann feststellen, dass sich hierbei das Verhältnis von tatsächlicher Flusslänge zum Abstand von Quelle und Mündung in diesem Fall als $\pi/2$ ergeben würde. Die Erklärung ist also deutlich komplizierter.

Das Verhalten von Flüssen wurde interessanterweise schon 1926 von Albert Einstein in der Zeitschrift „Die Naturwissenschaft" in dem Artikel „Die Ursache der Mäanderbildung der Flußläufe und des sogenannten Baerschen Gesetzes" thematisiert. Einstein bietet in dem Artikel eine Erklärung dafür an, warum Flüsse nicht gerade fließen, sondern unterwegs Kurven und Schlaufen (Mäander) bilden. Einstein hat allerdings in seinem Artikel noch keinen direkten Bezug zur Zahl π hergestellt. Dieser Zusammenhang wurde erst viel später im Jahr 1996 durch Hans-Henrik Stølum beschrieben.

Gewinnsparen

Rita ärgert sich. Sie hat endlich ein wenig Geld zusammengespart und möchte dieses anlegen und nun bietet ihr die Hausbank gerade einmal 0,4 % Zinsen an. Da kommt es ihr gerade recht, dass ihr der Prospekt einer anderen Bank ins Haus flattert. Diese Bank bietet ihr insgesamt 0,15 % Zinsen plus einen „Glückszins" an: Jeden Monat errechnet sich dieser nach den beiden Endziffern des Gewinnloses einer großen monatlichen Lotterie. Für die Endziffern 00 bis 80 gibt es – gestaffelt nach Endziffern – im Durchschnitt 0,17 %. Sofern die Endziffern zwischen 81 und 99 liegen, erhält der Sparer stattliche 0,6 % Glückszins. Rita studiert weiter den Prospekt und kann dort nachlesen, dass „mit etwas Glück" also 0,15 % plus 0,6 % = 0,75 % Zinsen möglich sind. Das klingt doch deutlich verlockender als die 0,4 % festen Zinsen bei ihrer Hausbank.

Allerdings hat Rita eine clevere Nichte, Tina, die ihre Tante darauf aufmerksam macht, dass der Höchstzins von 0,75 % ja nicht zugesichert sei, sondern vom Glück abhänge. Also machen sich beide daran, die Wahrscheinlichkeit dafür auszurechnen, dass zwölf Monate hintereinander die Endziffern 81 bis 99 beim Gewinnlos der monatlichen Lotterie gezogen werden und Rita somit insgesamt 0,75 % Zinsen erhielte. Jeden Monat beträgt die Wahrscheinlichkeit hierfür 19/100. Soll dieses Ereignis 12 mal eintreten, so liegt die Wahrscheinlichkeit bei $(19/100)^{12} = 0{,}0000000022$, was schwer zu interpretieren ist, und so rechnen sie es kurz als „1 zu 451 Mio." um.

Tina und Rita erinnern sich an eine Kolumne, die sie vor einiger Zeit gelesen haben. Darin hatte es geheißen, dass ein Sechser im Lotto mit der Wahrscheinlichkeit „1 zu 14 Mio." eintreten würde, d. h. es wäre 30 mal wahrscheinlicher, einen Lottogewinn zu erzielen als den vollen „Glückszins" zu erhalten. Und ein genaues Nachrechnen zeigt Tina und Rita, dass beim Glückszins im Mittel gerade einmal 0,255 % Zinsen über ein Jahr zu erwarten sind und somit die Hausbank eigentlich gleiche Konditionen bietet.

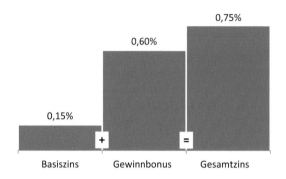

Gewinnsparen (Postbank-Homepage, Zinsstand 3. September 2014, eigene Darstellung)

Rita begreift, dass die vermeintlichen 0,75 % Zinsen dann wohl doch eher ein Lockangebot sind, und denkt nun darüber nach, das Geld ganz anders anzulegen und ihrer Nichte eine schöne Weltreise zu spendieren. Und wenn ein Leser den Kopf über das vermeintliche Angebot der Bank schüttelt, so mag er vielleicht an diese Kolumne denken, wenn er es in nächster Zeit beworben sieht ...

...

Diese Form des Sparens gibt es tatsächlich, eine große deutsche Bank bietet das beschriebene Gewinnsparen seit Jahren an, auch wenn die Zinssätze je nach allgemeinem Zinsniveau am Markt über die Zeit angepasst werden. Neben der Basisverzinsung wird ein variabler Gewinn-Bonus (oben in der Kolumne als „Glückszins" bezeichnet) versprochen. Die Höhe des Gewinn-Bonus ist abhängig von den Endziffern der monatlichen Gewinnzahl der Aktion

Mensch. Dabei wird das Produkt mit den Worten „Basiszins plus monatlicher Gewinn-Bonus garantiert" beworben und eine Abbildung suggeriert den Kunden quasi einen festen (und vermeintlich sicheren) Gewinn-Bonus. Als Gewinn-Bonus wird der maximal mögliche Bonus dargestellt, der allerdings nur im extremen Fall möglich ist, wenn in allen Monaten Endziffern zwischen 81 und 99 liegen. Dass ein Sechser im Lotto 30 mal wahrscheinlicher ist als dieser Gewinnbonus in voller Höhe, wird den Kunden allerdings nicht verraten.

Vergleiche zu zum Thema Zinsen auch die Kolumnen „Zins und Zinseszins" und „Zins und Tilgung" im Kapitel „Statistische Phänomene".

Wunder gibt es immer wieder

Es gibt Geschichten, die wirklich kaum zu glauben sind. So etwa diese: Im Jahr 1937 fiel in Detroit ein Baby von einem Balkon aus dem 4. Stock eines Hochhauses. Im gleichen Moment ging unten auf dem Fußweg ein Mann vorbei und das Kleinkind landete genau auf dessen Schultern und beide überlebten mit kleineren Blessuren. Und das ist noch nicht alles! Nur ein Jahr später fiel ein anderes Kind ebenfalls in Detroit aus dem 4. Stock und wurde wieder durch eine Landung auf einem vorbeigehenden Fußgänger gerettet. Diese Geschichte ist so unglaublich, dass man sagen kann, sie grenzt wohl an ein Wunder.

Es ist sicherlich schwer, für das Auftreten eines solchen Ereignisses sinnvoll eine exakte Wahrscheinlichkeit anzugeben, aber egal welche man wählt, sie müsste extrem klein sein. Und so bezeichnet man allgemein auch immer wieder Ereignisse, deren Wahrscheinlichkeit für ein Eintreten bei höchstens 1 zu 1 Mio. liegt, als „Wunder". Solche Ereignisse treten also nur mit extrem kleiner Wahrscheinlichkeit ein. Aber heißt das auch, dass wir solche Wunder fast nie erleben? Hier hilft folgende kurze überschlägige Rechnung weiter: Mindestens während wir wach sind, nehmen wir ständig irgendetwas um uns herum wahr. Nehmen wir z. B. an, dass alle zehn Sekunde irgendein Ereignis passiert. Die meisten dieser Ereignisse sind sicherlich keine „Wunder", sondern ganz „gewöhnlich", aber es sind viele Ereignisse. In einer Minute schon 6, an einem Tag 6 × 60 × 14 = 5040, wenn wir dabei annehmen, dass wir mindestens 14 Stunden wach sind. In einem Jahr sind wir dann schon mit 5040 × 365 Ereignissen konfrontiert; das sind schon fast zwei Millionen binnen eines einzelnen Jahres! Akzeptiert man die Definition eines Wunders als ein extrem seltenes Ereignis mit einer Wahrscheinlichkeit von 1 zu 1 Mio., so erleben wir also im Mittel in jedem Jahr mindestens ein solches. „Wunder gibt es immer wieder …", wusste – auch ohne lange statistische Rechnungen – zumindest der deutsche Schlagerfan schon lange. Und die Kleinkinder aus Detroit werden froh gewesen sein, dass das „Wunder" gerade bei ihnen eingetreten ist.

Abertausende Gedichte

Zugegeben, Literaturempfehlungen sind in diesem Buch nur sehr selten zu finden. Aber wäre es nicht ein schönes Geschenk, Ihren Liebsten ein Buch mit Hunderttausend Milliarden unterschiedlichen Gedichten zu schenken? Die Rede ist hierbei von dem Werk „Cent Mille Milliards de Poèmes" des französischen Dichters und Schriftstellers Raymond Queneau. Auch eine deutsche Übersetzung mit dem Titel „Hunderttausend Milliarden Gedichte" ist erhältlich. Aber wie dick muss dieses Buch denn sein?

Die überraschende Antwort ist: Es ist nur zehn Seiten dick! Denn eigentlich handelt es sich nur um 10 Sonette mit jeweils 14 Zeilen. Der Trick ist nun, dass in all diesen Sonetten in den entsprechenden Versen die Endungen übereinstimmen. Daher lässt sich jede Zeile auf einer Seite gegen die gleiche Zeile auf einer anderen Seite austauschen. Das Ergebnis ist dann tatsächlich ein neues Sonett. Für die erste Zeile hat man damit zehn Möglichkeiten, genauso wie für die zweite Zeile, sodass man schon aus den ersten zwei Zeilen 10 × 10 = 100 Anfangsstücke zusammensetzen kann. Insgesamt ergeben sich auf diese Weise 10 × 10 × 10 × 10 × 10 × 10 × 10 × 10 × 10 × 10 × 10 × 10 × 10 × 10 = 10^{14} = Hunderttausend Milliarden unterschiedliche Gedichte. Bei dem Buch handelt es sich tatsächlich um ein Klappbuch, wie man es von Kinderbüchern kennt: Die zehn dicken Pappseiten sind so zerschnitten, dass man für jede Zeile die eigene Wahl auf einer der zehn Seiten treffen kann.

Der Autor behauptete, dass all diese Gedichte sinnvoll seien. Allerdings ist es kaum möglich, diese Behauptung tatsächlich zu überprüfen, denn in diesem zehnseitigen Gedichtband stecken wohl mehr Zeilen als in der gesamten weiteren Weltliteratur. Auch bei extrem schnellem Lesen der Gedichte würde das – ohne dass man Pausen einlegt oder schläft – bei nur zehn Sekunden pro Gedicht gute 30 Mio. Jahre dauern. Auch wenn sich immer wieder neue Aspekte ergeben mögen, ist das auf Dauer dann aber doch wohl ein wenig ermüdend.

Millionenfache Überwachung

In der NSA-Affäre kommen nach den Enthüllungen von Edward Snowden immer wieder neue Details an Licht. Den größten Teil davon erfährt man nicht direkt von staatlichen Stellen, sondern aus den enthüllten geheimen Dokumenten. Aber manchmal kann man pikante Details auch ganz direkt von Verantwortlichen der NSA erfahren. So stand im Sommer 2013 der stellvertretende NSA-Direktor John C. Inglis dem US-Kongress Rede und Antwort. Dabei legte er dar, dass die NSA das Umfeld einer verdächtigen Person in bis zu drei Ebenen näher untersucht. Damit ist gemeint, dass die Bekannten des Verdächtigen (1. Ebene), deren Bekannte (2. Ebene) und wiederum deren Bekannte (3. Ebene) näher ausgeleuchtet werden. Vor dieser Anhörung war lediglich bekannt, dass zwei Ebenen von Bekannten in den Fokus der Ermittler geraten. Während der Anhörung und auch danach in den Medien wurde diesem Detail nur wenig Beachtung geschenkt. Es scheint ja auch im ersten Moment nur ein geringer Unterschied zu sein, ob zwei oder drei Ebenen untersucht werden. Aber was bedeutet dieser Unterschied in der Praxis? Im Einzelfall ist das schwer zu sagen, denn jeder Mensch hat unterschiedlich viele Bekannte. Aber ein sehr vereinfachtes Rechenbeispiel kann helfen:

Nehmen wir an, dass jede der untersuchten Personen einen Bekanntenkreis von 200 Personen hat und nehmen wir zur Vereinfachung weiter an, dass sich diese Bekanntenkreise nicht bzw. kaum überschneiden. Dann umfasst die erste Ebene (die direkten Bekannten) 200 Personen. Untersucht man die zweite Ebene, so kommen bei jeder dieser Person 200 neue hinzu, sodass damit schon $200 \times 200 = 40.000$ Personen untersucht werden. Das ist schon eine große Zahl. Soviel war aber auch zuvor schon bekannt. Geht man nun aber in die dritte Ebene, so werden $200 \times 200 \times 200 = 8$ Millionen Menschen ausgeleuchtet. Bei einem einzigen Verdächtigen könnten also z. B. im Extremfall die Kommunikationsdaten von etwa jedem zehnten Deutschen näher untersucht werden. Auch wenn sich Bekanntenkreise zum Teil überschneiden dürften, zeigt das Beispiel, welche Unmengen an zumeist vollkommen unschuldigen Personen bei einer 3-Ebenen-Untersuchung überwacht werden.

Das dahinterstehende Prinzip wird oft als Kleine-Welt-Phänomen bezeichnet. Es besagt, dass auch zwischen je zwei sehr weit voneinander entfernt lebenden Personen oft nur sehr wenige Ebenen von Bekannten liegen. Bei dieser Art der Datenuntersuchung kommt dieses Phänomen also voll zum Tragen.

Wie packt man Orangen?

Kevin absolviert gerade den ersten Tag seines Praktikums bei einem Obsthandel. Seine erste Aufgabe ist es, Orangen in Kisten zu stapeln. Das scheint keine besondere Herausforderung zu sein. Der Chef hat ihm aber mit auf den Weg gegeben, dabei keinen Platz zu verschenken. So macht er sich also an die Arbeit und beginnt die Orangen auf dem Boden der Kiste zu verteilen. Nachdem er mit dieser ersten Schicht fertig ist, fragt er sich, wie er jetzt wohl weitermachen sollte. Die einfachste Lösung ist wohl, die Orangen der zweiten Schicht immer versetzt in die Mulden zwischen die Orangen der ersten Schicht zu legen. Mit der dritten Schicht kann man dann wieder genauso verfahren. Hierbei bleiben natürlich noch Lücken zwischen den Orangen, aber das lässt sich bei den runden Orangen sicher auch nicht ganz vermeiden. Immerhin werden bei dieser Packungstechnik fast 3/4 des Raums auch wirklich von Orangen ausgefüllt (genauer sind es die Kreiszahl π geteilte durch Wurzel aus 18, also ungefähr 74 %). Da Kevin im Praktikum alles möglichst gut machen möchte, stellt er sich die Frage, ob er vielleicht durch eine geschicktere Technik noch platzsparender packen kann.

Diese Frage hat sich vor Kevin auch schon der deutsche Gelehrte Johannes Kepler im Jahr 1611 gestellt und dabei die Vermutung aufgestellt, dass es keine effizientere Packungsmethode gibt als die von Kevin angewandte. Aber dies zu zeigen scheint natürlich schwierig, denn man kann sich ja unzählbar viele unterschiedliche Methoden vorstellen, die Orangen zu stapeln, und man kann unmöglich alle ausprobieren. Kepler konnte zu Lebzeiten keinen Beweis für seine Vermutung angeben. So ging es nach ihm auch vielen anderen großen Ma-

thematikern. Zwar gelangen etwa Carl Friedrich Gauß im 19. Jahrhundert einige neue Erkenntnisse, aber dennoch wurde auch in der Zeit danach trotz intensiver Bemühungen kein vollständiger Beweis gefunden. Das änderte sich erst 1998, als der Mathematiker Thomas Hales einen Beweis der Vermutung von Kepler veröffentlichte, der allerdings sehr komplex war und sich auch auf Computerberechnungen stützte. Da die eingesetzten Gutachter bei der Überprüfung des Beweises einige der Computerberechnungen nicht verifizieren konnten, war noch weitere mathematische Nacharbeit nötig, die im Sommer 2014 offenbar erfolgreich beendet wurde. Damit ist endgültig gezeigt, dass Kevins Packungstechnik die beste ist. Einem erfolgreichen Praktikum steht damit nichts mehr im Wege.

Wie oft kann man eine Zeitung falten?

Viele von Ihnen, liebe Leser, werden ja beim Lesen dieses Buchs eine Zeitung in nicht zu großer Entfernung griffbereit haben. Wenn dies bei Ihnen der Fall ist, dann sind Sie aufgefordert, aktiv an einem Experiment teilzunehmen. Nehmen Sie sich eine Zeitungsseite, die Sie – und auch Ihre Restfamilie – schon gelesen haben. Wir wollen uns nun mit der Frage beschäftigen, wie oft man diese Zeitungsseite in der Mitte falten kann. Bevor wir anfangen, schätzen Sie erst einmal, wie oft dies möglich ist. Aber jetzt kann es auch schon losgehen. Nebenbei überlegen wir uns ein wenig Theorie. Gehen wir einmal davon aus, dass die Zeitungsseite 0,1 mm dünn ist. Nach dem ersten Falten *hat man zwei Lagen, und wenn man davon ausgeht, dass zwischen den Zeitungsseiten keine Luftschicht bleibt, dann ist der Stapel 0,2 mm dick – nicht wirklich viel. Beim zweiten Falten hat man 2 × 2 = 4 Lagen, nach dem dritten Falten schon 2 × 2 × 2 = 2^3 = 8 Lagen und so geht es weiter. Mit jedem Falten verdoppelt sich die Stapeldicke und der Stapel wird schnell merklich dicker. Nach sechsmaligem Falten hat der Stapel schon eine Dicke von 2^6 × 0,1 mm = 6,4 mm. Sollten Sie es schaffen, die Zeitung noch einmal zu falten, wäre die Zeitung schon mehr als einen Zentimeter dick. Jetzt wird das Falten schon schwieriger, schließlich verdoppelt sich die Dicke bei jedem Falten und die Umschlagkante wird größer und härter, was das Falten deutlich erschwert. Spätestens nach achtmaligem Falten und einer Höhe von gut 2,5 cm ist dann endgültig Schluss. Der eine oder andere Leser wird vielleicht geschätzt haben, dass die tatsächliche Zahl deutlich größer ist. Aber rechnen wir einmal weiter, wie dick der Papierstapel würde, wenn man tatsächlich weiterfalten könnte. Bei jedem Falten verdoppelt sich die Dicke, die Mathematiker sprechen hier von exponentiellem Wachstum. Nach zehnmaligem Falten wäre schon eine Dicke von über 2^{10} × 0,1 mm = 10,24 cm erreicht, und dann geht es erst richtig los: Würde ein Leser behaupten, er könnte die Zeitungsseite 15-mal falten, wäre der Stapel schon über 2^{15} × 0,1 mm hoch: Dies sind über 3 Meter, was wohl kaum möglich sein sollte. Spätestens wenn Ihnen ein großspuriger Bekannter erzählt, dass er die Zeitungsseite über 40-mal falten könne, sollten Sie sehr skeptisch sein: Eine 42-mal gefaltete Zeitungsseite hätte eine Höhe, die die Entfernung von der Erde bis zum Mond übersteigt.*

Das Haus des Nikolaus

Es ist Vorweihnachtszeit und den Geschwistern Svea und Linea erscheint die Zeit bis zum Heiligen Abend viel zu lang. Um ihnen die Zeit zu vertreiben, gibt ihnen ihre Mutter ein bekanntes Rätsel auf: Wer findet die meisten Varianten, das „Haus des Nikolaus" zu zeichnen?

Die beiden Geschwister machen sich ans Werk und probieren möglichst viele Varianten aus. Das kostet in der Tat sehr viel Zeit! Als beide sich sicher sind, dass sie alle Varianten gefunden haben, stellen sie fest, dass es genau 44 Varianten gibt, wenn man links unten beginnt und rechts unten endet, und noch einmal genau so viele Varianten existieren, wenn man rechts unten beginnt und links unten endet. „Seltsam", sagt Linea, „warum kann das ‚Haus des Nikolaus' immer nur gezeichnet werden, wenn man in einer unteren Ecke beginnt und in der anderen aufhört?" Beide sind erst einmal ratlos. Plötzlich hat Svea einen Geistesblitz: „Außer beim Start- und beim Endpunkt muss jeder Knoten eine gerade Anzahl von Verbindungslinien aufweisen, denn auf der einen zeichnet man zum Knoten hin und auf der anderen vom Knoten weg. Und nur der Start- und der Endpunkt können eine ungerade Anzahl Verbindungslinien aufweisen."

Und in der Tat hat Svea das Prinzip der sogenannten Eulerwege erkannt, das der Mathematiker Leonhard Euler im 18. Jahrhundert anhand der Frage aufstellte, ob man in der

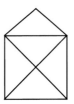

Das klassische Haus des Nikolaus

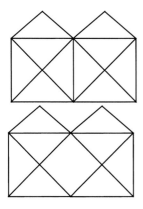
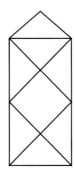
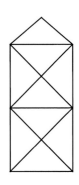

Einige Varianten des Hauses des Nikolaus

Stadt Königsberg einen Spaziergang über alle Brücken unternehmen kann, ohne eine Brücke doppelt zu benutzen.

Vom „Haus des Nikolaus" gibt es zahlreiche Variationen
und auf alle lässt sich folgendes Prinzip anwenden. Es gibt
nur zwei Möglichkeiten, wann sich ein „Haus des Nikolaus"
zeichnen lässt: Entweder wenn gar kein Knoten eine ungerade Anzahl an Verbindungslinien aufweist (z. B. ein Rechteck
ohne Diagonalen) oder wenn genau zwei Knoten eine ungerade Anzahl an Verbindungslinien aufweisen. Nach Abzählen
der Verbindungslinien je Knoten kann man also sofort sehen,

ob eine Variante des „Hauses des Nikolaus" gezeichnet werden kann und wo man starten sollte. Probieren Sie es gerne aus, dann vergeht die Zeit bis Heiligabend vielleicht nicht nur für Svea und Linea schneller!

Fair teilen

Alle Jahre wieder steht Weihnachten vor der Tür, das Fest der Liebe und des Friedens. Hin und wieder können dabei allerdings selbst einfache Fragen den Familienfrieden gefährden. Aus diesem Grund wollen wir in dieser Kolumne zeigen, wie Mathematik zu einem friedvollen Weihnachtsfest beitragen kann. Die Ausgangssituation ist – nicht nur zur Weihnachtszeit – wohlbekannt: Oma Gertrude bringt ihren Enkeln zum Besuch ein großes Marzipanbrot mit. Die erste Freude der Enkel über das Geschenk wird dann aber schnell vom Streit über die gerechte Aufteilung überlagert und der gemütliche Weihnachtskaffee endet mit Tränen.

Hat Oma Gertrude nur zwei Enkel, dann kennen viele eine einfache Lösung des Problems: Der Ältere nimmt ein Messer und schneidet das Marzipanbrot in zwei – aus seiner Sicht gleichgroße – Teile und der Jüngere darf sich eines von beiden aussuchen. Da der Ältere beide Stücke für gleichgroß hält und der Jüngere das für ihn bessere Stück ausgewählt hat, fühlt keiner von beiden sich schlecht behandelt.

Etwas verzwickter ist die Situation schon bei drei Enkeln, denn dann funktioniert dieses einfache Teilen nicht mehr. Tat-

sächlich hat dieses Alltagsproblem (und Verallgemeinerungen davon) einige der besten Mathematiker beschäftigt und sehr ausgefeilte Lösungen wurden präsentiert. Die meisten davon sind aber kompliziert und würden den Ablauf des Weihnachtsfestes vielleicht doch stören. Eine äußerst elegante und praktikable Lösung ist aber die folgende:

Die Oma legt das Marzipanbrot auf den Küchentisch und lässt ein Messer langsam von links nach rechts über das Marzipanbrot wandern. Jedes der drei Kinder darf dann – wann immer es will – „Stopp" rufen. Ruft das erste Kind „Stopp", so reagiert die Oma sofort, schneidet das Brot durch und gibt dem „Stopp"-Rufer das linke Stück. Anschließend setzt sie das Spiel mit dem restlichen Marzipanbrot und den übrigen zwei Enkeln fort. Wer als nächstes „Stopp" ruft, erhält das zweite Stück und das dritte Kind erhält den Rest. Da jedes Enkelkind bei dem Spiel die gleichen Chancen hat, muss sich auch keines benachteiligt fühlen und dem friedvollen Weihnachtsfest steht nichts mehr im Wege.

Wenn die Hose zwickt

Die Zwillingsschwestern Ute und Sylvia treffen sich – obwohl lange im Erwachsenenalter – traditionell bei ihren Eltern zu einem längeren Weihnachtsurlaub. Während der Feiertage mit den opulenten Mahlzeiten witzeln sie schon, dass sie wahrscheinlich als guten Vorsatz für das neue Jahr nicht um das Thema Abnehmen herumkommen werden. In der Stunde der

Wahrheit stellen sie dann fest, dass Ute problemlos in ihre Kleidung passt, während Sylvia sich doch eher in ihre Kleidung hineinzwängen muss. Da beide eigentlich immer die gleiche Figur hatten, wundern sie sich darüber. Ihnen aber fällt auf, dass Sylvia ihre Lieblingskleidung, die sie schon seit Jahren besitzt, angezogen hat, während Ute neue Kleidung trägt. Kann darin etwa der Grund liegen?

Tatsächlich wurden vor gut fünf Jahren mehr als 13.000 Personen im Alter zwischen 6 und 87 Jahren im Rahmen des Projekts „SizeGERMANY“ umfassend gescannt und vermessen. Der Grund lag darin, dass die Bevölkerung in den Jahren seit der letzten großen Messung 1994 größer und vor allem „hüftstärker“ geworden ist. Die Ergebnisse der Studie wurden dann dahingehend umgesetzt, dass die Konfektionsgrößen den neuen Körperformen angepasst wurden. Konkret heißt dies zum Beispiel, dass die neue Kleidergröße 36 an der Taille um einen Zentimeter vergrößert wurde. Die Bekleidungsindustrie spricht offen von „Schmeichelgrößen“: Wer bisher Kleidergröße „large“ benötigte, kommt nun vielleicht mit „medium“ aus.

Da das neue Vermessungsprojekt allerdings nur von einzelnen Textilherstellern finanziert wurde, stehen die neuen Messgrößen auch nur diesen Firmen zur Verfügung. Mit zum Teil deutlicher zeitlicher Verzögerung haben diese die neuen Größen dann bei ihren Kollektionen eingeführt.

Ob die Kleidung nach den Feiertagen also komfortabel oder doch eher eng sitzt, mag nicht nur dem Essen geschuldet sein, sondern auch davon abhängen, ob die Kleidung die alten oder die neuen Konfektionsgrößen aufweist. Sylvia beschließt nun über den guten Vorsatz für das neue Jahr erst zu entscheiden, wenn sie zu Hause ihre neue Kleidung anprobiert hat.

Gedränge im Flugzeug

Jeder Fluggast kennt das Chaos beim Boarding: Ständig muss man warten, da wieder ein Passagier erst sein Buch aus dem Rucksack kramt, bevor er diesen in aller Ruhe in das Gepäckfach legt, um dann noch umständlich seine Jacke auszuziehen und diese nach einer akkuraten Prozedur zusammenzulegen und ebenfalls aufwendig zu verstauen. In der Zwischenzeit hat sich schon eine lange Warteschlange gebildet, die von hinten drängelt. Es drängt sich dann die Frage auf, ob es nicht effizientere Methoden gibt, um ein flüssiges Einsteigen zu ermöglichen. Schließlich kostet ein wartendes Flugzeug die Fluggesellschaften jede Minute viel Geld. Und tatsächlich haben sich in den vergangenen Jahren immer wieder Mathematiker mit der Frage beschäftigt.

Geht man von einer sehr idealisierten Welt aus, dann sollte man jeden Passagier individuell behandeln: Einige haben nur wenig Handgepäck mit und sind jung und schnell, andere haben einen großen Koffer, den sie nur sehr langsam bewegen. Daher hat eine chinesische Forschergruppe vorgeschlagen, die unterschiedlichen Flugzeugbereiche zuerst mit den potenziell schnellsten Passagieren zu besetzen und zuletzt die langsamen einsteigen zu lassen. In der Theorie klappt das auch sehr gut, allerdings weiß man natürlich vorher nur schwer, wer tatsächlich wie schnell sein wird. Und vermutlich fühlt sich auch der eine oder andere Passagier „auf den Schlips getreten", wenn er als Langsamster eingestuft wird. In der Praxis wird sich dieses Verfahren daher wohl – aus gutem Grund – nicht durchsetzen.

Praktikabler und anscheinend deutlich schneller als die bisherige Praxis scheint Folgendes: Man lässt die Passagiere in Kleingruppen einsteigen und achtet darauf, dass die Sitzreihen verschieden sind. Man beginnt dabei mit den Passagieren mit Fensterplätzen im hinteren Bereich und lässt Passagiere mit Gangplätzen erst ganz zum Schluss einsteigen. In Praxistests scheint dies die Einsteigezeit zu halbieren. Aber auch dies ist nicht ganz problemlos: Oft sitzen Gruppen, etwa Familien, nebeneinander. Diese möchten dann aber gerne auch gemeinsam einsteigen, was mit diesem Verfahren nicht möglich ist, sodass sich auch dieses Verfahren nicht im großen Stil durchgesetzt hat.

Es bleiben also weiterhin Probleme hinsichtlich der optimalen Einsteigeprozedur zu lösen und so wird wohl auch die nächste Urlaubssaison wieder durch das bekannte Chaos beim Einsteigen in den Flieger gekennzeichnet sein.

US-Präsident mit elf Stimmen

Haben Sie nicht auch schon einmal davon geträumt, Präsident der Vereinigten Staaten von Amerika zu werden? Das erste Problem wird wohl sein, dass man dazu in den USA geboren sein muss, aber diese Einschränkung vernachlässigen wir einmal und stellen uns vor, Sie stünden zur Wahl. Die große Frage ist jetzt, wie Sie es schaffen können, die nötigen Stimmen auf sich zu vereinigen. Bei über 200 Mio. Wahlberechtigten müssten das ja schon eine ganze Menge Stimmen sein.

Aber wie viele benötigt man eigentlich mindestens? Die erstaunliche Antwort ist: 11 Stimmen reichen theoretisch aus, auch wenn Ihr Herausforderer 70 Mio. Stimmen erringt. Die Erklärung liegt im US-Wahlsystem. Dabei wird der Präsident nicht direkt, sondern von 538 Wahlmännern gewählt. Diese Wahlmänner werden von den einzelnen Bundesstaaten entsandt, wobei die großen mehr entsenden als die kleinen. Nehmen wir an, dass in den 11 bevölkerungsstärksten Staaten jeweils nur ein einziger Wähler – nämlich ein Anhänger von Ihnen – zur Wahl geht, dann gewinnen Sie die Mehrheit der Wahlmänner, auch wenn die 70 Mio. Wähler in den kleineren Staaten alle für Ihren Herausforderer stimmen. Sie werden mit 11 Wählerstimmen Präsident. Zugegebenermaßen ist dieses Gedankenexperiment extrem wirklichkeitsfern, es verdeutlicht aber ein grundsätzliches Problem. So kann es auch bei der nächsten Präsidentschaftswahl durchaus wieder passieren, dass ein Kandidat zum Präsidenten gewählt wird, der eigentlich weniger Stimmen als sein Herausforderer auf sich vereint. In Erinnerung geblieben ist etwa die Wahl 2000, bei der Al Gore als Wahlverlierer weit über eine halbe Million Stimmen mehr errang als der neu gewählte Präsident Georg W. Bush.

Wenn auch nicht ganz so drastisch, so tauchen Ungereimtheiten in jedem Wahlsystem auf. Es ist aber nicht so, dass diese Probleme nur daher kommen, dass der Gesetzgeber unbedacht gehandelt hat. So bewiesen Mathematiker, aufbauend auf Arbeiten des späteren Nobelpreisträgers Kenneth Arrow, dass es unmöglich ist, ein perfektes demokratisches Wahlsystem zu konstruieren, wenn mehr als zwei Alternativen zur Wahl stehen. Egal wie ausgefeilt ein Wahlsystem ist, es wird nie frei von Wi-

dersprüchen sein. Es geht also nur darum, ein Wahlsystem zu finden, bei dem die offensichtlichen Mängel mit möglichst geringen Konsequenzen auftreten. Bis ein solches gefunden ist, können Sie ja noch Ihr Glück als US-Präsident versuchen.

Der Zufallssurfer

Karl hat für seinen Teckelclub eine neue Webseite erstellt und ist mächtig stolz. Vor einigen Wochen hat er die Seite ins Internet gestellt und beobachtet nun täglich die Anzahl der Besucher auf der Seite. Leider sind dies deutlich weniger als er sich erhofft hat. Dabei ist seine Seite – zumindest aus seiner Sicht – schön gestaltet und enthält viele interessante Informationen zur Dackelzucht. Als Grund für die niedrige Zahl der Besucher hat Karl nun die Suchmaschinen ausgemacht. Sucht er nach dem Stichwort „Dackelzucht“, so kommt seine Seite erst ganz weit hinten. So kann ihn ja auch keiner finden! Aber woran liegt das? Wann steht eine Webseite bei der Suche weit vorne und wann nicht?

Die Betreiber von Google können ja nicht alle Seiten begutachten und per Hand nach Ihrem Informationsgehalt sortieren. Dafür gibt es einfach zu viele. Der genaue von Google benutzte Algorithmus ist natürlich ein Betriebsgeheimnis, aber zumindest die Grundlage ist bekannt. Die Idee ist, dass Webseiten weit oben auftauchen, auf die häufig von anderen Webseiten verlinkt wird. Dabei sollen natürlich Links von „wichtigen“ Webseiten stärker eingehen als von „unwichtigen“. Aber an der

Stelle beißt sich der Dackel in den Schwanz: Man möchte ja mit dem Verfahren gerade feststellen, welche Webseite wie wichtig ist. Nun wendet man folgenden statistischen Trick an: Google lässt einen „virtuellen Zufallssurfer" durchs Internet surfen. Dieser klickt auf jeder Webseite, auf der er ist, meist zufällig auf einen der dort gesetzten Links. Manchmal gibt der „virtuelle Zufallssurfer" auch einfach zufällig eine neue Internetadresse ein. Damit landet er dann auf einer neuen Webseite, auf der er das Spiel wiederholt und so weiter. Google bewertet nun die Relevanz einer Webseite danach, wie oft sich der Zufallssurfer nach langem Surfen dort aufhält. Der virtuelle Zufallssurfer schaut nun aber eher selten bei Karls Teckelseite vorbei, weshalb seine Seite auch erst so weit hinten auftaucht. Ein wichtiger Grund dafür ist, dass wenige andere Teckelfreunde bisher einen Link auf Karls Seite gesetzt haben. Nun gibt es ganze Firmen, die ausschließlich versuchen, den Zufallssurfer auf die Seiten ihrer Auftraggeber zu locken. Aber einen derartigen Aufwand ist es Karl nun auch nicht wert und er hofft einfach darauf, dass seine Seite mit der Zeit bekannter wird und dann auch bei der Suche weit oben auftaucht.

Besser urteilen mit Zahlen? – Statistik vor Gericht

Einige der zweifelhaften Verwendungen von Statistik, die in diesem Buch bis hierher beschrieben wurden, waren vielleicht eher zum Schmunzeln, andere zum Nachdenken oder auch zum Ärgern. Aber spätestens wenn auf statistischer Grundlage über die Freiheit eines Menschen entschieden wird, ist höchste Sorgfalt geboten. Auch wenn der Gebrauch von Statistik in der Welt der Justiz etwa in den USA schon deutlich weiter verbreitet ist, so spielt er auch in Deutschland bei Gerichtsurteilen eine immer größere Rolle. Auf mögliche Fallstricke soll in diesem kurzen Kapitel hingewiesen werden.

Ein klarer Fall?

In einigen Fällen können von der Statistik weitreichende Entscheidungen abhängen, wie der folgende Fall zeigt: In einer Großstadt wird in einer Nacht eine Frau durch ein Taxi angefahren. Der Fahrer flieht vom Unfallort und das Unfallopfer kann keine Angaben zu dem Tatfahrzeug machen. Allerdings meldet sich ein Zeuge, der aus der Ferne den Unfall beobachtet hat. Dieser kann das Nummernschild nicht nennen, erinnert sich aber daran, dass es sich um ein dunkles Taxi gehandelt ha-

be. Die Ermittlungen der Polizei ergeben, dass nur ein einziges dunkles Taxi für die Fahrerflucht infrage kommt. Der Fahrer wird sofort ermittelt, bestreitet die Tat aber vehement. Der Anwalt des beschuldigten Taxifahrers bezweifelt die Aussage des Zeugen, da er nicht glaubt, dass der Zeuge bei der Dunkelheit die Farbe des Taxis erkannt haben kann. Daraufhin wird die Situation in der kommenden Nacht nachgestellt. Es stellt sich heraus, dass der Zeuge dunkle Taxen immer als solche erkennt. Gleichzeitig hält er in nur 10 % der Fälle ein helles Taxi fälschlicherweise für ein dunkles. Das genügt dem zuständigen Richter und der beschuldigte Fahrer wird aufgrund der Zeugenaussage verurteilt. Solche und ähnlich gelagerte Fälle sind oft dokumentiert. Aber ist der Fall tatsächlich so klar?

Zur Beurteilung der Lage fehlt hier eine ganz zentrale Information, nämlich der Anteil der dunklen und hellen Taxen, die infrage kommen: Stellen wir uns vor, dass in der besagten Zeit 21 Taxen in der Nähe des Unfallorts waren, davon das dunkle des Beschuldigten und zwanzig helle. Das dunkle Taxi hätte der Zeuge also richtig erkannt. Von den zwanzig anderen hätte er aber auch im Mittel zwei für dunkel gehalten. Solange keine weiteren Hinweise vorliegen, liegt die Wahrscheinlichkeit für eine Täterschaft des Beschuldigten also nur bei einem Drittel und eine Verurteilung käme sicher nicht in Betracht.

Insofern kann die oberflächliche statistische Betrachtung – nur 10 % Fehler bei der Zuordnung des Täters – in die Irre führen. Auch wenn dieser Fall fiktiv ist, so zeigt er doch, wie viel Sorgfalt geboten ist. Dass diese Sorgfalt in der

Praxis nicht immer angewandt wird, zeigen die folgenden beiden Kolumnen.

Justizirrtum

Häufig werden statistische Aussagen fälschlicherweise als absolute Wahrheiten interpretiert. Welch gravierende Folgen dies haben kann, zeigt das folgende Beispiel.

Anfang 1998 wurde die damals 33-jährige Britin Sally Clark wegen Mordverdachts verhaftet. Zuvor waren ihre zwei neugeborenen Söhne jeweils kurz nach der Geburt verstorben. Nach den Gutachten der Gerichtsmediziner blieb unklar, ob es sich um natürliche Tode der Kinder oder um Fremdeinwirkung handelte. Das Gericht ließ sich aber von der Aussage des Mediziners Prof. Roy Meadow durch folgende Überlegung von der Schuld der Angeklagten überzeugen: „Die Wahrscheinlichkeit dafür, dass ein Kind ohne Fremdeinwirkung an plötzlichem Kindstod stirbt, ist 1:8500, dass zwei Kinder sterben also 1:8500 × 1:8500, also etwa 1 zu 72 Millionen.“ Dem Argument folgend sei es also extrem unwahrscheinlich, dass Sally Clark unschuldig sei und so wurde Sally Clark wegen zweifachen Mordes zu lebenslanger Haft verurteilt.

Hier sind jedoch mindestens zwei schwere Denkfehler gemacht worden: Zuerst einmal ist es sicherlich nicht zulässig, die beiden Wahrscheinlichkeiten einfach zu multiplizieren. Hierbei unterstellt man nämlich, dass beide Todesfälle unabhängig geschehen sind. Auch wenn die genauen Ursachen eines plötzlichen Kindstods nicht vollständig zu klären sind, so gibt es aber sicherlich Risikofaktoren in einer Familie, die dann für beide Kinder zutreffen. In diesem Fall dürfte es also viel wahr-

scheinlicher sein, dass ein zweifacher Kindstod in einer Familie auftritt. Der noch wesentlichere Denkfehler ist aber, den errechneten Wert der Wahrscheinlichkeit als Grundlage für die Schuld der Angeklagten zu interpretieren. Worin der Fehler liegt, kann man vielleicht an folgender analoger Argumentation einsehen: „Die Wahrscheinlichkeit, dass eine Mutter ihr Kind tötet, ist sehr gering. Die Wahrscheinlichkeit, dass eine Mutter ihre beiden Kinder tötet, ist noch geringer. Also ist es extrem unwahrscheinlich, dass Sally Clark schuldig ist." Ohne die Wahrscheinlichkeiten für beide Betrachtungen – Wahrscheinlichkeit für zweifachen Kindstod und Wahrscheinlichkeit für zweifache Kindstötung – gegenüberzustellen, hilft die statistische Aussage nicht weiter und jedes Gerichtsverfahren würde ad absurdum geführt.

Sally Clark wurde 2003 in einem Berufungsverfahren freigesprochen, starb aber 2007 an einer Alkoholvergiftung.

Vorurteil mit Folgen

2003 wurde die Krankenschwester Lucia de Berk in den Niederlanden wegen siebenfachen Mordes bzw. Mordversuchs zu lebenslanger Haft verurteilt. Sieben Jahre später hingegen wurde sie gerichtlich freigesprochen und vollständig rehabilitiert.

Was war passiert? – Im Jahre 2001 starb in einem Krankenhaus in Den Haag ein Baby, während de Berk Dienst hatte. Der Tod des Babys wurde anfangs als natürlicher Tod eingestuft, später jedoch gab es Zweifel daran, die näher untersucht werden sollten. Man fing gleichzeitig an zu analysieren, ob es eine Häufung von Zwischenfällen gab, wenn gerade de Berk Dienst hatte. Es wurden insgesamt 1029 Schichten überprüft. In 887 Schichten hatte de Berk keinen Dienst und es gab keinen einzigen Zwischenfall. In 134 Schichten hatte de Berk Dienst und es fanden sich 8 Zwischenfälle.

Diese auf den ersten Blick frappierend belastende Aufstellung wurde auch statistisch untersucht mit dem Ergebnis, dass eine solche Häufung von Zwischenfällen in den Diensten von de Berk allein durch Zufall extrem unwahrscheinlich ist, konkret etwa 1 zu 9 Mio. Die Verurteilung von de Berk im Jahre 2003 zu lebenslanger Haft basierte wesentlich auf dieser statistischen Berechnung.

Interessant an dem Fall ist, dass es an der Wahrscheinlichkeitsberechnung keine Zweifel gab. Vielmehr führten aber Zweifel an der Datengrundlage der Statistik zur späteren Wiederaufnahme des Verfahrens. Genauer konnte nachgewiesen werden, dass die Auswertung der Schichten mit und ohne Zwischenfälle verzerrt war. Man hatte sich – nach dem Anfangsverdacht gegen de Berk – auf ihre Schichten konzentriert und nach Zwischenfällen gesucht. In den Schichten, in denen de Berk keinen Dienst hatte, erfolgte die Suche nach Zwischenfällen eher sporadisch. Schlimmer noch, in dem Übereifer, de Berk Verfehlungen nachzuweisen, hatte man sogar Zwischenfälle ihren Schichten zugeordnet, obwohl sie gar keinen Dienst hatte. Eine erste Korrektur der Datengrundlage reduzierte die Wahrscheinlichkeit auf 1 zu 1230. Bei etwa 700.000 Pflegekräften in deutschen Krankenhäusern bedeutet dies, dass bei mehr als 570 Personen Auffälligkeiten wie bei de Berk vorliegen sollten – und dieses allein zufallsbedingt.

Der Fall Lucia de Berk zeigt, dass statistische Auswertungen helfen können, Sachverhalte zu bewerten. Ohne aber eine tatsächlich valide Datengrundlage können schnell Fehlschlüsse erfolgen.

Dumm gefragt? – Statistik bei Umfragen

Täglich geistern durch die Medien Meldungen zu Ergebnissen von Befragungen. Neben dem Aspekt, ob tatsächlich alle durchgeführten Befragungen überhaupt sinnvoll sind (oder interessiert es Sie, wie häufig der durchschnittliche Fernsehzuschauer während eines Fußballländerspiels auf die Toilette gegangen ist?), bilden vor allem zwei Punkte häufig Anlass, um die Ergebnisse der Befragungen kritisch zu beleuchten: Wie viele Personen wurden überhaupt befragt? Und lassen sich die Befragten tatsächlich als repräsentativ für die interessierende Grundgesamtheit interpretieren?

Wir wollen dieses Kapitel mit zwei Kolumnen beginnen, die vor allem den Aspekt der Selektivität bei Befragungen thematisieren. Anschließend werden wir aufzeigen, wie zu sensiblen Fragen, zu denen man sich normalerweise nur ungerne äußert, trotzdem mit einem intelligenten Ansatz möglichst ehrliche Antworten erzeugt werden können. In der zweiten Hälfte werden einzelne Befragungsstudien mit regional differenzierten Ergebnissen hinsichtlich verschiedener statistischer Aspekte diskutiert, die in den Medien ein breites Echo gefunden haben.

Repräsentative Befragungen

„Repräsentative Umfrage mit 1000 Befragten" – häufig sind Ergebnisse von Befragungen derart unterschrieben. Und man ist leicht geneigt, den Ergebnissen der Umfrage pauschal zu glauben, denn immerhin wurden 1000 Personen befragt. Dabei ist die reine Anzahl der Befragten in vielen Fällen zweitrangig bei der Bewertung von Umfrageergebnissen. Stattdessen ist die Art der Auswahl der Befragten – und damit das Wort „repräsentativ" – bedeutsamer, wie folgendes Beispiel verdeutlichen mag:

Stellen wir uns vor, die Politik möchte eine Umfrage zum Thema Vermögenssteuer in der Bevölkerung erstellen lassen. In diesem Fall wäre es wenig sinnvoll, die Befragung rein unter Millionären durchzuführen. Und auch eine Befragung nur unter Harz IV-Beziehern wird kaum ein allgemeingültiges Bild abgeben. In beiden Fällen wäre die Anzahl der Befragten nahezu irrelevant. Natürlich ist leicht nachvollziehbar, dass bei nur sehr wenigen Befragten die Ergebnisse einer größeren Unsicherheit unterliegen. Entscheidender ist aber, wie sich die Stichprobe der Befragten im Vergleich zur Zielgruppe, auch Grundgesamtheit genannt, verhält. Denn nur wenn die Stichprobe die Eigenschaften der Grundgesamtheit adäquat widerspiegelt, kann davon ausgegangen werden, dass die Ergebnisse sozusagen allgemeingültig sind – in diesem Fall spricht man von Repräsentativität.

Aber wie kann man nun Repräsentativität erreichen? Die Frage wirkt im ersten Moment sehr kompliziert, denn woher soll man vorher wissen, welche Personen man am besten auswählt: Befragt man eher Alte oder eher Junge, eher Frauen oder eher Männer, eher Münchener oder eher Kieler? Eine erstaunlich einfache, jedoch gut funktionierende Herangehensweise ist die zufällige Auswahl von Befragten. Das ist natürlich ein sehr willkürliches Verfahren und es kann dabei auch passieren, dass man zu Beginn gleich fünf Millionäre erwischt, aber ab einer gewissen Anzahl an Befragten kann man sich relativ sicher seien, dass sich die Befragungsgruppe nicht relevant von der Zielgruppe unterscheidet.

Festzuhalten bleibt, dass Umfragen immer dann wenig allgemeingültige Aussagekraft besitzen, wenn die Befragten nicht die Eigenschaften der Grundgesamtheit abbilden und somit nachvollziehbare Repräsentativität nicht gegeben ist – egal, wie viele Personen an der Umfrage teilgenommen haben. Dies macht auch das in der folgenden Kolumne dargestellte Beispiel deutlich.

Antibiotika in der Tiermast

Im August 2013 wurde eine Studie der Tierärztlichen Hochschule Hannover und der Universität Leipzig bekannt, die den Einsatz von Antibiotika in der Tiermast untersucht hatte. Auf Basis von mehr als 2000 Nutztierställen wurde erfragt, wie viel Antibiotikum je Nutztierstall im Jahr 2011 eingesetzt wurde. Somit ließ sich errechnen, an wie vielen Tagen des Zuchtlebens Nutztiere Antibiotika erhalten hatten.

*Die Ergebnisse waren – zumindest für Masthähnchen – er-
schreckend: Von den durchschnittlich 39 Lebenstagen erhielten
Masthähnchen an 10 Tagen ein Antibiotikum, also in mehr als
einem Viertel der Lebenszeit. Schweine erhielten hingegen an
durchschnittlich vier Tagen der 115-tägigen Mast Antibiotika,
Kälber an drei Tagen eines Lebensjahres.*

*Der Studie lagen nach Auskunft der beteiligten Hochschu-
len repräsentative Daten aus der Masttierhaltung zugrunde.
„Repräsentativ" bedeutet, dass die in der Stichprobe erhobenen
Daten gute Rückschlüsse auf die Gesamtsituation zulassen. So
wurde kontrolliert, dass die Agrarstruktur der landwirtschaftli-
chen Betriebe vier Agrarregionen in Deutschland sowie – nach
Größenklassen und Nutztierart differenziert – die landwirt-
schaftlichen Strukturen widerspiegeln. Dieses ist mit Sicherheit
wichtig, um das landwirtschaftliche Spektrum unverzerrt ab-
zubilden. Allerdings war die Teilnahme an der Studie freiwillig. Das heißt, es nahmen lediglich Masttierbetriebe teil,
die freiwillig bereit waren, Angaben zum Antibiotikaeinsatz
zu machen. Es ist nicht schwer, sich vorzustellen, dass dieses
in erster Linie Betriebe waren, die einen verantwortungsvol-
len Umgang mit dem Antibiotikaeinsatz pflegen. Betriebe, die
eher sorglos mit Antibiotika umgehen, werden die Teilnahme
wohl eher abgelehnt haben. Insofern dürften die Studienergebnisse den Antibiotikaeinsatz in der Tiermast vermutlich eher
unterschätzen und nicht repräsentativ sein.*

*In der Praxis gibt es viele Gründe, die der Repräsentativi-
tät einer Studie entgegenstehen können und es ist oft schwierig,
all diese zu kontrollieren. Eine freiwillige Teilnahme an einer
Studie zu einem heiklen Thema ist aber immer ein Grund, Studienergebnisse kritisch zu hinterfragen.*

...

Ein ähnlich vermutlich einseitiges Ergebnis einer Befragung wurde kürzlich in den Medien mit der Überschrift „Mehrheit mit Wohnsituation unzufrieden" (oder ähnlich) vorgestellt. Es war zu lesen, dass 56 % der Deutschen mit ihrer Wohnung unzufrieden seien. Diese doch sehr hoch anmutende Zahl war durch eine Befragung von Besuchern eines Immobilienportals zustande gekommen. Es stellt sich aber natürlich die Frage, wer wohl ein Immobilienportal besucht. Wohl vor allem Personen, die eine neue Wohnung suchen und somit vermutlich häufig mit ihrer alten Wohnung unzufrieden sind. Diese Auswahl an Befragten ist also bestimmt nicht repräsentativ für alle Deutschen. Nach ähnlicher Logik könnte man zur Ermittlung der Zufriedenheit von Reisenden der Deutschen Bahn auch Personen befragen, die die Webseite www.bahn-hasser.de (die Seite gibt es wirklich!) besuchen ...

Befragungen zu heiklen Themen

Fragen des Datenschutzes sind ein vielbeachtetes Thema in allen Medien. Ein grundsätzliches Problem dabei ist ein Interessenkonflikt: Bürger fordern das Recht ein, dass niemand sensible Daten über sie sammeln kann. Andererseits haben Behörden, Firmen und auch die Wissenschaft oft ein Interesse daran, mit solchen Daten zu arbeiten. Stellen wir uns zum Beispiel vor,

*dass das Gesundheitsministerium für eine verbesserte Drogen-
prävention verlässliche Daten zum Konsum illegaler Drogen
in Deutschland benötigt. Solche Daten werden oft durch eine
Umfrage gewonnen. Man kann sich aber vorstellen, dass viele
Bürger einer staatlichen Stelle nur ungern wahre Auskunft über
ihren Drogenkonsum geben. Einige werden falsch antworten
und andere die Teilnahme verweigern. Beides verzerrt sicher
das Ergebnis der Befragung. Wie kann man also vorbeugen,
dass man falsche Ergebnisse erhält, weil die Teilnehmer der Befragung ihre Person nicht mit einer unangenehmen Antwort
auf eine Frage verknüpft sehen wollen?*

*Eine erfolgreiche Methode basiert auf Statistik und funktio-
niert z. B. für die Frage, ob illegale Drogen konsumiert werden, so: Man lässt die Teilnehmer der Befragung eine Münze
werfen. Fällt „Zahl", so sollen die Teilnehmer bei der Frage
unabhängig von der wahren Antwort immer „Ja" ankreuzen.
Bei „Kopf" sollen sie die Frage wahrheitsgemäß mit „Ja" oder
„Nein" beantworten. Dabei erfährt der Fragesteller nicht, wie
die Münze gefallen ist. Stellen wir uns in unserem Drogen-
Beispiel etwa vor, dass 2000 Personen an der Befragung teilnehmen und 1100 von Ihnen die Frage, ob sie im vergangen Jahr
illegale Drogen konsumiert haben, mit „Ja" beantworten. Bei
etwa der Hälfte der 2000 Teilnehmer ist die Münze auf „Zahl"
gelandet, sodass etwa 1000 Ja-Antworten darauf zurückzuführen sind. Diese lässt man bei der Auswertung unberücksichtigt. Von den übrigen 1000 Teilnehmern haben dann 100
die Frage nach dem Drogenkonsum positiv beantwortet, sodass man davon ausgehen kann, dass etwa $100 : 1000 = 10\,\%$
der Bevölkerung illegale Drogen konsumiert. Die die Befragung
durchführende Institution, z. B. das Gesundheitsministerium,
hat also die gewünschte Zahl erhalten. Andererseits können sich*

die Teilnehmer der Studie sicher sein, dass ihre Antwort keinen Rückschluss darüber zulässt, ob sie tatsächlich illegale Drogen konsumieren. Schließlich haben die allermeisten Teilnehmer der Studie, die „Ja" angekreuzt haben, dies nur getan, da die Münze auf „Zahl" gefallen ist. So kann Statistik dabei helfen, den Interessenkonflikt zwischen Datenschutz und Datenerhebung an dieser Stelle zu mildern.

Besonders glückliche Neumünsteraner

Stellen Sie sich folgende Situation vor: Sie werden gebeten, aus einer verdeckten Kiste mit sehr vielen Kugeln exakt 16 Stück zu ziehen, und Sie wissen lediglich, dass die Kugeln weiß oder schwarz sind. Und stellen Sie sich weiterhin vor, dass Sie dabei 15 weiße und eine schwarze Kugel ziehen. Würden Sie dann behaupten, dass genau 94 % (15/16 = 93,8 %) der Kugeln in der verdeckten Kiste weiß sind? – Vermutlich nicht, denn es ist offensichtlich, dass bei Ihrem verdeckten Ziehen der 16 Kugeln enorm viel Zufall im Spiel war. Ohne Weiteres erscheint es plausibel, dass Sie auch 16 weiße Kugeln (100 %) oder vierzehn (87,5 %), dreizehn (81,25 %) oder sogar noch weniger weiße Kugeln hätten ziehen können. Aus dieser einen kleinen Stichprobe auf einen Anteil von 94 % weiße Kugeln in der Kiste zu schließen, ist offensichtlich wenig sinnvoll.

Genau dieser Rückschluss ist aber bei der „großen Schleswig-Holstein-Studie" des Radiosenders RSH vorgenommen worden. Dort wurde vor kurzem bekannt gegeben, dass in Neumüns-

ter die glücklichsten Einwohner Schleswig-Holsteins leben. Begründet wurde dies damit, dass knapp 94 % der Neumünsteraner im Rahmen einer „umfassenden und aussagekräftigen Studie", die zudem „repräsentativ" und „wissenschaftlich fundiert" sei, auf die Frage „Sind Sie glücklich?", mit „ja" geantwortet haben. Der Sender interpretierte die Ergebnisse im Vergleich zu anderen Kreisen, wonach z. B. im Kreis Schleswig-Flensburg 92 %, in Lübeck 91 % und in Kiel nur 73 % glücklich seien.

Hilfreich bei der Bewertung dieser Ergebnisse ist es, die Information des Senders, wonach „mehr als 500 Schleswig-Holsteiner" insgesamt im Rahmen der Studie befragt worden seien, zu bewerten. Bei einer zufälligen Auswahl entfallen von den 500 Befragten in etwa 14 auf Neumünster. Die Zahl von knapp 94 % Zufriedenheit erklärt sich dann, wenn man von 16 Befragten ausgeht. In jedem Fall ist aber offensichtlich, dass es wenig sinnvoll ist, anhand von einer so geringen Anzahl an Befragten Rückschlüsse darauf zu ziehen, wie glücklich die Neumünsteraner sind. Und noch weniger sinnvoll und statistisch valide ist es, die Angaben für Neumünster dann mit denen z. B. aus Lübeck oder Kiel (jeweils etwa 40 Befragte) zu vergleichen.

Dem Mangel an sinnhaftem Vorgehen im Rahmen der RSH-Studie kann aber auch Gutes abgewonnen werden: Aussagen darüber, wie glücklich die Menschen in den einzelnen Regionen Schleswig-Holsteins tatsächlich sind, können auf Basis der RSH-Studie sicher nicht getroffen werden …

…

Der Vergleich regionaler Ergebnisse auf Basis von Befragungen scheint besonders hoch im Kurs zu stehen, denn für

die regionalen Medien stellen die Diskussion und der Vergleich der Ergebnisse mit anderen Regionen einen attrakti-
ven Anlass dar, die Meldungen aufzunehmen. So kann man
den Eindruck gewinnen, dass einige Unternehmen Befragungen gezielt möglichst kostengünstig, also auf Basis weniger Befragter, durchführen, um dann trotzdem eine möglichst große PR-Reichweite zu erzielen.

Angst vor Pflege im Alter

*Im September 2012 hat eine große deutsche Versicherung die
Ergebnisse einer jährlich durchgeführten Befragung zu den
Ängsten der Deutschen veröffentlicht. In den Medien im Norden wurde dabei u. a. das Ergebnis intensiv diskutiert, wonach
der Anteil Befragter mit großer Angst, im Alter ein Pflegefall
zu werden, mit 59 % in Schleswig-Holstein und Hamburg
gegenüber 50 % im Bundestrend deutlich nach oben abweicht.
Es wurde die Hypothese aufgestellt, dass in Schleswig-Holstein
Pflege immer noch mit Heim gleichgesetzt wird und die Politik
verstärkt ambulante Pflegemöglichkeiten schaffen müsste, um
den überhöhten Ängsten zur Pflege im Norden zu begegnen.*

*Doch es stellt sich die Frage, ob die Daten nicht überstra-
paziert wurden und ob in Schleswig-Holstein und Hamburg
überhaupt eine größere Angst vor Pflege vorliegt. Hierzu muss
man wissen, dass die Befragten nicht direkt angeben mussten,
ob sie große Angst hätten. Stattdessen wurde die Angst mit Werten von 1 bis 7 quantifiziert, sodass die Angaben zwischen den*

Befragten deutlich streuen. Außerdem wurden in Schleswig-Holstein und Hamburg insgesamt nur gut 100 Personen befragt. Doch hätten andere 100 zufällig ausgewählte Personen gleich geantwortet oder wie viel Zufall hat das Ergebnis möglicherweise beeinflusst?

Eine Antwort auf diese Frage kann man mit sogenannten Hypothesentests finden. Die Ergebnisse des Tests zeigen, dass die Unterschiede in den Angaben in Schleswig-Holstein und Hamburg und dem restlichen Bundesgebiet durchaus durch Zufall zustande gekommen sein können. Es lässt sich somit nicht statistisch abgesichert schlussfolgern, dass die Schleswig-Holsteiner und Hamburger tatsächlich ängstlicher bezüglich des Themas Pflege sind, auch wenn die Anteile Befragter mit großer Angst vor Pflege im Alter auf den ersten Blick deutlich in Schleswig-Holstein und Hamburg vom Bundestrend abweichen.

Die Überlegungen zeigen, dass statistische Testverfahren helfen können, voreilige Schlüsse z. B. zu regionalen Unterschieden bei Befragungen zu vermeiden. Dass allerdings die Angst der Deutschen, im Alter ein Pflegefall zu werden, seit Jahren unter den fünf größten Ängsten der bundesweiten Befragung rangiert, ist vermutlich ein Spiegelbild des demografischen Wandels und als Ergebnis spannend genug, um es intensiv zu diskutieren.

Ein ganz anders gelagertes Problem bei der Interpretation von Befragungsergebnissen wird in der folgenden Kolumne thematisiert: Wie kann es sein, dass in Mecklenburg-Vorpommern vermeintlich die gesündesten Deutschen leben, wenn gerade in diesem Bundesland die geringste Lebenserwartung vorliegt?

Wie gesund lebt Deutschland?

Im Herbst 2012 wurde eine Studie zur Gesundheit der Deutschen veröffentlicht, in deren Rahmen gut 3000 Erwachsene nach fünf Gesundheitsfaktoren befragt wurden: ausreichende Bewegung, ausgewogene Ernährung, moderater Alkoholkonsum, Nichtrauchen und wenig Stress. Erfüllte ein Befragter nach eigenen Angaben alle fünf Faktoren, so wurde davon ausgegangen, dass er „rundum gesund" lebt. Die Studienergebnisse zeigen, dass dies nur auf etwa jeden Neunten zutrifft. Darüber hinaus leben die Menschen in Mecklenburg-Vorpommern mit 18 % am gesündesten und in Baden-Württemberg mit 9 % am ungesündesten. Auf den ersten Blick erscheint die Studie durchaus sinnvoll. Auf den zweiten Blick jedoch erstaunen gerade die Länderergebnisse, denn ein Vergleich mit der Lebenserwartung, wie sie vom Statistischen Bundesamt ausgewiesen wird, zeigt deutlich andere Ergebnisse. Konkret ist die Lebenserwartung in Baden-Württemberg am höchsten und in Mecklenburg-Vorpommern mit am niedrigsten. Ebenfalls konträr sind die Ergebnisse der Studie zu den krankheitsbedingten Fehltagen, die in Baden-Württemberg mit durchschnittlich 10,5 Tagen pro Jahr am niedrigsten, hingegen in Mecklenburg-Vorpommern mit 15,9 Tagen am höchsten liegen. Beides steht im deutlichen Gegensatz zum vermeintlich besonders gesunden Verhalten in Mecklenburg-Vorpommern und dem ungesunden Verhalten in Baden-Württemberg.

Doch wie ist dieser kuriose Gegensatz zu erklären? – Eine Erklärung liefert ein weiterer Aspekt, den die Studie aufdeckt: ein (vermeintlich?) gesünderes Verhalten mit zunehmendem Alter. Vor allem die über 65-Jährigen weisen, nach eigenen Angaben, besonders hohe Quoten an gesundem Verhalten auf. Und tatsächlich hat Baden-Württemberg mit die jüngste Bevölkerung, während in Mecklenburg-Vorpommern eine der ältesten Bevölkerungen lebt. Möglicherweise erklärt sich die hohe Quote an gesund lebenden Menschen in Mecklenburg-Vorpommern damit, dass dort besonders viele ältere Menschen leben; im Gegensatz zu Baden-Württemberg mit vielen Jüngeren, die – nach eigenen Angaben – eher ungesund leben. Die Ergebnisse zeigen, dass der im Rahmen der Studie ausgewiesene Anteil der gesund lebenden Menschen im Ländervergleich wenig sinnvoll ist, wenn nicht die Altersstruktur in den Bundesländern berücksichtigt wird.

Abschließen wollen wir dieses Kapitel mit zwei Beiträgen, die wir ähnlich 2013 in dem Blog www.wirtschaftlichefreiheit.de zum Thema Sinnhaftigkeit von regionalen Vergleichen geschrieben haben.

Regionale Vergleiche und die magische Grenze von 1000 Befragten

Wir kennen es vermutlich alle: In den Medien wird eine neue Studie vorgestellt und die Ergebnisse sind nach Regionen dif-

ferenziert dargestellt. Diese Darstellung – zumeist als Karte – weckt sofort unser Interesse, weil jeder sich fragt: „Wie hat meine Heimatregion abgeschnitten?"

Auffällig ist dabei, dass diese Form der Datenaufbereitung heute viel häufiger als früher in den Medien zu finden ist. Woran mag das liegen? – Antworten können natürlich nur auf Vermutungen basieren. Es liegt aber auf der Hand, dass vor allem drei Gründe dafür verantwortlich zeichnen: Zum Ersten können heute Online-Befragungen zumeist deutlich günstiger realisiert werden als vergleichbare schriftliche, telefonische oder Face-to-Face-Befragungen. Zum Zweiten liegen heute massenweise Daten digital in Unternehmen und Organisationen vor, die sich leicht regional auswerten lassen. Beide Aspekte führen dazu, dass schlicht mehr Daten als Grundlage für vielfältige regional differenzierte Auswertungen zur Verfügung stehen. Zum Dritten ist es heute sehr leicht, regional aufbereitete Daten kartografisch darzustellen, sodass viele Presseerklärungen diese bereits fertig aufbereitet für die Medien – quasi mundgerecht – zur Verfügung stellen. Für die Medien ist es also einfach, den „Eye-Catcher" Karte einzusetzen und – wie oben angesprochen – darüber ein großes Interesse beim Leser oder Zuschauer zu wecken. Die Möglichkeit, in Onlinemedien interaktive Elemente in die Karten einzubauen, kommt noch hinzu.

Nun kann man fragen, ob dies nicht eigentlich eine positive Entwicklung darstellt. Schließlich können regionale Vergleiche dazu genutzt werden, maßgeschneiderte Problemlösungen für unterschiedliche Regionen zu entwickeln. Grundsätzlich mag man dem zustimmen, allerdings fällt bei vielen Regionalvergleichen auf, dass die Datenbasis ganz und gar nicht dem entspricht, was man als Mindestanforderungen an statistische Datenaufbereitungen bezeichnen könnte. Das größte Pro-

blem liegt vermutlich darin, dass sich im Bereich der Marktforschung hartnäckig eine zauberhafte Zahl hält, die sich auf die Anzahl der Befragten bezieht: Werden (gut) 1000 Menschen befragt und dabei mindestens die Verteilung von Geschlecht, Alter und Region in der Stichprobe in Bezug auf die Grundgesamtheit kontrolliert, wird eine Befragung als „repräsentativ" bezeichnet. Jeder Statistiker weiß, dass es die in Stein gemeißelte Grenze von 1000 Befragten nicht gibt, um Repräsentativität sicherzustellen. Bei den Auftraggebern derartiger Befragungen hingegen wirkt diese Grenze fast magisch, d. h. sie muss überschritten werden. Mehr Befragte werden allerdings vor dem Kostenhintergrund auch nicht für notwendig angesehen. De facto führt dies dazu, dass der überwiegende Teil von Befragungen auf gut 1000 Teilnehmern basiert. Wenn nun aber regional differenzierte Analysen durchgeführt werden, ist schnell ersichtlich, dass die Fallzahlen pro Region extrem klein werden. Wird beispielsweise auf Bundeslandebene ausgewertet, lässt dies für Bremen 8 und das Saarland 12 Befragte erwarten. Selbst wenn diese beiden Bundesländer nicht einzeln ausgewiesen werden, überschreiten die Befragungszahlen für neun weitere Bundesländer nicht die Grenze von 50 Befragten. Selbst wenn diese Daten optimal, d. h. verzerrungsfrei, ausgewählt wären, sollte es offenkundig sein, dass Vergleiche zwischen den Bundesländern auf dieser Datenbasis wenig sinnvoll sind.

Fallstudie zu regionalen Vergleichen: „Bleib locker, Deutschland!"

Das in der vorigen Kolumne beschriebene Problem trifft schon auf einen großen Teil aller nach Regionen aufgeschlüsselten Studien zu. Nun muss man einigen Institutionen zugutehalten, dass ihnen die absoluten Befragungszahlen wohl selber auch als zu gering erscheinen. So werden zum Teil Bundeslandgruppen ausgewertet. Dass aber auch dabei Vorsicht geboten ist, zeigt exemplarisch die folgende Karte, die inhaltlich aus der Studie „Bleib locker, Deutschland! – TK-Studie zur Stresslage der Nation" entnommen ist.

Die Karte stellt (scheinbar) pro Bundesland dar, wie viele von 100 Menschen „unter Druck stehen". Der Abbildung selber ist nicht zu entnehmen, wie viele Befragte der Auswertung zugrunde liegen. Dieses findet sich im Endkapitel zum Studienaufbau: die bereits bekannten obligatorischen 1000 Befragten.

Bei einem schnellen Blick auf die Karte (vgl. die folgende Abbildung) scheinen große Unterschiede zwischen den einzelnen Bundesländern vorzuliegen, denn die Einfärbung variiert von dunkelblau über braun bis dunkelrot. Und auch im Begleittext werden die Unterschiede deutlich hervorgehoben. Allerdings mag nach intensiverer Betrachtung auffallen, dass Nachbarregionen in vielen Fällen identische Werte aufweisen. Und tatsächlich findet sich im Kapitel zum Studienaufbau der Hinweis, dass Bundeslandgruppen ausgewertet wurden. Konkret wurden sieben Bundeslandgruppen ausgewertet, die den jeweiligen Einfärbungen entsprechen (lediglich Bayern wurde zusätzlich von Hessen, Rheinland-Pfalz und dem Saarland diffe-

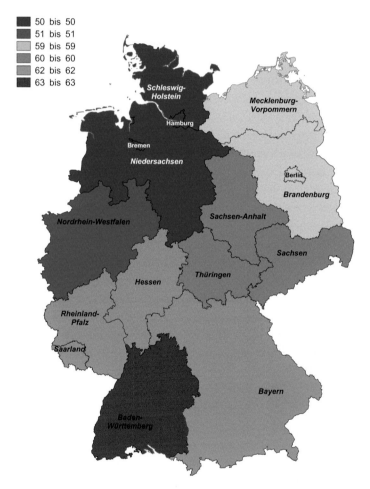

Anteil der Befragten, die „unter Druck stehen", als Bundesland-vergleich in kartografischer Darstellung (Angaben in %) (Tech-niker Krankenkasse, „Bleib locker, Deutschland! – TK-Studie zur Stresslage der Nation" S. 6, Daten seitens der TK bereitgestellt, eigene Darstellung.)

renziert). Die Bundeslandgruppen umfassen zwischen 96 und 216 Befragte.

Anhand der dargestellten exemplarisch ausgewählten karto-grafischen Auswertung lassen sich die weiteren Probleme der regionalen Auswertungen deutlich erkennen: Zum Ersten sug-gerieren die extremen Farbunterschiede in der Karte erhebliche Unterschiede zwischen den Regionen. Vergleicht man dies mit einer entsprechenden Karte, bei der die Farbgebung anhand einer Einfärbung von Rot bis Gelb über das gesamte mögliche Wertespektrum erfolgt (vgl. die folgende Abbildung), so wird deutlich, wie stark die Farbskalierung Einfluss auf den ersten Eindruck der regionalen Unterschiede hat.

Zum Zweiten sind die dargestellten Unterschiede – natür-lich auch aufgrund der geringen Fallzahlen je Region – ledig-lich zwischen den Regionen im Nord-Westen und Süden statis-tisch abgesichert (man spricht in diesem Fall von statistischer Signifikanz). Ansonsten liegen keine statistisch abgesicherten Unterschiede vor.

Gleiches gilt für einen dritten Punkt: Bei einfachen deskrip-tiven Auswertungen, nach Regionen differenziert, werden häu-fig nur aufbereitete Daten präsentiert. So auch bei der TK-Studie. Tatsächlich ist in den zugrundeliegenden Befragungen gar nicht danach gefragt worden, ob eine befragte Person „unter Druck steht", sondern nach der Häufigkeit, in der eine be-fragte Person unter Druck steht. Nur ist die zugrundeliegende 4er-Skala (häufig, manchmal, selten, nie) schlicht zusammen-gefasst worden, wobei die Antworten „häufig" und „manch-mal" als „unter Druck stehend" gewertet wurden. Dieses Vor-gehen heißt aus statistischer Sicht aber, dass die in den Daten zugrundeliegende Streuung in den Antworten durch die ent-sprechende Datenverdichtung reduziert wurde, ohne dass der

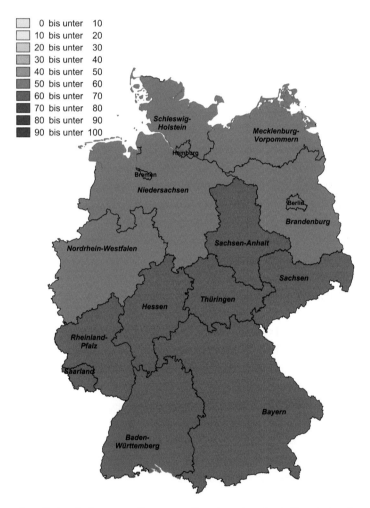

0 bis unter 10
10 bis unter 20
20 bis unter 30
30 bis unter 40
40 bis unter 50
50 bis unter 60
60 bis unter 70
70 bis unter 80
80 bis unter 90
90 bis unter 100

Anteil der Befragten, die „unter Druck stehen", als Bundeslandvergleich in alternativer kartografischer Darstellung (Angaben
in %) (Techniker Krankenkasse, „Bleib locker, Deutschland! –
TK-Studie zur Stresslage der Nation", Daten seitens der TK bereitgestellt, eigene Darstellung.)

geneigte Leser dies erfährt. Und tatsächlich gibt es in den zugrundeliegenden Daten mit 4er-Skala keine Ländergruppen-Kombinationen, die statistisch abgesicherte Unterschiede aufweisen.

Abschließend lässt sich ein vierter Punkt kritisch hinterfragen. Die Aussagen zur Repräsentativität der zugrunde liegenden Daten im vorgestellten Fall beziehen sich lediglich auf das gesamte Gebiet Deutschlands. Aber ob auch in den einzelnen Regionen die Befragten in ihrer Struktur der dortigen Wohnbevölkerung entsprachen, wird nicht dokumentiert und wird sich bei knapp 100 bis gut 200 Befragten pro Region auch kaum valide untersuchen lassen. Dieses birgt aber die Gefahr, dass sich die Unterschiede in den Regionen durch selektive Stichproben erklären. So fühlen sich beispielsweise Frauen häufiger unter Druck stehend, genauso wie Befragte im mittleren Alter. Weist der Nord-Osten also vielleicht geringe Stress-Werte auf, weil zufällig mehr Jüngere und Ältere befragt wurden? Oder sind die Stress-Werte für Baden-Württemberg vielleicht besonders hoch, weil mehr Frauen als Männer befragt wurden? Zumindest auszuschließen ist dies nicht, denn die Studie weist keine Angaben hierzu aus.

Es lässt sich zusammenfassend festhalten, dass das Hauptproblem vieler Befragungsstudien mit regional ausgewiesenen Daten darin liegt, dass die Datengrundlage viel zu klein ist, um seriös vergleichende Daten zwischen den Regionen auszuweisen. Dieses führt dazu, dass sowohl in den Medien als auch bei den politisch Verantwortlichen einzelne Ergebnisse kontrovers diskutiert werden und im schlimmsten Fall entsprechende Maßnahmen ergriffen werden, ohne dass es dafür eine statistisch valide Grundlage gibt. Man sollte sich dabei daran erinnern, dass Statistik dazu dienen sollte, große Informationsmengen gezielt zu kondensieren, um zentrale Informationen herauszufiltern. Dieses Ziel wird durch unbedachte regionale Auswertungen konterkariert.

Prognosen – die statistische Glaskugel?

Ob das Orakel von Delphi, der Kaffeesatz oder magische Glaskugeln: Der Wunsch, in die Zukunft sehen zu können, treibt die Menschen seit jeher um. Meist sind diese Versuche nicht von Erfolg gekrönt. In der modernen Zeit haben sich in unterschiedlichen Bereichen Prognosen etabliert, die als verlässlicher gelten. In den Nachrichten erfährt man täglich von Wetterprognosen, Konjunkturprognosen und Bevölkerungsprognosen. Viele dieser Prognosen basieren im Kern auf statistischen Methoden. Da aber auch die ausgefeiltesten Methoden nichts an der sprichwörtlichen Grundproblematik ändern, dass Prognosen stets die unsichere Zukunft betreffen, muss man vorsichtig mit diesen umgehen. Andererseits sind fundierte Prognosen fundamental für das Funktionieren moderner Gesellschaften, sodass man sicherlich nicht auf solche verzichten möchte. Gute und schlechte Arten von Prognosen sind in diesem Kapitel dargestellt und werden diskutiert.

Lebenserwartung 126 Jahre

Vor einiger Zeit wurde in einem „Wissensmagazin" im Fernsehen folgende Geschichte erzählt: Ein 25 Jahre junger Mann

erkennt, dass sein bisheriger Lebenswandel wenig gesundheits-
förderlich war und er daran etwas ändern wolle, um ein län-
geres Leben erwarten zu dürfen. Anhand von verschiedenen
wissenschaftlichen Studien wurde sodann folgende Berechnung
aufgemacht: Die Lebenserwartung eines Mannes in Deutschland beträgt im Mittel 77 Jahre. Der Mann habe bisher eher
ungesund gelebt, was die Lebenserwartung um 20 Jahre ver-
ringere. Wer hingegen mit dem Rauchen aufhöre, könnte seine
Lebenserwartung um 7 Jahre steigern, außerdem könnten eine
gesündere Ernährung das Leben um 13 Jahre und regelmäßiger Sport nochmals um 3 Jahre verlängern. Alleine regelmäßige Zahnpflege erhöhe das Leben um weitere 7 Jahre und eine
glückliche Partnerschaft nochmals um 11 Jahre. Regelmäßiges
Küssen könnte weitere 5 Jahre beitragen, häufiger Sex 10 Jahre. Für alle Fakten gebe es wissenschaftliche Belege, sodass, nach
der Berücksichtigung weiterer – mal positiv, mal negativ wir-
kender – Faktoren, schlussendlich eine Lebenserwartung von
126 Jahren für den jungen Mann errechnet wurde, „jedenfalls
statistisch", wie der Beitrag endete.

Spätestens bei der errechneten Lebenserwartung des Mannes
von 126 Jahren sollte der Verdacht aufkommen, dass irgendetwas falsch sein muss. „Nur was?", mag man sich fragen, denn
immerhin sei laut dem Fernsehbeitrag jeder einzelne Einfluss
auf die Lebenserwartung durch „wissenschaftliche Studien" belegt.

Man muss die einzelnen Studien gar nicht im Detail kennen, um den größten Denkfehler an der Berechnung zu erkennen: In dem Fernsehbeitrag wird unterstellt, dass die Faktoren
alle untereinander unabhängig sind. Am offensichtlichsten ist
dies an der glücklichen Partnerschaft zu erkennen. Glückliche Paare werden vermutlich häufiger küssen und auch regel-

mäßiger Sex haben als unglückliche Paare. Somit sind diese Faktoren mit Sicherheit nicht unabhängig und z. B. die fünf Jahre „Lebensverlängerung" durch Küssen sind wohl leider in den 11 Jahren für die glückliche Partnerschaft schon enthalten. (Vermutlich gilt dies auch für die Zahnpflege, denn wer will schon regelmäßig küssen, wenn es beim Partner an der Zahnhygiene hapert?).

Eigentlich schade, finden die Autoren, denn mit etwas Kreativität ließe sich ansonsten auch die Marke für eine Lebenserwartung von 200 Jahren leicht knacken …

…

Wer nach dem Lesen dieser Kolumne das Gefühl hat, anhand einzelner Verhaltensweisen lässt sich wohl gar keine valide statistische Prognose über ihren Einfluss auf die Lebenserwartung machen, dem sei beruhigend mitgeteilt, dass dieses sehr wohl möglich ist. Mittels sogenannter multivariater Verfahren, die den Einfluss einzelner Faktoren auf die Lebenserwartung bei gleichzeitiger Kontrolle aller anderen gemessenen Faktoren untersuchen, lassen sich konkrete Aussagen treffen. So hat eine Studie des Deutschen Krebsforschungszentrums in Heidelberg kürzlich ergeben, dass ein adipöser starker Raucher, der viel trinkt und viel rotes Fleisch isst, gegenüber Menschen mit günstigem Risikoprofil etwa 17 Jahre an Lebenserwartung einbüßt. Für eine Frau bedeutet diese Lebensweise etwa 14 Jahre an kürzerer Lebenserwartung. Die Ausrede: „Das hängt doch alles voneinander ab, da ist eine valide statistische Prognose gar nicht möglich" greift also leider zu kurz, um den Lastern zu frönen …

Der schwierigste Aspekt bei der Erstellung von statistischen Prognosen besteht oft darin, dass Daten der Vergangenheit genutzt werden, um Zusammenhänge zu identifizieren und auf die Zukunft zu projizieren. Wenn dann aber die Zusammenhänge möglicherweise gar nicht mehr in der Zukunft gelten, kann eine Prognose massiv daneben liegen, wie die folgende Kolumne plastisch verdeutlicht.

Von arglosen Gänsen und Börsenanalysten

Vielleicht haben Sie sich auch schon einmal die Frage gestellt, wie es eigentlich zu der Finanzmarktkrise der letzten Jahre kommen konnte, wo doch Tausende von Analysten mit komplexen mathematischen Modellen scheinbar jedes Risiko berechnen können. Um die Funktionsweise von statistischen Modellen zu verstehen, hat Nassim Taleb, ehemaliger Börsenhändler und Professor für Risikoforschung, einen sehr bildlichen Vergleich geschaffen, der uns helfen kann, das Versagen der mathematischen Prognosemodelle zu verstehen.

Stellen Sie sich vor, eine junge Gans kommt zu einem neuen Besitzer. Natürlich ist die Gans sehr verunsichert, ob dieser gut zu ihr ist. Am ersten Morgen öffnet sich die Tür des Stalls, der neue Besitzer tritt ein und gibt ihr Futter. Die Gans ist enorm erleichtert und lernt erstmalig, dass der Besitzer scheinbar gut zu ihr ist. Auch in den folgenden Tagen kommt der Besitzer in den Stall und füttert die Gans. Sie lernt von Tag zu Tag hinzu und ist sich zunehmend sicher, dass der Besitzer gut zu ihr ist. Diese Prozedur zieht sich über viele Wochen hin. Das Prognosemodell der Gans wird von Tag zu Tag sicherer: Der Besitzer ist gut zu ihr. Einzig kurz vor dem Martinstag, zu einem Zeitpunkt, an dem das Prognosemodell der Gans durch zahlreiche vorherige Beobachtungen extrem sicher scheint, versagt ihr Prognosemodell auf dramatische Weise – über weitere Prognosen wird sich die Gans keine Gedanken mehr machen müssen …

Was ist aus statistischer Sicht passiert (über die Zubereitungsart der Martinsgans wollen wir uns hier aus Pietätsgründen keine weiteren Gedanken machen)? – Statistische Modelle analysieren Zusammenhänge der Vergangenheit und versuchen daraus eine Zukunftsprognose abzuleiten. Je mehr Beobachtungen die gefundenen Zusammenhänge bestätigen, desto sicherer erscheint die statistische Prognose. Aus Sicht der jungen Gans wird der Zusammenhang „der neue Besitzer ist gut zu mir" immer sicherer. Einzig fehlt der Gans eine wichtige Information, nämlich die, dass sie eine Martinsgans und für das Festessen vorgesehen ist. Ähnlich waren viele Modelle vor der Finanzmarktkrise aufgebaut. Mit jedem weiteren Anstieg der Immobilienpreise in den USA stieg die Gewissheit, dass die Immobilienpreise nicht sinken könnten. So beschrieb der US-Finanzminister Henry Paulson noch im März 2008 die Stärke und Robustheit der Finanzinstitutionen und der Kapitalmärkte. Welch extreme Illusion vor dem Hintergrund des heutigen Wissens!

Aktientipps

Aktientipps werden heute in zahlreichen Anlegermagazinen publiziert und nicht selten werden die Tipps reißerisch vermarktet. So verwundert es nicht, dass ein großes Anlegermagazin kürzlich einen bekannten Aktienexperten mit den Worten „Meine 100 % Aktien" auf der Titelseite zitierte. Nur stellt man sich vielleicht die Frage, was „Meine 100 % Aktien" eigentlich bedeuten soll – 100 % Rendite oder doch eher 100 % Risiko? Der Text im Anlegermagazin gibt darüber keine Aufschlüsse. Dort werden seitens des vermeintlichen Experten einzelne Aktien benannt, bei denen nach seiner Meinung ein erhebliches Kurspotenzial vorliegt. Begründet wird dies damit, dass die Aktien stark unterbewertet seien.

Natürlich lässt sich dies nicht ausschließen, allerdings sollte man vielleicht folgende Überlegung anstellen: Stellen wir uns ein geplantes Pferderennen vor und nehmen ein Pferd, das nicht als Favorit gilt, in den Fokus. Bei einer Wette auf dieses Pferd würde man bei einem unerwarteten Sieg dieses Pferdes eine hohe Gewinnquote einstreichen. Würde hingegen im Vorwege des Rennens durch pferdekompetente Fachleute dieses Pferd doch zum Favoriten erklärt werden, so würde die Gewinnquote deutlich sinken, da ein Sieg erwartet wird. Man hätte also deutlich geringere Chancen, mit dem Tipp auf dieses Pferd einen hohen Gewinn zu erzielen.

Ähnlich kann man es sich am Aktienmarkt vorstellen: Wenn die Anleger zu großen Teilen davon ausgehen, dass ein Aktientitel unterbewertet ist, werden immer mehr Anleger auf diesen Aktientitel setzen, der Preis wird steigen und es ließe sich kaum noch Rendite mit dem Einstieg in diese Aktien erzielen. Es stellt sich also die Frage, warum ein vermeintlicher Aktienexperte seine Tipps gerade in einem Anlegermagazin verraten sollte. Entweder hat er tatsächlich „geheime Tipps", dann würde er diese besser nicht verraten und würde selber versuchen, mit den Tipps Geld zu verdienen. Oder die Tipps sind doch nicht so gut, dann kann er sie auch dem Leser mitteilen. Bücher mit reißerischen Titeln wie „Mit Aktien zur ersten Million" und ähnlich sollten also entsprechend kritisch hinterfragt werden – wozu sollte ein erfolgreicher Anleger seine wertvollen Tipps mit anderen teilen? Es sei denn, er investiert doch nicht so erfolgreich und versucht stattdessen von Buchverkäufen zu leben ...

Diagramm des Untergangs

Ist Ihnen im Frühjahr 2014 vielleicht der Begriff „Chart of Doom" über den Weg gelaufen? Übersetzen könnte man es mit „Diagramm des Untergangs". Dieses Diagramm stellt die Verläufe des Dow-Jones-Index 1928–1930 und 2012–2014 im Vergleich da, siehe die folgende Abbildung. Und tatsächlich wird einem der Name des Charts auf den ersten Blick schnell klar: Scheinbar weisen die Dow-Jones-Verläufe in beiden Zeitperioden einen frappierend ähnlichen Verlauf auf, wobei der Dow Jones Ende 1929 dann plötzlich massiv an Wert verloren hat und eine längere Periode starker Verluste einsetzte. Und genau dieses Ereignis steht vermeintlich 2014 nach dem „Chart of Doom" kurz bevor, wenn man annimmt, dass die beiden Kurven auch weiterhin parallele Verläufe aufweisen.

Doch muss einem der „Chart of Doom" tatsächlich Sorge bereiten? – Zum Glück ist die Antwort aus statistischer Sicht ganz klar: „Nein". Die Gründe dafür sind vielfältig. Zum Ersten ist die Länge der Zeitperioden, die man vergleicht, vollkommen willkürlich gewählt. Wird der Zeitraum beispielsweise 6 Monate länger gewählt, weisen die beiden Kurven schon einen deutlich weniger ähnlichen Verlauf auf. Zum Zweiten finden sich über die 80 Jahre zwischen den beiden Zeiträumen zahlreiche weitere Vergleichsperioden, in denen die Kurven ähnliche Verläufe aufweisen, ohne jedoch plötzlich einzubrechen. Ganz offensichtlich führen also ähnliche Kurvenverläufe über einen gewissen Zeitraum nicht zwangsläufig zu gleichen Kurvenverläufen in den folgenden Monaten. Zum Dritten – und das ist vermutlich das wichtigste Argument – weisen die beiden Kurvenverläufe vollkommen unterschiedliche Skalierungen auf: Für die Jahre 2012–2014 weist der Dow-Jones-Index etwa 12.500 bis 16.500 Punkte auf (linke Skala), während die Werte 1928–1930 etwa zwischen 200 und 380 Punkten lagen (rechte Skala). Und dieses bedeutet, dass 1928 bis Ende 1929 der Dow-Jones-Index seinen Wert knapp verdoppelt hat, bevor er abstürzte, während der Dow-Jones-Index bis Frühjahr 2014 nur um gut ein Viertel an Wert zugelegt hat. Dieser Unterschied, der zeigt, dass die Kurven überhaupt nicht vergleichbar sind, wird grafisch allerdings „vertuscht", indem sich die Kurvenverläufe einmal auf die linke und einmal auf die rechte Skala beziehen, jeweils mit unterschiedlichen Wertebereichen.

Ob tatsächlich ein Absturz des Dow-Jones-Index bevorstand, konnte bei der Erstellung dieser Kolumne im Frühjahr 2014 natürlich niemand voraussagen, der „Chart of Doom" lieferte dafür aber mit Sicherheit keine Hinweise.

...

In den folgenden Abbildungen ist zum einen der „Chart of Doom" dargestellt, wie er in zahlreichen Internetforen und auch in den Medien im Frühjahr 2014 dargestellt wurde. In der zweiten Abbildung ist die tatsächliche Entwicklung des Dow Jones bis Mitte Mai 2014 hinzugefügt. Es lässt sich leicht entnehmen, dass sich der Dow Jones nicht entsprechend dem „Chart of Doom" entwickelt hat, sondern einen weiter positiven Verlauf zeigte.

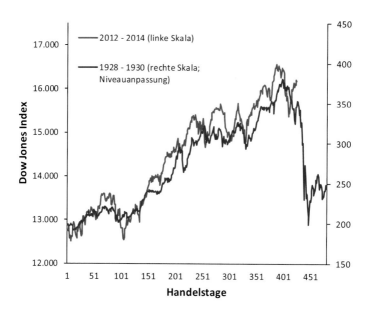

„Chart of Doom"; Stand Ende Februar 2014

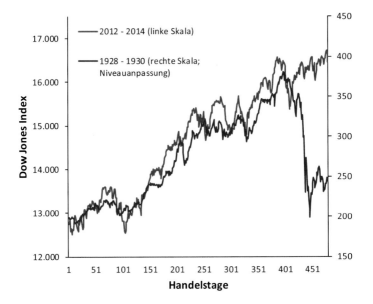

Chart of Doom; ergänzt um die tatsächliche Entwicklung des Dow Jones bis Mitte Mai 2014

Wie funktionieren Konjunkturprognosen?

Es vergeht kaum ein Monat, in dem sich nicht eine neue Konjunkturprognose in den Medien wiederfindet, da Wirtschaftsforschungsinstitute, die Bundesregierung, Banken und viele andere Institutionen regelmäßig Prognosen zum zukünftigen Wirtschaftsverlauf herausgeben. Dabei sind Konjunkturprognosen in der Öffentlichkeit eher schlecht angesehen, da aufgrund vergangener Fehlprognosen „Kaffeesatzleserei" unterstellt wird. Gleichzeitig sind sie wichtige Grundlagen für

Planungen der Politik als auch der Wirtschaft. Doch wie werden Konjunkturprognosen eigentlich erstellt?

Grundlage jeder Konjunkturprognose ist Wissen über theoretische und empirisch beobachtbare Zusammenhänge im Wirtschaftsgeschehen, die – zumindest in der Vergangenheit – mit einer gewissen Zuverlässigkeit eingetreten sind. Dabei spielen Konjunkturindikatoren, die einen zeitlichen Vorlauf vor konjunkturellen Ereignissen aufweisen, eine wichtige Rolle. Typischerweise betrachtet man dabei makroökonomische Kennzahlen wie den Auftragseingang in der Industrie oder auch Befragungskennzahlen wie den auf Managerbefragungen basierenden ifo Geschäftsklimaindex. Das komplexe Geflecht an Zusammenhängen in der Vergangenheit wird statistisch analysiert und anschließend für die Zukunft fortgeschrieben. Dabei müssen Annahmen über erwartete Entwicklungen (z. B. Staatsausgaben) berücksichtigt werden.

Dieses Vorgehen offenbart auch die Schwierigkeiten, denen Konjunkturprognosen unterliegen: Das statistische Modell kann schlichtweg falsch sein, d. h. Zusammenhänge sind nicht exakt so, wie sie für die Vergangenheit abgebildet wurden. Da wirtschaftliche Zusammenhänge keine Naturgesetze sind, können sich diese ändern, wie sich gerade im Zuge der Finanzmarktkrise gezeigt hat. Außerdem können die Annahmen über Entwicklungen, die in die Prognose einfließen, falsch sein (z. B. falsch vorhergesagte Staatsausgaben). Am schwerwiegendsten wirken sich aber sogenannte exogene Schocks aus, wie sie die Ölkrisen der 1970er-Jahre oder auch die Euro-Schuldenkrise darstellten – ohne Vorahnung liegen Prognosen in diesen Fällen leicht vollkommen falsch.

Man könnte also zusammenfassen, dass Konjunkturprognosen immer dann besonders schwierig sind, wenn die Zeiten we-

nig verlässlich sind – also genau dann, wenn man sie besonders dringend bräuchte.

Wie gut oder schlecht Konjunkturprognosen sind, dieser Frage wird in der folgenden Kolumne nachgegangen.

Wie gut sind Konjunkturprognosen?

Viele Prognosen sind in der Vergangenheit beständig zuverlässiger geworden. Während etwa Mitte der 80er-Jahre bei Wetterprognosen der Prognosefehler der ein- bis zweitägigen Vorhersage der Tageshöchsttemperatur bei etwa 2,5 °C lag, liegt er heute bei etwa 1,6 °C – eine gewaltige Prognoseverbesserung, die vor allem auf bessere Messdaten, ausgefeiltere Modelle und größere Rechnerleistungen zurückzuführen ist. Es stellt sich somit die Frage, ob Konjunkturprognosen ähnlich zuverlässiger geworden sind. Die Fakten sprechen dagegen: So ist der Prognosefehler der Wachstumsprognosen für Deutschland durch den Sachverständigenrat seit den 60er-Jahren nicht substanziell gesunken. Gleiches gilt auch für andere Konjunkturprognosen. Gerade am aktuellen Rand konnten die Konjunkturprognosen z. B. die Konjunktureinbrüche im Zuge der Finanzmarktkrise 2009 nicht vorhersagen (vgl. die folgende Abbildung) und wiesen Prognosefehler bis 5 Prozentpunkte auf.

Woran liegt dies? Während Wetterprognosen auf naturwissenschaftlichen Zusammenhängen aufbauen, die sich nur sehr langfristig (z. B. durch den Klimawandel) verändern, basieren Konjunkturprognosen auf wirtschaftlichen Zusammenhängen, die durch Wirtschaftssubjekte und damit Menschen beeinflusst werden. Menschen wiederum agieren oft wenig vorhersagbar und Zusammenhänge sind somit über die Zeit nicht stabil. Abzulesen ist dies z. B. an der Prognoseunsicherheit: So wurde das Wirtschaftswachstum für das Jahr 2011 durch eines der großen Wirtschaftsforschungsinstitute zwar mit knapp 2,5 % angegeben, gleichzeitig wurden die Grenzen, zwischen denen das Wachstum mit 90 % Wahrscheinlichkeit liegen werde, mit 0,75 % bis gut 4 % beziffert – eine gewaltige Spanne. Tatsächlich wuchs die Wirtschaft im Jahr 2011 im Vergleich zum Vorjahr um 3,0 %.

Es stellt sich somit die Frage nach der Sinnhaftigkeit von Konjunkturprognosen. Die Antwort ist einfach: Es müssen so viele wichtige Entscheidungen in Politik und Unternehmen auf Basis der Erwartungen über das zukünftige Wirtschaftswachstum getroffen werden, dass Prognosen einfach unerlässlich sind. Und für kurzfristige Prognosen, also am Ende des Vorjahres, liegen die Vorhersagen gegenüber einer naiven Prognose – z. B. dem Wert des Vorjahres – deutlich besser. Konjunkturprognosen können also einen Beitrag zu einer etwas sichereren Planung für Politik und Unternehmen leisten.

In jedem Fall trifft auf Konjunkturprognosen aber der Satz zu: „Prognosen sind schwierig, besonders wenn sie die Zukunft betreffen!".

...

Wie schwer gute Konjunkturprognosen tatsächlich sind, lässt sich der folgenden Abbildung entnehmen, in der wir

exemplarisch die jeweils am Ende des Jahres bekanntgege-
benen Prognosen des Sachverständigenrates zur Begutachtung der gesamtwirtschaftlichen Entwicklung (bekannt als
„Wirtschaftsweise") darstellen. Im Vergleich dazu sind die
tatsächlich eingetretenen Wachstumsraten aufgetragen. Es
lässt sich entnehmen, dass die Prognosen in einzelnen Jahren sehr deutlich vom tatsächlichen Wachstum abwichen.
Besonders schwer sind dabei Prognosen für Jahre, in denen
sich das Wachstum deutlich gegenüber dem Vorjahr ändert.

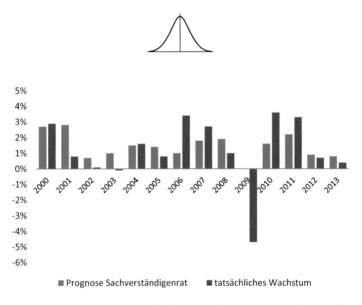

Wachstumsprognosen des Sachverständigenrates zur Begutachtung der gesamtwirtschaftlichen Entwicklung im Vergleich zum
tatsächlich eingetretenen Wachstum (Jahresgutachten des Sachverständigenrates zur Begutachtung der gesamtwirtschaftlichen
Entwicklung und Statistisches Bundesamt; eigene Zusammenstellung.)

SCHUFA-Scoring

Anfang 2014 hat der Bundesgerichtshof entschieden, dass die Berechnungen des sogenannten SCHUFA-Scorings nicht offengelegt werden müssen. Viele Verbraucher haben schon einmal Erfahrungen mit dem SCHUFA-Scoring gemacht. Ihr individueller SCHUFA-Score wird seitens der Kreditinstitute bei der Entscheidung herangezogen, ob ein Kredit gewährt wird.

Nun mag man sich als Verbraucher die Frage stellen, was eigentlich hinter dem SCHUFA-Score steckt. Als Scoring wird ein mathematisches Verfahren bezeichnet, mit dem anhand von gesammelten Erfahrungswerten ermittelt wird, wie wahrscheinlich es für eine bestimmte Person ist, dass sie einen Kredit zukünftig pünktlich bedienen wird. Es solches Verfahren kann natürlich nicht in den einzelnen Menschen hineingucken. Stattdessen werden für möglichst viele Personen Eigenschaften der Vergangenheit herangezogen, die mit dem vergangenen Zahlungsverhalten in Beziehung gesetzt werden. Stellen wir uns vor, dass insgesamt 1 % der Kunden ihre Hauskredite nicht pünktlich gezahlt haben. In Teilgruppen mag dieser Wert aber anders sein. So könnten z. B. Personen, die früher schon einmal ihre Handyrechnung nicht immer regelmäßig gezahlt haben, auch bei Hauskrediten höhere Ausfallquoten aufweisen. Wenn in dieser Gruppe also z. B. 5 % der Hauskredite ausgefallen sind, dann geht das Verfahren von einer 5-fach höheren Ausfallwahrscheinlichkeit aus. Diese Vergleiche können mittels mathematischer Verfahren für alle vorhandenen Eigenschaften ermittelt und gegeneinander abgeglichen werden, wobei bei der Ermittlung jeder einzelnen Ausfallwahrscheinlichkeit die Wirkung der anderen Eigenschaften mit berücksichtigt wird. So kann quasi für jede einzelne Person mit ihren individu-

ellen Eigenschaften ermittelt werden, um wie viel höher oder niedriger ihre individuelle Ausfallwahrscheinlichkeit ist.

Scorings sind also wichtig, damit eine Bank möglichst wenige Kredite an Personen vergibt, welche sie mit höherer Wahrscheinlichkeit nicht bedienen können. Dieses dient auch dem Schutz der anderen Kreditnehmer.

An sich stellt das Kreditscoring also einen wichtigen Baustein bei der Kreditvergabe dar. Viele Verbraucher möchten aber verständlicherweise transparent nachvollziehen, warum ihr individueller Scorewert eine bestimmte Höhe aufweist. Diesem hat der Bundesgerichtshof 2014 einen Riegel vorgeschoben, was aber vermutlich zur Folge haben wird, dass sich das Verbrauchervertrauen in ein Scoring deutlich verringern wird.

Ein ganz anderer Prognoseansatz wird mit dem Begriff „Schwarmintelligenz" verfolgt, wie die nachfolgende Kolumne verdeutlicht.

Intelligenz der Masse

Der englische Gelehrte Francis Galton wollte im Jahre 1906 eigentlich die „Dummheit der Masse" beweisen, gilt seitdem aber als Entdecker der „Intelligenz der Masse", auch Schwarmintelligenz genannt. Was war passiert? – Galton hatte eine Nutztiermesse besucht, bei der es einen Schätzwettbewerb gab. Gegen eine Teilnahmegebühr konnte das Gewicht eines Ochsen geraten werden. Wer mit seiner Schätzung dem tatsächlichen Gewicht am nächsten käme, sollte gewinnen. Es wurden knapp 800 Schätzungen abgegeben, die eine breite Spanne umfassten. Der Mittelwert aller Schätzungen wich jedoch nur um ein Pfund vom tatsächlichen Gewicht des Ochsen ab. Damit nicht genug, der beste Tipp war weiter vom tatsächlichen Ochsengewicht entfernt als der Durchschnitt aller Schätzungen.

Handelte es sich um ein zufälliges Einzelphänomen oder tritt dieser Effekt systematisch auf? – Es gibt zahlreiche Studien, die die Funktionsweise der Intelligenz der Masse nachweisen, wichtig scheint allerdings zu sein, dass die Meinung des Einzelnen nicht durch andere Meinungen beeinflusst wird. Denn nur in diesem Fall gleichen sich Über- und Unterschätzungen relativ gut aus. Korrigieren die Teilnehmer aber ihre eigene erste Schätzung durch die Meinung anderer, folgen die einzelnen Schätzungen dem Herdentrieb und die mittleren Schätzungen entfernen sich zumeist vom tatsächlichen Wert.

Ein ganz anderer Bereich, in dem versucht wird, die Intelligenz der Masse auszunutzen, sind Wahlbörsen. Dabei handeln Teilnehmer mit Anteilen, die den Ausgang einer Wahl widerspiegeln. Der Handelskurs einer Partei spiegelt die gebündelte Erwartung aller Teilnehmer an den Wahlausgang wider. Händler verkaufen Papiere einer Partei, wenn sie den Anteil der Partei an der Börse für zu hoch erachten. Wahlbörsen haben sich in den letzten Jahren als intelligente Ergänzung zur klassischen umfragebasierten Wahlvorhersage etabliert, deren Prognosegüte sich in keiner Weise hinter den aufwendigen und teuren Ergebnissen der traditionellen Wahlumfragen verstecken muss. So bieten viele Medien eigene Wahlbörsen an, sodass auch Sie bei Interesse selber Teil eines Experiments zur Schwarmintelligenz werden können.

Was Google mit der Grippe zu tun hat

Werden die Tage wieder kürzer und die Temperaturen kühler, dann steht der Winter vor der Tür. Und mit ihm kommt wohl auch in diesem Jahr wieder eine Grippewelle auf uns zu. Um auf diese gut reagieren zu können, ist eine frühe Erkennung einer Grippeepidemie besonders wichtig. Traditionell geschieht dies dadurch, dass Ärzte und Krankenhäuser den Behörden die behandelten Fälle melden. Problematisch ist dabei allerdings, dass die Übermittlung und Auswertung der Daten einige Zeit in Anspruch nimmt und nicht alle Erkrankten den Arzt auch wirklich aufsuchen. Stattdessen informiert sich ein großer Teil der Bevölkerung heute im Internet, sobald erste Symptome auftreten. Und dies kann man sich zunutze machen, um die traditionelle Methode zur frühzeitigen Erkennung einer Grippeepidemie zu ergänzen. So registriert etwa der Suchdienst Google die Suchanfragen, die mit Grippe verbunden sind, und wertet diese statistisch aus. Die so gewonnene Prognose von Grippewellen stellt sich als erstaunlich gut heraus und kann diese häufig schon vor dem eigentlichen Ausbruch vorhersagen, was mit dem traditionellen Verfahren schwierig ist.

Aber welche Suchbegriffe verwendet Google zur Erstellung der Prognose? Schließlich sucht der eine oder andere Internetnutzer vielleicht auch nach Fieber, weil ihn das Fußball- „Fieber“ in der neuen Saison gepackt hat. Hier ist man vor ein

Problem gestellt, das schwierig zu lösen ist. Wer weiß schon, nach welchen Begriffen Grippekranke typischerweise suchen. Aber auch hier hilft die Statistik. Für seine Prognosen benutzt Google zahlreiche Suchbegriffe, die mittels statistischer Verfahren danach ermittelt wurden, was in der Vergangenheit in der Zeit von Grippewellen besonders häufig gesucht wurde. Es hat sich also niemand direkt darüber Gedanken gemacht, was die Leute wohl suchen werden, sondern es wurden einfach die Erfahrungen der Vergangenheit benutzt. Und die ersten 45 Resultate, die dabei herauskamen, erscheinen auch im Nachhinein als inhaltlich sinnvoll. Der 46ste Begriff war übrigens NBA, was damit zu tun haben dürfte, dass die wichtigsten Spiele der Amerikanischen Basketballliga stets im Winter stattfinden. Dieser hat also neben der Jahreszeit inhaltlich wohl wenig mit der Grippe gemeinsam und wurde deshalb eliminiert.

So können die Suchanfragen des Internets zusammen mit statistischen Methoden zwar nicht dabei helfen, eine Grippewelle zu verhindern, aber durchaus dabei, eine frühere Erkennung zu ermöglichen.

Wahlprognosen per Twitter und Co.

Dass Twitter & Co. heute eine massive Rolle in Wahlkämpfen spielen, daran hegt vermutlich keiner Zweifel. Aber die Frage, ob sich auf Basis von Tweets vielleicht sogar Wahlprognosen erstellen lassen, ist schon deutlich diffiziler.

Auf den ersten Blick mag man über diesen Gedanken den Kopf schütteln. Analysiert man die Hashtags der Namen der Parteien vor der Bundestagswahl 2009 und hätte deren Anteile als Wahlprognose genutzt, so wäre hiernach die Piratenpartei als stärkste Kraft in den Bundestag eingezogen – tatsächlich scheiterte die Partei an der 5 %-Hürde. Dieses unterschiedliche Internet-Nutzungsverhalten der Wähler hat sich auch in jüngster Zeit nicht wesentlich geändert. Egal ob nach Nennungen oder Hashtags, die Piratenpartei weist erneut den größten Twitter-Anteil aller Parteien auf.

Das offensichtliche Problem der Wahlprognose auf Grundlage der Internetaktivität liegt in der unterschiedlichen Nutzung von Twitter & Co. durch einzelne Bevölkerungsgruppen. Historisch ist ein solcher Effekt schon lange bekannt, auch schon lange vor Beginn des Internetzeitalters. So hatte die Zeitschrift „The Literary Digest" im US-Präsidentschaftswahlkampf 1936 zwar 10 Mio. Wähler für ihre Wahlprognose angeschrieben, sagte dann aber trotzdem fälschlicherweise eine Niederlage des späteren Präsidenten Roosevelt voraus. Einer der wesentlichen Fehler der Umfrage lag darin, dass nur Bürger mit Telefon, Autobesitzer und eigene Abonnenten einbezogen worden waren. Man hatte also eher gut situierte Bürger befragt, die traditionell dem republikanischen Herausforderer nahestanden. Der Statistiker spricht in diesen Situationen von einer selektiven Auswahl.

Wenn man aber um dieses Problem weiß, kann man dann die Selektivität mit berücksichtigen und trotzdem zu guten Ergebnissen kommen? Konkret müsste hierfür erfasst werden, wie das Internetverhalten verschiedener Wählersegmente ist, also z. B. die Internet-Aktivität von Piraten vs. CDU/CSU-Wählern. Dieses wird beispielsweise vom Wahl-O-

Meter versucht. Und tatsächlich sind die Ergebnisse dann gar nicht weit von denen der etablierten Wahlforschungsinstitute entfernt.

Doch egal, ob Twitter- oder herkömmliche Wahlprognose – da vermutlich viele Wähler die Ergebnisse der letzten Wahlumfragen nutzen werden, um anschließend strategisch ihre Stimme vor dem Hintergrund dieser Ergebnisse abzugeben, wird sicher auch die nächste Wahl bis zum Wahlabend spannend bleiben.

Wie funktionieren Bevölkerungsprognosen?

„Kinder kriegen die Leute sowieso.“ Dieses Zitat aus dem Jahr 1957 stammt von Konrad Adenauer und war die Grundlage für die Einführung der gesetzlichen Rentenversicherung auf Basis der bis heute gültigen Umlagefinanzierung. Man ging damals davon aus, dass in der Zukunft immer ausreichend Kinder geboren würden, um das Verhältnis von Rentnern und jüngerer Bevölkerung annähernd konstant zu halten. Tatsächlich hat sich Konrad Adenauers Annahme aufgrund der Möglichkeiten zur Empfängnisverhütung als falsch erwiesen und hinsichtlich der demografischen Entwicklung in Deutschland werden enorme Veränderungen vorausgesagt: In den kommenden 40 Jahren wird die Bevölkerungsanzahl in Deutschland voraussichtlich um etwa 12 Mio. sinken und der Altersquotient, d. h. das Verhältnis der älter als 64-Jährigen zu

den Personen im Alter von 20 bis 64 Jahren, von 35 % auf etwa 64 % steigen – auf eine Person im Rentenalter werden nicht mehr drei Personen im Erwerbsalter, sondern deutlich weniger als zwei kommen. Doch woher wissen wir das eigentlich? Wie werden Bevölkerungsprognosen berechnet?

Ausgangspunkt der Bevölkerungsvorausberechnung des Statistischen Bundesamtes sind die aktuellsten Bevölkerungszahlen je Altersjahrgang. Darauf aufbauend werden drei Basisgrößen berücksichtigt, die die zukünftige Entwicklung beeinflussen. Als erstes ist dies die Lebenserwartung, die seit Jahrzehnten zunimmt. So werden für Neugeborene aktuell 78,1 Jahre bei Jungen und 84,5 Jahre bei Mädchen angenommen. Die zweite Einflussgröße ist die Geburtenhäufigkeit. Soll die Bevölkerungszahl zukünftig stabil bleiben, müsste jede Frau statistisch 2,1 Kinder bekommen. Seit dem sogenannten Pillenknick – also seit etwa 40 Jahren – liegt die mittlere Kinderanzahl je Frau in Deutschland aber ziemlich konstant bei etwa 1,4, was dazu führt, dass mehr Todesfälle als Geburten auftreten. Die dritte Einflussgröße betrifft die Zuwanderung. Wie viele Menschen welchen Alters werden nach Deutschland einwandern und wie viele im Gegenzug Deutschland verlassen? Die aktuellen Bevölkerungsvorausberechnungen gehen von 100.000 Netto-Zuwanderungen pro Jahr nach Deutschland aus.

Aber wie verlässlich sind diese Prognosen nun? Und wie stark lässt sich der demografische Wandel überhaupt beeinflussen? Dieser Frage wird in der folgenden Kolumne nachgegangen.

Wie gut sind Bevölkerungsprognosen?

Wie Bevölkerungsprognosen funktionieren, war Thema der letzten Kolumne. Aber wie zuverlässig sind solche Prognosen und welche Möglichkeiten bleiben, den demografischen Wandel zu beeinflussen? Diese Frage lässt sich einfach beantworten, wenn die Prognosen unter unterschiedlichen Annahmen im Modell verglichen werden. Was passiert, wenn ein Anstieg der Netto-Zuwanderung von 100.000 auf 200.000 pro Jahr angenommen wird? Der Altersquotient, d. h. das Verhältnis der älter als 64-Jährigen zu den Personen im Alter von 20 bis 64 Jahren würde in diesem Fall von aktuell 35 % auf 60 % in 40 Jahren steigen und die Bevölkerungsanzahl würde um etwa 8 Mio. sinken. Im Basisszenario mit nur halb so hoher Zuwanderung würde der Rückgang der Bevölkerung – wie in der vorigen Kolumne beschrieben – mit 12 Mio. etwas stärker ausfallen und der Altersquotient würde auf 64 % steigen. Wie kann es sein, dass eine doppelt so hoch angenommene Zuwanderung den Bevölkerungsrückgang und die Alterung nicht stärker stoppen kann? Die Erklärung dafür ist denkbar einfach, denn auch die Zuwanderer werden im Laufe der Zeit älter.

Ein ähnlicher Effekt zeigt sich, sofern die Geburtenhäufigkeit innerhalb der nächsten Jahre von derzeit 1,4 auf 1,6 Geburten pro Frau steigen würde. Der Altersquotient würde auf 62 % in 40 Jahren steigen und die Bevölkerungsanzahl um 9 Mio. sinken. Wie lässt sich dieser wiederum eher gerin-

ge Einfluss auf die Bevölkerungsentwicklung erklären? – Für die Geburtenzahl ist die Anzahl der Frauen im Alter von 15 bis 49 Jahren entscheidend. Und diese steht mit den heute in Deutschland lebenden Frauen bzw. Mädchen für die nächsten Jahrzehnte nahezu fest. Somit werden bei zukünftig geringerer Anzahl Frauen zwangsläufig weniger Kinder geboren. Und auch die Anzahl der Menschen, die in den kommenden Jahren das Seniorenalter erreichen, ist heute weitestgehend bestimmt. Höhere Geburtenraten können somit an den mittelfristigen demografischen Veränderungen wenig ändern, haben aber natürlich Auswirkungen in der längeren Frist.

Es bleibt festzuhalten, dass Bevölkerungsvorausberechnungen niemals exakte Prognosen sein können. Allerdings müssten die Zuwanderung und die Geburtenrate sehr stark ansteigen, wenn die Bevölkerungszahl und das Verhältnis von älterer zu jüngerer Bevölkerung sich nicht derart dramatisch verändern sollen, wie es die heutigen Prognosen erahnen lassen.

In die Zukunft sehen

Kurz vor dem Jahreswechsel stellen sich traditionell viele Menschen die Frage, was das neue Jahr uns bringen wird. Und natürlich hat in der Zeit des Jahreswechsels die Wahrsagerei Hochkonjunktur: Wird die Welt kommendes Jahr untergehen? Und kommen endlich die immer wieder versprochenen Außerirdischen zu Besuch? Und natürlich ganz wichtig: Wer wird Deutscher Meister im Fußball?

Erstaunlich erscheint bei einer rationalen Betrachtung von Prognosen durch Wahrsager, dass immer wieder Prognosen tatsächlich eintreten. Können einzelne Wahrsager also die Zukunft vorhersagen? Sachlich betrachtet liegt die Erklärung von richtigen Prognosen häufig in der Vielzahl an Prognosen, die abgegeben werden. Stellen wir uns vor, es würden vor einem Jahreswechsel 80 Hellseher zu drei Ereignissen befragt, nämlich danach, ob Lothar Matthäus erneut heiraten wird (ja oder nein), ob es einen guten Sommer geben wird (ja oder nein) und wie sich der DAX entwickeln wird (positiv oder negativ). Wenn wir davon ausgehen, dass jedes Ereignis mit 50 % Wahrscheinlichkeit eintritt, wäre zu erwarten, dass 10 Hellseher alle drei Ereignisse richtig „vorhersagen" würden (1 von 2 × 2 × 2 = 8 Kombinationsmöglichkeiten), selbst wenn alle Hellseher schlicht raten würden. Dass also bei der Vielzahl an selbsternannten Auguren einzelne bei den Vorhersagen richtig liegen, ist einfach dem Zufall und der Wahrscheinlichkeit der vorhergesagten Ereignisse geschuldet.

Diese Überlegung lässt sich auch auf andere Bereiche übertragen. Stellen wir uns vor, ein vermeintlicher Finanzprognostiker schickt 1000 Menschen einen Brief mit einer Prognose, ob der DAX im folgenden Monat steigen oder fallen wird, jeweils hälftig aufgeteilt. Für den zweiten Monat schickt er nur noch den 500 Menschen einen entsprechenden Brief, bei denen die erste Prognose richtig lag, sodass wiederum 250 Menschen „einen richtigen Tipp" erhalten. Wenn er dieses Verfahren sechs Monate durchführt, so erhalten am Ende 16 Personen sechsmal richtige Tipps. Stellen Sie sich vor, Sie wüssten nichts von dem Verfahren des Finanzprognostikers und würden zu den 16 Personen mit sechs richtigen Tipps gehören. Würden Sie nicht vielleicht auch an die erstaunlichen Fähigkeiten des „Fi-

nanzgenies" glauben und Ihr Geld bei ihm anlegen – auch wenn das Ergebnis doch nur durch Zufall zustande gekommen ist?

…

Ganz ähnlich muss wohl auch die Tätigkeit von Wünschelrutengängern eingeschätzt werden. Immer wieder geistern Meldungen durch die Presse, wonach Wünschelrutengänger mit hoher Treffergenauigkeit Wasseradern oder Strahlungsquellen orten können. Das erfolgreiche Aufspüren von Wasserquellen mithilfe von Wünschelruten lässt sich aber vermutlich in vielen Fällen dadurch erklären, dass nicht fünf Meter weiter ebenfalls gegraben wurde. Denn dort würde man wahrscheinlich genauso Wasser finden. Es handelt sich also um Zufallstreffer. Die Gesellschaft zur wissenschaftlichen Untersuchung von Parawissenschaften (GWUP) fordert regelmäßig Wünschelrutengänger dazu auf, ihr Können unter Beweis zu stellen. In einem Versuch dürfen diese ein eigenes strahlendes Objekt mitbringen (z. B. ein eingeschaltetes Handy), welches dann in eine von zehn Pappschachteln gelegt wird. Hinterher müssen die Wünschelrutengänger das Handy richtig orten. Der Versuch wird 13-mal wiederholt. Als „Können" des Wünschelrutengängers wird anerkannt, wenn dieser mindestens achtmal richtig liegt. Bisher lag die maximale Trefferquote bei vier der 13 Versuche. Die meisten vermeintlichen Wünschelrutengänger schaffen einen oder zwei Treffer, was auch per Zufall im Mittel zu erwarten ist.

Scheidungen präzise vorhersagen

Regelmäßig wird in der Presse über die Arbeiten eines schottischen Mathematikers und eines US-amerikanischen Psychologen berichtet, die behaupten, sie könnten mit etwa 90 %iger Sicherheit vorhersagen, ob ein Paar sich scheiden ließe. Der Prognoseansatz beruht dabei auf Beobachtungen der Paare während eines 15-minütigen Streitgesprächs.

Das Ganze mag auf den ersten Blick tatsächlich erstaunen, wenn jedoch das Studiendesign näher in Augenschein genommen wird, erklärt sich die hohe Prognosegenauigkeit vor allem darüber, wie die „Prognosegüte" definiert ist.

Der „Trick" der hohen Prognosegenauigkeit liegt in der geringen Zahl der Scheidungen innerhalb der Studiengruppe. So wurden beispielsweise 1992 in einer Untersuchung 95 Paare wie geschildert beobachtet, anschließend wurde für 78 Paare die Prognose „keine Scheidung" und für 17 Paare die Prognose Scheidung abgegeben. 1995, also nur drei Jahre später, verglich man die Prognosen dann mit den tatsächlichen Scheidungen. Von den 95 Paaren waren 88 noch verheiratet, 7 hatten sich scheiden lassen. Richtig lagen die Wissenschaftler 77-mal bei den noch verheirateten Paaren, falsch hingegen 11-mal. Bei den Paaren, die sich hatten scheiden lassen, lag die Prognose 6-mal richtig und einmal falsch, was insgesamt einer Quote richtiger Prognosen von (77 + 6)/95 = 87 % entspricht. Allerdings wird an dieser Stelle vielleicht schon deutlich, dass sich

die hohe Prognosegenauigkeit vor allem durch den geringen An-
teil an Scheidungen ergibt. Hätten die Wissenschaftler einfach
allen 95 Paaren – reichlich naiv – die Prognose „keine Schei-
dung" ausgestellt, hätten sie in 88 der 95 Fällen richtig gelegen,
was einer Prognosegenauigkeit von sogar 93 % entsprochen hät-
te! Wenn also der Prognosezeitraum kurz genug gewählt wird
und somit das Ereignis Scheidung selten genug auftritt, muss die
derart definierte Prognosegenauigkeit fast zwangsläufig einen
hohen Wert aufweisen. Es bleibt somit die Frage, wie die Pro-
gnoseleistung zu den Scheidungen alternativ bewertet werden
könnte. Es könnte von Interesse sein, wie viele Paare, für die
die Wissenschaftler eine Scheidung prognostizierten, sich tat-
sächlich scheiden ließen. Konkret sind dieses 6 von 17 Paaren
gewesen, was eine Prognosegenauigkeit von 35 % entspricht.
Aber dieses klingt natürlich viel weniger gut …

…

Das „Geheimnis" der Prognosen zur Scheidungswahrscheinlichkeit kann den folgenden Tabellen entnommen
werden. In der ersten Tabelle ist die in der Kolumne beschriebene Scheidungsprognose für die 95 Paare in der
Untersuchung der Wissenschaftler dargestellt. Dabei lag
dem Vorgehen der Wissenschaftler frei nach dem Motto „Je
mehr unverständliche Formeln verwendet werden, desto
wissenschaftlich fundierter wirkt das Vorgehen" folgende
Formel zugrunde:

Formel für die Frau: $W_{t+1} = IHW(H_t) + r_1 W_t + a$
Formel für den Mann: $H_{t+1} = IWH(W_t) + r_2 H_t + b$

Prognose in der „Scheidungsuntersuchung"

	nach Prognose-zeitraum	davon	Prognose verheiratet	Prognose geschieden
verheiratet	88		77	11
geschieden	7		1	6

Naive Prognose zu Scheidungen

	nach Prognose-zeitraum	davon	Prognose verheiratet	Prognose geschieden
verheiratet	88		82	6
geschieden	7		6	1

Daraus lässt sich leicht die Prognosegüte errechnen:

Anteil korrekter Prognosen in der Untersuchung:
$(77 + 6)/95 = 87{,}4\,\%$.

Was ist nun aber, wenn man – ganz ohne Beobachtungen der Paare während eines 15-minütigen Streitgesprächs – naiv folgendermaßen prognostizieren würde: Gehen wir einmal davon aus, dass die Testgruppe der 95 Paare repräsentativ für den Anteil an Scheidungen in der Bevölkerung sei, d. h. wir nehmen an, dass sich immer 7,37 % $(7/95 = 7{,}37\,\%)$ der Paare nach der Dauer des Untersuchungszeitraums scheiden lassen und wir die Personen rein zufällig zuordnen. Dann würden wir im Mittel für sieben Paare eine Scheidung vorhersagen und für 88 Paare nicht. Ein typisches Ergebnis dieser Prognose lässt sich der obigen Tabelle entnehmen.

Es lässt sich erkennen, dass wir deutlich mehr Fehler in der Gruppe der Paare, die sich tatsächlich haben scheiden lassen, machen würden. Konkret würden wir mit unserer Prognose nur für ein Paar richtig liegen. Im Gegensatz dazu wäre unsere Prognose in der Gruppe der Paare, die nach dem Prognosezeitraum noch verheiratet wären, deutlich besser, da wir für 82 Paare richtig prognostiziert hätten.

Die Prognosegüte lässt sich erneut berechnen:

Anteil korrekter Prognosen bei naiver Prognose:
(82 + 1)/95 = 87,4 %.

Und es lässt sich erkennen, dass die Prognosegüte exakt die gleiche wäre wie in der wissenschaftlichen Untersuchung, nur dass wir uns gar keine Mühe bei der Prognose machen müssten.

Es geht aber noch besser. Wir könnten ja auch naiv annehmen, dass sich gar kein Paar scheiden lassen würde. Das Ergebnis dieses Ansatzes ist in der nächsten Tabelle dargestellt.

Prognose, wonach sich kein Paar scheiden lässt

	nach Prognosezeitraum	davon	Prognose verheiratet	Prognose geschieden
verheiratet	88		88	7
geschieden	7		0	0

Die Prognosegüte errechnet sich in diesem Fall als:

Anteil korrekter Prognosen bei naiver Prognose:
(88 + 0)/95 = 92,6 %.

Wir stellen also erstaunt fest, dass die Prognosegüte damit sogar noch höher liegt, erneut ohne dass wir die Paare bei einem Streitgespräch beobachtet und mittels komplizierter wissenschaftlicher Ansätze die jeweilige Scheidungswahrscheinlichkeit errechnet haben.

Dieses Phänomen tritt bei sogenannten „unbalancierten Stichproben", also anteilig sehr wenigen Ereignissen (hier: Scheidungen) in der Stichprobe, sehr ausgeprägt auf.

Hochzeitsplanung mit Statistik

Susi und Peter wollen im Sommer heiraten und jetzt wird es höchste Zeit, endlich die Einladungen zu verschicken. Da Susi Lehrerin ist, wird ihre Hochzeit direkt in den Sommerferien stattfinden, sodass sie befürchtet, dass doch einige Gäste absagen werden. Die beiden stehen also vor dem gleichen Problem wie so viele Hochzeitspaare: Wie viele Gäste können sie bloß einladen, damit ihr Festsaal mit 110 Plätzen gut besetzt ist, ohne dass am Ende zu viele Gäste kommen? Susi schlägt vor, erst einmal die Gäste einzuladen, die Ihnen am wichtigsten sind, auf deren Zu- oder Absagen zu warten, und dann weitere Gäste in einer zweiten Runde einzubeziehen. Das hält Peter aber für keine gute Idee: „Du kennst doch Onkel Hartmut und Tante Renate. Wenn die mitbekommen, dass sie ihre Einladungen nur als Nachrücker erhalten haben, dann sind die so schlecht gelaunt, dass sie die ganze Stimmung beim Fest kaputtmachen." Das leuchtet auch Susi ein. Aber wie können sie das Dilemma dann bloß lösen?

Vielleicht können Susi und Peter eine gute Anregung aus Australien aufgreifen. Dort stand vor Kurzem ein Paar vor dem gleichen Problem und hat dies mithilfe der Statistik gelöst: Die beiden haben ihre potenziellen Gäste in vier Kategorien eingeteilt: Solche, die sicher kommen werden – etwa die Eltern – in Kategorie 1, bis zu solchen, bei denen ein Kommen eher unwahrscheinlich ist, in Kategorie 4. Außerdem mussten sie bedenken, dass etwa Ehepaare nicht unabhängig voneinander kommen werden, sondern meist entweder beide oder keiner. Da aber bei jedem Gast das Kommen trotz allem nicht sicher vorhersagbar ist, spielt der Zufall nun eine wichtige Rolle. Das australische Paar hat also so lange Einladungen erstellt, bis – nach ihren Berechnungen unter Einbeziehung der individuellen Kommenswahrscheinlichkeiten – mit höchster Wahrscheinlichkeit zwischen 102 und 113 Gästen kommen würden. Die letzten drei würden sie auch noch unterbringen können. Und tatsächlich kamen am Ende 106 Gäste und die Feier wurde ein voller Erfolg.

Peter ist ganz begeistert von der Idee und macht sich sofort an die Arbeit. Und bei der Erstellung seiner Gruppen kommt ihm eine weitere gute Idee: „Wir sollten in unsere Überlegungen einen „Stress-Faktor" mit einfließen lassen, der erfasst, wie viel Ärger die Gäste bei der Feier machen können. Dann können wir vielleicht wissenschaftlich fundiert auf eine Einladung von Onkel Hartmut und Tante Renate verzichten."

Tatsächlich positiv?

Stellen Sie sich Folgendes vor: Bei einer Routineuntersuchung beim Arzt werden Sie gefragt, ob auch ein Test auf eine bestimmte Krankheit vorgenommen werden soll. Sie fragen den Arzt daraufhin, wie präzise der Test ist. Er antwortet Ihnen, dass – sofern die Krankheit tatsächlich vorliegt – der Test in 9 von 10 Fällen positiv anzeigt. Wenn die Krankheit aber nicht vorliegt, wird der Test nur in jedem zehnten Fall fälschlich ein positives Ergebnis anzeigen, also mit 90 % korrekt ein negatives Ergebnis angeben. Ihnen erscheint der Test als zuverlässig und Sie entscheiden sich für ihn. Tatsächlich erweist sich der Test bei Ihnen als positiv. Sie gehen davon aus, dass Sie mit hoher Sicherheit die Krankheit in sich tragen – eine schlimme Nachricht! Doch muss das tatsächlich so sein?

Eine zur Beurteilung des Tests entscheidende Information ist die Häufigkeit, mit der die untersuchte Krankheit tatsächlich auftritt. Nehmen wir an, die Krankheit tritt mit 1 % Wahrscheinlichkeit auf, welches ein für viele Krankheiten realistischer Wert ist. Dann liegt die Wahrscheinlichkeit, dass Sie diese Krankheit bei positivem Testergebnis tatsächlich in sich tragen, gerade einmal bei 8,3 % – also nur jeder 12. mit positivem Testergebnis ist krank!

Sie können dieses Ergebnis kaum glauben? Es lässt sich leicht nachrechnen: Die Wahrscheinlichkeit, dass die Krankheit vorliegt (1 %) und der Test anschlägt (90 %), beträgt 0,9 %. Die Wahrscheinlichkeit, dass Sie nicht krank sind (99 %) und der Test trotzdem anschlägt (10 %), beträgt 9,9 %. Das heißt, die Wahrscheinlichkeit, dass Sie bei positivem Test krank sind, beträgt 0,9 %/(0,9 % + 9,9 %) = 8,33 %.

Der Grund für dieses Phänomen liegt darin, dass die Krankheit nur bei einem kleinen Teil der Bevölkerung vorliegt. Somit tritt ein falsches Testergebnis viel häufiger bei gesunden als bei kranken Menschen auf. Das Ergebnis „falsch-positiv" wird also sehr häufig angezeigt.

...

Tatsächlich ist das Problem „falsch-positiver" Tests auf Krankheiten weit verbreitet, da viele Krankheiten – zum Glück – relativ selten sind. Ist den getesteten Personen der oben beschriebene Effekt nicht klar, kann dies schlimme Folgen haben. So lässt sich vermuten, dass sich zu Beginn der HIV-Pandemie in den 80er-Jahren mit Einführung der ersten, noch recht unsicheren HIV-Tests viele Menschen das Leben aus Verzweiflung nahmen, da sie einen positives Testergebnis erhielten und Aids damals unheilbar erschien, obwohl sie das HI-Virus gar nicht in sich trugen.

Gerade bei Erkrankungen wie Krebs werden häufig Tests zur Früherkennung eingesetzt, bei denen die beschriebene Problematik auftritt. In Deutschland sind jüngst vor allem Zweifel hinsichtlich des Nutzens zweier Früherkennungsverfahren geäußert worden: Zum einen beim Prostatakrebs-Screening, zum anderen bei der Mammografie zur Brustkrebsfrüherkennung für Frauen.

Beim Prostatakrebs-Screening wurde 2014 in der Fachzeitschrift „The Lancet" eine Studie vorgestellt, bei der mehr als 162.000 Männer aus mehreren Ländern über 13 Jahre per Zufall in eine Screening-Gruppe oder in eine Kontrollgruppe ohne Screening eingeteilt wurden. In der Screening-Gruppe erhielten pro Jahr 95 von 10.000 Männern eine Krebsdiagnose, im Mittel starben 4,3 Männer pro Jahr an Prostatakrebs. In der Kontrollgruppe erhielten nur 62 von 10.000 Männern eine Prostatakrebsdiagnose, im Mittel starben 5,4 an Prostatakrebs. Man könnte nun also schlussfolgern, dass mit Prostatakrebsscreening etwa einer von 10.000 Männern pro Jahr weniger an Prostatakrebs starb, was ohne Frage positiv wäre. Allerdings erhielten in der Screening-Gruppe 33 von 10.000 Teilnehmern zusätzlich eine Krebsdiagnose gegenüber der Kontrollgruppe ohne Screening. Diese Fälle stellen sogenannte Überdiagnosen dar. Die Männer werden häufig unnötig behandelt mit dem Risiko von Nebenwirkungen wie Inkontinenz und Impotenz. Der Verringerung der Todesfälle in der Größenordnung von einem von 10.000 Männern pro Jahr steht also eine erhebliche Anzahl an potenziellen Überbehandlungen durch falsch-positive Prognosen gegenüber.

Beim Brustkrebsscreening sieht es ähnlich aus: Ohne Brustkrebs-Screening sterben im Mittel fünf von 1000 Frauen im Alter von 50 bis 69 Jahren innerhalb von zehn Jahren an Brustkrebs, mit Screening vier Frauen. Hierzu ist anzumerken, dass insgesamt jeweils 21 Frauen überhaupt an Krebs sterben, unabhängig davon, ob sie am Brustkrebs-Screening teilnehmen oder nicht. Die Krebssterblichkeitsrate ist also in beiden Gruppen identisch. Mit Brustkrebs-Screening ist nur die Todesursache eine andere. In der Gruppe mit Brustkrebs-Screening gibt es allerdings wiederum Überdiagnosen mit entsprechenden Behandlungen. So wird fünf von 1000 Frauen unnötig ein Teil des Brustgewebes oder die ganze Brust im Rahmen der anschließenden Behandlung entfernt. Mehr Details und weiterführende Fakten finden sich in den Publikationen von Gerd Gigerenzer auf Basis der Cochrane-Daten für 50- bis 69-jährige Frauen.

Es bleibt also festzuhalten, dass insbesondere bei selten auftretenden Krankheiten ein besonderes Augenmerk auf die Rate der falsch-positiven Diagnosen gelegt werden muss, wenn Früherkennungstests angewandt werden. Es macht also in jedem Fall Sinn, Teilnehmer an Früherkennungsuntersuchungen intensiv über die Vor-, aber insbesondere auch über die Nachteile dieser Tests aufzuklären, damit jeder selbst anhand sachlicher Fakten über die Teilnahme entscheiden kann. Dass dieses in der Praxis nicht immer einfach umzusetzen ist, zeigen zahlreiche Untersuchungen, nach denen auch Ärzte häufig nicht in der Lage sind, die vorhandenen Daten zur Prognosegenauigkeit und den Nutzen der anschließenden Behandlungen korrekt zu interpretieren. Dass Patienten ohne fachlich qualifizierte Beratung über Nutzen und Risiken kaum in der Lage sind, ein objektives Urteil über Früherkennungstests zu fällen, ist in diesem Fall eine logische Folge.

Wie viele Wörter kannte Shakespeare?

Vor etwas mehr als 450 Jahren, am 26. April 1564, wurde William Shakespeare in Stratford-upon-Avon getauft. Jeder kennt den englischen Dramatiker. Seine Werke werden nach wie vor viel gelesen, aufgeführt und verfilmt und sein Leben und Werk werden immer wieder von den unterschiedlichen

Seiten beleuchtet. Einen kleinen Teil dazu kann auch die Statistik beitragen, nämlich bei der Beantwortung der Frage, wie groß der Wortschatz Shakespeares wohl war. Dabei ist es nicht schwer – wenn auch sicher zeitaufwendig – herauszufinden, wie viele Wörter Shakespeare in seinen Schriften verwendet hat. Man hat dies tatsächlich mit einer genauen Recherche festgestellt und kommt auf die beeindruckende Zahl von 31.534 unterschiedlichen Wörtern. Man kann aber davon ausgehen, dass sein Wortschatz noch deutlich größer war, da er ja sicherlich nicht alle ihm bekannten Wörter auch in den schriftlichen Überlieferungen verwendet hat.

Die genaue Größe des Wortschatzes lässt sich also nicht mehr exakt bestimmen. Die Statistik bietet aber durchaus Möglichkeiten, um diese Anzahl verlässlich zu schätzen. Die Statistiker Bradley Efron und Ronald Thisted haben sich dieses Problems angenommen und sind dabei im Prinzip wie folgt vorgegangen: Sie haben in einem ersten Schritt untersucht, wie häufig die insgesamt 31.534 Wörter in den Werken in welcher Anzahl auftreten. So wurden gut 14.000 nur einmal verwendet, gut 4000 zweimal usw. Zur Bestimmung des Gesamtwortschatzes haben die Statistiker dann ein Gedankenexperiment durchgespielt: Wenn Shakespeare sein Werk mit anderem Inhalt noch einmal schreiben würde, dann würde er sicher wieder viele der Wörter wie oben nutzen, aber man kann – unter Benutzung eines komplizierten statistischen Verfahrens – ausrechnen, wie viele neue man dabei erwarten könnte. Zu den 31.534 Wörtern aus seinem Werk kommen so – rein rechnerisch – 11.430 Wörter hinzu. Macht man dies ein weiteres Mal, so erhält man wieder Wörter, die bis dahin nicht aufgetaucht waren, wenn auch weniger als zuvor. Dies kann man dann derart immer weiter fortsetzen und am Ende dieses Ge-

dankenexperiments wird der virtuelle Shakespeare alle ihm bekannten Wörter benutzt haben. Die Statistiker kommen so auf eine geschätzte Anzahl von 66.534 Wörtern. Dies ist natürlich eine sehr hypothetische Rechnung, die von vielen Annahmen abhängt. Aber in der Tat ließen sich die Vorhersagen später anhand von wiederentdeckten Shakespeare-Gedichten, die in die Wortschatzzählung bis dahin nicht eingeflossen waren, prüfen und sie trafen sehr gut zu.

Statistische Phänomene

Die Anwendung von Statistik ist häufig diffizil und man kann in viele unterschiedliche Fallen tappen. Umso wichtiger ist es, einige Grundphänomene, welche immer wieder auftreten, gut verinnerlicht zu haben. In diesem Kapitel werden, wie immer knapp verpackt, einige der wichtigsten dieser Phänomene dargestellt.

Bringen die Störche die Kinder?

Ein Ziel der Statistik ist es, in Datensätzen Zusammenhänge zwischen einzelnen Größen aufzudecken. Dieses kann unter anderem mittels sogenannter Korrelationsmessungen geschehen. Dabei wird berechnet, wie stark der Zusammenhang zwischen zwei Größen ist und ob sich die Größen systematisch positiv oder negativ zueinander verhalten. So weit, so gut. Allerdings sollte man bei der Interpretation derartiger Berechnungen Vorsicht walten lassen, wie folgendes Beispiel verdeutlicht:

Wenn über die vergangenen Jahrzehnte die Anzahl der Störche und die Anzahl der geborenen Kinder mittels der Korrelationsmessung analysiert werden, zeigen beide Entwicklungen einen engen statistischen Zusammenhang: Beide Größen sind über die Zeit zurückgegangen. Gleiches gilt, wenn für verschie-

dene Regionen zu einem Zeitpunkt die Anzahl der Störche und die Geburtenraten untersucht werden. In Regionen mit hoher Storchendichte werden auch überproportional viele Kinder geboren. Auf den ersten Blick scheint der Zusammenhang statistisch also klar: Die Kinder werden von den Störchen gebracht (oder bringen vielleicht die Kinder die Störche?).

Die Beispiele zeigen offenkundig, dass von einer statistischen Korrelation nicht einfach auf einen inhaltlichen Zusammenhang geschlossen werden darf. Schnell lassen sich auch Erklärungen für die gefundenen statistischen Zusammenhänge finden. So wird die Storchenanzahl über die Zeit genau wie die Anzahl der Geburten durch gesellschaftliche und ökologische Veränderungen gesunken sein. Und die Regionen mit geringerer Storchendichte sind eher urban geprägt, welches die geringere Anzahl der Geburten erklärt. Beide Zusammenhänge sind wenig erstaunlich und weisen darauf hin, dass es sich um Scheinkorrelationen handelt. Sie zeigen, dass bei der Berechnung von Zusammenhängen zwischen zwei Größen immer inhaltlich überprüft werden muss, ob diese sich nicht durch zufällige Effekte oder durch weitere Einflussgrößen erklären lassen. Der statistische Zusammenhang darf also nicht einfach als kausal interpretiert werden, sondern muss inhaltlich kritisch überprüft werden.

...

Auch wenn das Beispiel mit den Störchen als Klassiker der Statistik gilt, wird dieser Fehler doch immer wieder in wissenschaftlichen Untersuchungen gemacht. Dabei muss man zwei Ursachen von statistischen Korrelationen unterscheiden: Zum einen wird man immer zufällige statistische

Zusammenhänge finden, wenn nur genügend Sachverhalte gegeneinander abgetragen werden. Besonders skurrile Beispiele von Korrelationen über die Zeit hat dabei Tyler Vigen zusammengetragen (www.tylergiven.com): Selbstmorde sind danach mit Wissenschaftsausgaben korreliert, genauso wie die Anzahl an Personen, die beim Fischen ertrunken sind, und die Heiratsquote in Kentucky.

Das Storchbeispiel zeigt aber auch die zweite Ursache von statistischen Korrelationen. So beeinflussen häufig dritte Sachverhalte den statistischen Zusammenhang zwischen zwei untersuchten Merkmalen. Auch dabei kommen vielfach kuriose Ergebnisse zustande, die dann gerne von den Medien in der Berichterstattung aufgegriffen werden, wie auch die folgende Kolumne offensichtlich zeigt.

Mit Schokolade zum Nobelpreis

Im Rahmen der Nobelpreisverleihungen 2012 wurde in vielen Medien über einen kuriosen Zusammenhang berichtet: Je mehr Schokolade in einem Land verzehrt wird, desto häufiger vergibt das Nobelkomitee einen Preis in dieses Land. Das legt zumindest eine wissenschaftliche Arbeit nahe, die kürzlich im renommierten „New England Journal of Medicine" veröffentlicht wurde. Dort wurde der statistische Zusammenhang zwischen dem Schokoladenkonsum pro Kopf und der Anzahl der Nobelpreisträger je 10 Mio. Einwohnern in 23 Ländern untersucht. Und in der Tat stellt sich heraus, dass diese bei-

den Größen stark korrelieren. So wurden beispielsweise in die Schweiz mit einem Pro-Kopf-Konsum von etwa 12 kg Schokolade pro Jahr über 30 Nobelpreise je 10 Mio. Einwohner vergeben, wohingegen das benachbarte Italien mit 4 kg pro Jahr sich mit gut drei Nobelpreisen je 10 Mio. Einwohner zufrieden-geben musste.

Beim Lesen dieser Zahlen ist man sofort versucht, einen kausalen Zusammenhang zu erkennen: Wenn wir hier nur genügend Schokolade verteilen, dann werden schon bald viele kleine (wenn wohl auch etwas dickliche) Einsteins aus Deutschland zu erwarten sein. Dies ist aber ein häufig auftretender Fehlschluss: Mit Statistik allein kann man nie eine Ursache-Wirkungs-Beziehung ergründen. Man weiß nicht, ob der Schokoladenkonsum der Grund für viele Nobelpreise ist oder ob umgekehrt viele Nobelpreise die Menschen zu mehr Schokoladenkonsum animieren oder ob es nur einen indirekten Zusammenhang gibt. Einer Erklärung kommt man oft dadurch näher, dass man weitere Größen hinzuzieht. Betrachten wir z. B. das Pro-Kopf-Einkommen. Man kann sich gut vorstellen, dass dieses Auswirkungen auf das Bildungssystem und damit auf die Anzahl der Nobelpreisträger hat. Auch statistisch stellt man fest: Je höher das Pro-Kopf-Einkommen, desto höher ist auch die Anzahl der Nobelpreise. Andererseits sieht man aber auch: Je höher das Pro-Kopf-Einkommen, desto höher ist auch der Schokoladenkonsum, sicherlich ebenfalls eine wenig überraschende Feststellung. Trotz der Erkenntnis, dass Schokolade die Wahrscheinlichkeit eines Nobelpreisgewinns vermutlich ähnlich stark befördert wie teure Flachbildschirme oder Luxusautos, verzehren die Autoren dieser Kolumne beim Schreiben der letzten Zeilen den Rest der nun leeren Großpackung Schokolade in der Hoffnung auf einen Anruf aus Stockholm im kommenden Jahr.

...

Die drei folgenden Abbildungen verdeutlichen die genannten statistischen Zusammenhänge: Wie beschrieben gibt es tatsächlich mehr Nobelpreise, wenn der Schokoladenkonsum in einem Land höher ist. Auf der anderen Seite gibt es Länder mit höherem Einkommen, die – nachvollziehbarerweise – tendenziell auch einen höheren Schokoladenkonsum aufweisen. Außerdem gibt es bei höherem Einkommen auch mehr Nobelpreise, welches sich vor allem durch einen höheren Entwicklungsstand der Länder erklären dürfte. Wir haben für die untenste-

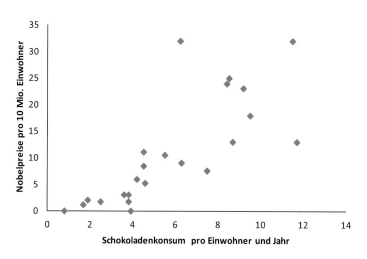

Schokoladenkonsum und Anzahl der Nobelpreise pro Land

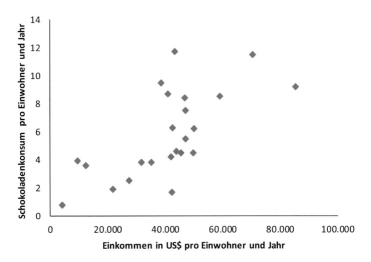

Einkommen und Schokoladenkonsum pro Land

henden Abbildungen zur Vereinfachung nur das aktuelle Einkommen pro Kopf verwendet. Da sich die vergebenen Nobelpreise vor allem auf wissenschaftliche Leistungen der Vergangenheit stützen, hätte man auch historische Daten einbeziehen können. Dies ändert aber im Wesentlichen nichts an den Ergebnissen. Der gefundene statistische Zusammenhang zwischen dem Schokoladenkonsum und der Anzahl der Nobelpreise dürfte sich also vermutlich schlicht darüber erklären, dass reichere Länder auch einen höheren Entwicklungsstand im Bildungs- und Wissenschaftsbereich aufweisen und sich gleichzeitig in reicheren Ländern die Einwohner leichter Schokolade als Genussmittel leisten können.

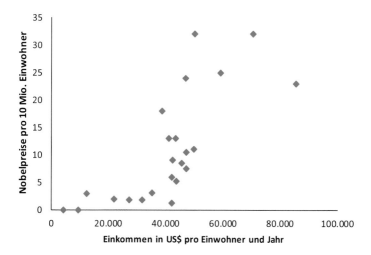

Einkommen und Anzahl der Nobelpreise pro Land

Die folgende Kolumne beschäftigt sich mit der zweiten Krux der statistischen Korrelation: Selbst wenn der statistisch gemessene Zusammenhang auch inhaltlich plausibel erscheint, ist man häufig zu schnell in der Interpretation hinsichtlich einer klaren Wirkungsrichtung.

Huhn oder Ei?

*„Huhn oder Ei – was war zuerst?". Diese eher scherzhaft ge-
stellte Frage kann auch auf viele statistische Fragestellungen
übertragen werden, wenn nicht klar ist, ob ein Effekt durch
einen anderen ausgelöst wurde oder umgekehrt. So wurden vor
einiger Zeit in einem Nachrichtenmagazin die Jugendarbeitslosigkeit und der Anteil der Schulabbrecher in einer Deutsch-
landkarte dargestellt. Dabei ging klar erkennbar eine hohe regionale Schulabbrecherquote mit einer hohen Jugendarbeitslosigkeit einher. Besonders problematisch stellt sich die Situation
in strukturschwachen Regionen Ostdeutschlands dar. Die Autoren des Artikels zogen mit ihrer Überschrift „Ohne Abschluss
kein Job" auch gleich den Schluss, dass Jugendlicher ohne Schulabschluss mit hoher Wahrscheinlichkeit arbeitslos werden. Aber
ist die Welt so einfach?*

*Klar ist, dass statistisch ein positiver Zusammenhang vor-
liegt. Nur kann mit einfachen statistischen Mitteln nicht ermittelt werden, ob eine hohe Schulabbrecherquote zu hoher
Arbeitslosigkeit führt oder umgekehrt. Plausibel erscheint, dass
Jugendliche ohne Schulabschluss kaum Chancen auf dem Arbeitsmarkt haben. Aber auch gegenläufige Erklärungen scheinen denkbar.*

*So weisen die strukturschwachen Regionen ein viel geringe-
res Angebot an Ausbildungsplätzen auf. Möglicherweise man-
gelt es einzelnen Schülern also an der Motivation, überhaupt
einen niedrigen oder schlechten Schulabschluss zu machen, mit
dem sie sowieso kaum Chancen auf eine Ausbildung haben.
Gleichzeitig treten in strukturschwachen Regionen häufig massive Abwanderungen von Qualifizierten auf. Und wenn quali-*

fizierte Erwachsene die Region verlassen, verlassen gleichzeitig auch Kinder, die häufig höhere Schulabschlüsse anstreben, die Region. Und tatsächlich liegt der Anteil der Gymnasiasten in diesen Regionen weit unter dem Durchschnitt. Wenn aber weniger Gymnasiasten in einer Region leben, steigt automatisch der Anteil der Schulabbrecher an allen Schülern.

Die beiden Erklärungsansätze zeigen, dass mindestens zum Teil eine hohe Jugendarbeitslosigkeit auch eine hohe Schulabbrecherquote erklären kann und somit Jugendliche in strukturschwachen Regionen nicht vorschnell alleine für ihre Misere verantwortlich gemacht werden können.

…

Ähnliche vorschnelle Interpretationen finden sich häufig in medialer Berichterstattung von wissenschaftlichen Ergebnissen. So fand eine Studie aus dem „British Medical Journal" einen negativen Zusammenhang zwischen der Nutzung des Öffentlichen Personennahverkehrs und dem Übergewicht: Wer mit dem Auto statt Bus und Bahn zur Arbeit pendelt, ist eher übergewichtig. Die Autoren interpretierten dies dahingehend, dass die zusätzliche Bewegung beim Gang zum Bus bzw. zur Bahn dem Übergewicht vorbeugt. Diese durchaus plausible Erklärung lässt sich den Daten aber so einfach nicht entnehmen. Es könnte ja auch sein, dass übergewichtige Personen die Bewegung bei der Benutzung von Bus und Bahn bewusst meiden, da sie als anstrengender empfunden wird. Die Interpretation wäre dann: „Übergewichtige nutzen seltener Bus und Bahn".

Ein weiteres statistisches Phänomen, bei dem man intuitiv leicht daneben liegt, ist das sogenannte harmonische Mittel. Stellen Sie sich folgende Frage: „Sie fahren mit dem Auto 100 km mit 100 km/h und weitere 100 km mit 50 km/h. Wie hoch liegt Ihre Durchschnittsgeschwindigkeit?" Die Antwort scheint trivial, allerdings nur auf den ersten Blick, wie die folgende Kolumne verdeutlicht.

Ein strittiges Wegfliegen

Die Freunde Peter und Harry, beide in Vorbereitung auf den bevorstehenden Ruhestand, planen, sich – neben ihrer gemeinsamen Leidenschaft, der Bienenzucht – auch weiteren Hobbys zuzuwenden und haben mit der Taubenzucht begonnen. Nun wollen sie im Rahmen eines Wettfliegens ausloten, wessen Brieftaube schneller ist. Die Flugstrecke soll 200 km betragen. Peter schlägt vor, die Durchschnittsgeschwindigkeit beider Tauben zu messen, um diese hinterher zu vergleichen. Gesagt, getan. Harrys Taube fliegt die gesamte Strecke mit 75 km/h. Peters Taube hingegen fliegt die ersten 100 km mit beachtlichen 100 km/h, muss dann aber kurz zum Futterfassen landen, um danach – mit gut gefülltem Magen – die zweiten 100 km nur noch mit 50 km/h zurückzulegen. Peter behauptet nun, dass seine Taube genauso schnell wie Harrys Taube gewesen sei. Harry hingegen zweifelt das Ergebnis an und sieht seine Taube als Gewinnerin. Wer hat Recht?

Hilfreich bei der Bewertung des Wettfliegens ist es, sich die Flugdauer beider Tauben anzusehen: Harrys Taube hat auf 200 km eine Geschwindigkeit von 75 km/h geschafft und benötigte somit 2 h und 40 min. Peters Taube ist die ersten 100 km mit 100 km/h geflogen, sodass sie 1 h benötigte. Die zweiten 100 km schaffte seine Taube mit 50 km/h, sodass sie 2 h geflogen ist. Zusammen, so stellt Peter mit Schrecken fest, war seine Taube also 3 h unterwegs, also 20 min länger als Harrys Taube!

Diese Berechnung der Gesamtflugzeit ist in der Statistik unter dem Begriff des harmonischen Mittels bekannt, das für die Durchschnittsberechnung von Größen, die als Verhältnisse gemessen werden (z. B. km/h), Anwendung findet. Entgegen der spontanen Überlegung, wonach man einfach die Durchschnittsgeschwindigkeit über die einzelnen Teilabschnitte mitteln kann, müssen in diesem Fall die Teilgeschwindigkeiten mit der benötigten Zeit der einzelnen Abschnitte gewichtet werden. Im Beispiel ist Peters Taube 1 h mit 100 km/h und 2 h mit 50 km/h geflogen, sodass der langsamer geflogene Abschnitt doppelt ins Gewicht fällt. Die Durchschnittsgeschwindigkeit von Peters Taube lag also nur bei 66,6 km/h.

Zum Glück muss Peter sich nicht groß darüber grämen, dass seine Taube das Wettfliegen verloren hat, denn als Wetteinsatz war ein gemeinsames Labskausessen ausgemacht worden, das beide sehr schätzen.

…

Sollten Sie die einleitende Frage falsch beantwortet haben, so sind Sie in bester Gesellschaft. Auch Albert Einstein soll von folgender Frage von Max Wertheimer hinters Licht geführt worden sein: „Ein altes klappriges Auto soll einen Weg von 2 Meilen fahren, einen Hügel hinauf und hinunter. Die erste Meile – den Anstieg – kann's, weil's so alt ist, nicht rascher fahren als mit der Durchschnittsgeschwindigkeit von 15 Meilen pro Stunde. Frage: Wie rasch muss es die zweite Meile laufen – beim Herunterfahren kann's natürlich rascher vorwärtskommen –, um eine Gesamtgeschwindigkeit (für den Gesamtweg) von 30 Meilen pro Stunde zu erzielen?" Und, könnten Sie Herrn Einstein helfen? Soviel sei verraten: Sie werden ein solches Auto noch nicht gesehen haben …

Das Gesetz der großen Zahlen

In dieser Kolumne möchten wir ein Jubiläum feiern: Das „Gesetz der großen Zahlen" wurde im Jahr 2013 ganze 300 Jahre alt, herzlichen Glückwunsch! Wir vermuten, dass Sie daran bisher noch gar nicht gedacht haben, da Sie von dem Jubilar noch nie gehört haben. Dass Sie ihn aber gut kennen und er Ihnen im Alltag oft begegnet, das möchten wir Ihnen anhand des folgenden Beispiels vor Augen führen:

Nehmen wir das typische Roulettespiel mit 37 Feldern (1, 2, …, 36 und die Null), von denen 18 rot sind. Die Wahrscheinlichkeit, dass die Kugel bei einem Spiel auf einem roten Feld landet, beträgt also 18/37, d. h. ungefähr 48,6 %. Spielt man nun viele Runden und beobachtet, wie oft die Ku-

gel tatsächlich auf Rot gefallen ist, dann vermutet jeder aus der Alltagserfahrung heraus, dass sich diese relative Häufigkeit der theoretischen Wahrscheinlichkeit von 18/37 annähern wird. Diese aus heutiger Sicht einfache Regel wird als „Gesetz der großen Zahlen" bezeichnet. Aber gilt das Gesetz auch wirklich immer? Die Antwort lautet: Ja, man kann dieses Gesetz tatsächlich mathematisch beweisen. Und das gelang erstmals vor genau 300 Jahren in dem Buch Ars Conjectandi (Die Kunst des Vermutens) dem Baseler Mathematiker Jakob Bernoulli. Das „Gesetz der großen Zahlen", unser Jubilar, ist aber eigentlich sogar noch etwas älter, denn Jakob Bernoulli starb schon 8 Jahre vor Veröffentlichung seines Werks: Die Veröffentlichung von Büchern, die für Glücksspiele genutzt werden konnten, war damals nicht ganz unproblematisch.

Gerade für Glücksspieler sei an dieser Stelle aber auch eine Warnung ausgesprochen, denn auch heute noch wird unser Jubilar oft missverstanden: Ist etwa in unserem Roulettebeispiel in den ersten Spielen zufällig nur selten Rot gefallen, so sagt das „Gesetz der großen Zahlen" nicht, dass nun in den nächsten Würfen häufiger Rot fallen wird. Die Kugel merkt sich ja nicht, wo sie vorher gelandet ist. Das Gesetz der großen Zahlen sagt lediglich, dass bei vielen Spielen das Verhältnis „Abstand zum theoretischen Wert/Anzahl der Spiele" klein wird, was aber natürlich auch dadurch geschieht, dass einfach die Anzahl der Spiele groß wird. Das Gesetz der großen Zahlen sorgt also nicht direkt für eine ausgleichende Gerechtigkeit oder gar ein vorhersagbaren Verhalten der Kugel.

Trotzdem hoffen wir, dass Ihnen nach dem Lesen dieser Zeilen das Geburtstagskind im Gedächtnis bleibt und gratulieren noch einmal ganz herzlich.

...

Tatsächlich tritt der im unteren Teil der Kolumne beschriebene Effekt, dass Spieler im Casino häufig intuitiv vergessen, dass die Kugel kein Gedächtnis hat, immer wieder auf. Ist zum Beispiel eine lange Serie mit nur einer Farbe gefallen, denken viele Spieler, das nun doch wohl bei den nächsten Runden mit hoher Wahrscheinlichkeit die andere Farbe fallen müsse. So wird aus Monte Carlo berichtet, dass sich am 18. August 1913 nach knapp 20-facher Landung der Roulettekugel auf Schwarz die Gäste am betreffenden Spieltisch versammelten und sich gegenseitig darin überboten, hohe Summen auf Rot zu setzen. Sie gingen schlicht davon aus, dass diese ungewöhnliche Serie nicht noch länger anhalten könnte. Tatsächlich fiel erst in der 27. Runde Rot. Zu diesem Zeitpunkt hatten die meisten Gäste in den vorherigen Runden ihr gesamtes Geld verspielt und einziger Gewinner an diesem Abend war das Spielcasino.

Das Gesetz der kleinen Zahl

Der Nobelpreisträger Daniel Kahneman beschreibt in seinem Buch „Schnelles Denken, langsames Denken" folgenden auf den ersten Blick erstaunlichen Befund zur Häufigkeit von Nierenkrebs in den Landkreisen der Vereinigten Staaten: Die Landkreise mit der niedrigsten Krebshäufigkeit je Einwohner liegen überwiegend in den ländlichen, dünn besiedelten Bundesstaaten im Süd-Westen der USA. Man stellt sich sofort die Frage, was die Ursache dafür sein könnte. Auf der Hand zu liegen scheint die Begründung, dass die Umweltbelastung in ländlichen Regionen niedriger ist und somit auch die Wahrscheinlichkeit für Nierenkrebs.

Dass diese Überlegung möglicherweise vorschnell ist, wird offensichtlich, wenn man zusätzlich speziell die Landkreise betrachtet, die eine besonders hohe Nierenkrebshäufigkeit je Einwohner aufweisen. Diese liegen nämlich ebenfalls überwiegend in den ländlichen, dünn besiedelten Bundesstaaten im Süd-Westen der Vereinigten Staaten.

Wenn Sie sich nun fragen, wie das sein kann, so ist Ihre intuitive Verwirrung verständlich. Der Grund für dieses Phänomen liegt in der Statistik der Berechnung der Kennzahl. Da Nierenkrebs – zum Glück – keine häufige Krankheit ist, sind die absoluten Zahlen je Landkreis gering. Und speziell in den Landkreisen mit wenigen Einwohnern schwankt die Häufigkeit von Nierenkrebs je Einwohner somit extrem stark, da der Zufall eine viel stärkere Rolle spielt als in großen Landkreisen mit vielen Einwohnern. Somit weisen kleinere Landkreise mit wenigen Einwohnern zufallsbedingt sowohl besonders hohe als auch besonders niedrige Häufigkeiten von Nierenkrebs je Einwohner auf. Nach dem in der vorigen Kolumne beschriebenen Gesetz der großen Zahlen „mittelt" sich das Phänomen in großen Landkreisen hingegen heraus, wie man umgangssprachlich sagt, und die Häufigkeit von Nierenkrebs wird mit höherer Wahrscheinlichkeit nahe beim Durchschnitt in den USA insgesamt liegen.

Dieses Phänomen basiert auf dem in der Statistik bekannten „Gesetz der kleinen Zahl". Und es zeigt eindrucksvoll, dass

*immer dann Vorsicht angebracht ist, wenn gerade in kleinen
Einheiten besondere Auffälligkeiten zu beobachten sind.*

Die Macht des Verborgenen

*Manchmal ist das, was einem verborgen bleibt, wichtiger als
das, was man zu Gesicht bekommt. Wie wahr dieser Ausspruch
auch in der Statistik sein kann, zeigt das Beispiel des amerikanischen Statistikers Abraham Wald. Dieser war im Zweiten Weltkrieg als statistischer Berater für die alliierten Truppen
tätig und bearbeitete dabei sehr viele unterschiedliche Fragestellungen. Unter anderem wurde er zu Rate gezogen, als die
Britische Luftwaffe die Panzerung ihrer Flugzeuge verbessern
wollte. Wegen des hohen Gewichts war es dabei nicht möglich,
alle Teile der Flugzeuge mit dicken Panzerplatten auszustatten,
sondern man musste sich auf die wichtigsten Bereiche konzen-
trieren. Um diese zu identifizieren, wurde Wald eine Statistik
vorgelegt, die angab, welche Teile der heimkehrenden Flugzeuge wie oft durch Kugeln von Flugabwehrgeschützen getroffen
worden waren.*

*Nach einer gründlichen Analyse entschied Abraham Wald
sich dafür, die Teile des Flugzeugs mit einer verstärkten Panzerung auszustatten, die in der Vergangenheit nahezu keine
Einschusslöcher aufwiesen. Dies wirkt im ersten Moment kon-
traintuitiv, erklärt sich aber wie folgt: Ihm standen nur die Daten der heimkehrenden Flugzeuge zur Verfügung, nicht aber die
der Maschinen, die aufgrund eines Beschusses abgestürzt wa-*

ren. Kamen also viele heimkehrende Flugzeuge mit Einschusslöchern am Heck zurück, hieß das, dass diese den Beschuss überstanden hatten. Da Wald umgekehrt kaum Einschusslöcher in den Flügelmitten fand, schloss er daraus nicht etwa, dass die Deutsche Luftwaffe diesen Bereich nicht traf. Viel plausibler war, dass die in der Flügelmitte getroffenen Maschinen abgestürzt waren und deshalb gar nicht mehr in der Statistik erfasst werden konnten. Als Grundannahme unterstellte Wald bei seinen Berechnungen, dass die Flugabwehrgeschütze das Flugzeug an zufälligen Stellen trafen, was sicherlich plausibel ist. Wald zog den wesentlichen Teil seiner Erkenntnisse also gerade aus dem, was er nicht sah, und war so in diesem Projekt sehr erfolgreich.

...

Vor dem Hintergrund dieser Kolumne ist es besonders bestürzend, dass Abraham Wald sein Leben gerade durch ein Flugzeug verlor: Er starb im Jahr 1950 in Alter von 48 Jahren bei einem Flugzeugabsturz auf dem Weg zu einer Vorlesung in Indien. Er gilt heute als einer der bedeutendsten Statistiker überhaupt.

Die vorangegangene Kolumne ist ein Beispiel für die Anwendung statistischer Methoden, um bei vergangenen kriegerischen Auseinandersetzungen Informationen zum eigenen Vorteil zu generieren. Ein zweites Beispiel beschäftigt sich mit erbeutetem Kriegsgerät und zeigt auch friedliche Anwendungen auf.

Von Panzern, iPhones und Statistik

Im Zweiten Weltkrieg spielten Informationen über die militärische Stärke des Gegners eine entscheidende Rolle. So sahen sich im Jahr 1942 die Alliierten der Frage ausgesetzt, wie viele Panzer die deutsche Rüstungsindustrie hergestellt hatte. Da der Geheimdienst keine verlässlichen Informationen liefern konnte, wurden Statistiker mit der Untersuchung der Frage beauftragt. Und tatsächlich konnten sie die Frage ziemlich zuverlässig beantworten. Wie konnte dieses gelingen?

Konkret hatten die Alliierten einzelne Panzer im Kampf erbeutet und konnten an diesen die Seriennummern ablesen. Anhand der Formel „Größte Seriennummer + mittlere Lücke zwischen zwei Beobachtungen" konnte nun geschätzt werden, wie viele Panzer in etwa gebaut wurden. Stellen wir uns vor, es standen fünf Panzer mit den Seriennummern 23, 61, 114, 121 und 180 zur Verfügung, so konnte die Gesamtanzahl an Panzern als 180 + 35, also etwa 215, berechnet werden. Nur woher kam die Formel und wie sollte die mittlere Lücke geschätzt werden? Stellen wir uns eine Lostrommel mit 11 Kugeln, nummeriert von 1 bis 11, vor. Wenn nun drei Kugeln hieraus zufällig gezogen werden und die Kugel mit der größten Nummer die 9 aufweist, dann ist klar, dass die durchschnittliche zu erwartende Lücke zwischen zwei Kugeln gerade 2 entspricht. Zur größten Kugelnummer 9 sollten also zwei Lücken nach oben ergänzt werden, sodass geschätzt 9 + 2 = 11 Kugeln in der Lostrommel vorhanden sind. Also eine ganz gute Schät-

zung für unser Lostrommelbeispiel. Dabei ist die Schätzung umso besser, je mehr Nummern zur Verfügung stehen. Nach dem Krieg konnten die tatsächlichen Panzerproduktionszahlen ermittelt werden und es stellte sich heraus, dass diese relativ präzise mit den statistisch geschätzten Panzerzahlen übereinstimmten.

Nun ist der Zweite Weltkrieg zum Glück lange vorbei, doch auch heute werden häufig Produktionszahlen zu Gütern nicht bekannt gegeben. So lag im Jahr 2008 keine Anzahl der verkauften iPhones 3G vor. Mittels des Internets gab es einen Aufruf, die IMEI-Nummern von iPhones 3G zu posten. Anhand der beschriebenen Formel wurde errechnet, dass Apple schon mehr als neun Millionen iPhones 3G verkauft haben musste. Sofern es also fortlaufende Seriennummern in Geräten gibt, kann die Statistik mit einfachen Mitteln helfen, zu berechnen, wie viele Geräte schon hergestellt wurden, auch wenn der Hersteller diese Angaben lieber unter Verschluss halten möchte.

Liebe per Statistik?

Tim und Gunnar haben ihr Studium bisher in Windeseile durchlaufen und wollen in drei Semestern ihren Abschluss machen. Allerdings ist dabei das Thema Liebe auf der Strecke geblieben. Nun beschließen sie, die verbleibende Zeit auch für die Suche nach ihrer Traumfrau zu nutzen. Gunnar hat dabei ein ganz einfaches Rezept: „Ich muss mich einfach Hals über Kopf in eine Frau verlieben!" Tim hingegen möchte das Unterfan-

gen eher systematisch angehen. Er hat in der Statistikvorlesung von dem „Problem der besten Wahl" gehört und möchte diesen Ansatz nun erfolgreich anwenden.

Doch was verbirgt sich hinter diesem Ansatz, der auch unter dem Namen „Heiratsproblem" oder „Sekretärinnenproblem" firmiert? – Die Idee besagt, dass es eine optimale Strategie für Tim gibt, um die ideale Partnerin auszuwählen, sofern vorher bekannt ist, wie viele Partnerinnen er in einem bestimmten Zeitraum kennenlernen wird und wenn die Reihenfolge der Partnerinnen rein zufällig ist. Da Tim im Studium vielen Frauen begegnet, geht er davon aus, eine Frau pro Woche näher kennenzulernen. Die mathematische Strategie zur Lösung des Heiratsproblems lautet nun, er solle gut ein Drittel der Gesamtzeit, also das erste seiner drei verbleibenden Semester, abwarten und alle Frauen, die er kennenlernt, für sich bewerten, sich aber keinesfalls auf eine Beziehung einlassen. Anschließend, ab Beginn des 2. Semesters, soll er versuchen, die erste Frau für sich zu gewinnen, die er höher bewerten würde als alle Kandidatinnen aus dem ersten Drittel. Diese Strategie sollte rein mathematisch dazu führen, dass er mit größter Wahrscheinlichkeit die für ihn beste Frau auswählen wird.

Gesagt, getan, machen sich Tim und Gunnar auf die Suche nach ihrer Traumfrau, jeder nach seiner Strategie. Nach Ablauf der drei Semester ist allerdings nur Gunnar schwer verliebt. Tim ist weiterhin solo und deprimiert. Gunnar bringt das Versagen von Tims Strategie auf den Punkt: „Bei dir hat jede Frau gemerkt, dass du ständig darüber nachgegrübelt hast, wie sie von dir bewertet werden sollte, um die optimale Strategie zu realisieren. So richtig gut ist das nicht wirklich angekommen. Aber vielleicht schaffst du es ja, bei unserem Polterabend aus-

gelassen genug zu feiern, um deine Strategie zu vergessen, und du lernst dann deine Traumfrau kennen."

So hat die genannte Strategie sicher ihre Berechtigung, ist aber vielleicht besser für Situationen geeignet, bei denen Emotionen keine große Rolle spielen.

Julklapp

Weihnachtszeit ist Julklappzeit, so auch in der Skatrunde und in der Firma von Jutta. Und sie ist jeweils dazu auserwählt, dies zu organisieren. Eigentlich ist das kein Problem, denn Jutta organisiert solche Ereignisse gern: Sie fordert jeden rechtzeitig auf, anonym ein Geschenk zu packen, beschriftet jedes mit einer Nummer und schreibt die Nummern auf kleine Lose, die dann gezogen werden müssen. Aber beim Erstellen der Lose wird Jutta unsicher: Kann es realistisch passieren, dass jemand sein eigenes Geschenk zieht? Da dies beim Julklapp nicht gewünscht ist, macht Jutta sich Gedanken, ob dies eigentlich häufig passiert oder doch eher die Ausnahme ist.

Das hängt natürlich von der Gruppengröße ab, also fängt Jutta an zu rechnen. Für wenige Teilnehmer kann Jutta das noch im Kopf: Wäre einer der Teilnehmer ihrer Skatrunde krank, so sind sie nur zu zweit und die Wahrscheinlichkeit, dass einer – und damit gleich beide – das eigene Geschenk bekommen, beträgt 1/2. Aber dann ist Julklapp ja auch offensichtlich sehr langweilig. Aber schon bei drei Teilnehmern ist es nicht mehr so einfach: Dort können die drei Teilnehmer die

Geschenknummern in folgenden Reihenfolgen ziehen: 1, 2, 3 (dann bekommen alle drei ihr eigenes Geschenk), 1, 3, 2 oder 3, 2, 1 oder 2, 1, 3 (dann bekommt jeweils einer sein eigenes) oder 2, 3, 1 oder 3, 1, 2 (dann ist alles gut). In vier von sechs Fällen bekommt also mindestens einer sein eigenes Geschenk. Aber was ist in der Firma? Da nehmen schließlich sehr viele Kollegen teil. Für jeden einzelnen ist die Wahrscheinlichkeit, das eigene Geschenk zu bekommen, also nicht groß, aber dafür gibt es auch viele potenzielle Pechvögel. Jutta fängt erst einmal mit vier Teilnehmern an und findet durch Abzählen heraus, dass bei 15 von 24 möglichen Verteilungen mindestens einer sein eigenes Geschenk zieht. Bei zwei Teilnehmern ist die Wahrscheinlichkeit also 1/2 = 50 %, bei dreien 4/6 = 67 % und bei vieren 15/24 = 62,5 %. Aber für die über 30 Kollegen in ihrer Firma scheint ihr die Rechnung zu kompliziert. Sie ruft ihren Neffen an, der Statistiker ist. Er erzählt ihr, dass sich die Wahrscheinlichkeit, die sie für vier Teilnehmer ausgerechnet hat, bei mehr Teilnehmern nur noch wenig ändert. Bei vielen Teilnehmern beträgt diese stets gut 63 %. Das ist Jutta dann eindeutig zu viel: Bei knapp zwei von drei Feiern geht einer traurig nach Hause. Also macht Jutta sich doch noch einmal Gedanken, wie sie das nachträgliche Tauschen von Geschenken organisiert.

Regression zur Mitte

Paul und Fritz sind große Fußballfans. Jedes Wochenende verfolgen sie gebannt die Spiele ihres Lieblingsclubs und in der Woche stehen sie neben dem Trainingsplatz, beobachten genau das Geschehen und fachsimpeln über die Taktik und die Trainingsmethoden. Heute werden Freistöße geübt und vom Trainer kommentiert. Nach einiger Zeit bemerkt Fritz: „Der Trainer sollte nicht so viel loben, sondern lieber mehr meckern. Ist es dir nicht auch aufgefallen: Wenn einer unserer Jungs einen richtig schönen Freistoß in den Winkel getreten hat und anschließend ein Lob bekommt, dann wird der nächste Schuss fast immer deutlich schlechter. Und wenn einer nach einem verkorksten Schuss einen richtigen Anpfiff bekommt, dann wird es beim nächsten Mal besser." Paul kann sich damit nicht anfreunden und erwidert: „Es kann doch nicht sein, dass immer nur Meckern hilft. Das kann ich mir nicht vorstellen." Also beobachten sie die nächsten Schüsse genau und tatsächlich bewahrheitet sich die Beobachtung von Fritz. Nach einigem Nachdenken fällt Paul aber eine ganz andere Erklärung ein: „Vielleicht hat das gar nichts mit dem Meckern zu tun. Jeder Schuss hängt natürlich von den Fähigkeiten eines Spielers ab. Aber sicherlich wird auch der Zufall immer eine gewisse Rolle spielen. Mal ist ein Schuss besser, mal schlechter. Die zufälligen Faktoren, die zu einem besonders guten oder schlechten Schuss geführt haben, sind beim Schuss danach meist einfach nicht mehr vorhanden. Darum folgt auf einen exzellenten Freistoß meist einfach ein durchschnittlicher und nach einer Gurke kommt meist ein besserer. Das hat also vielleicht gar nicht viel mit den Kommentaren des Trainers zu tun." Das leuch-

tet auch Fritz ein. Und er wendet dieses – in der Statistik als Regression zur Mitte bekannte – Prinzip auch gleich auf eine andere Situation an: „Du könntest recht haben. Vielleicht hat ein Trainerwechsel mitten in der Saison dann auch gar nicht immer so positive Effekte wie man denkt. Der alte Trainer wird ja meist entlassen, wenn die Mannschaft immer wieder verliert und katastrophal spielt. Beim neuen Trainer kann es also eigentlich nur besser werden. Auch wenn er an der Situation der Mannschaft gar nicht viel ändert, dann werden die nächsten Spiele, schon allein durch den Zufall, vermutlich besser werden als die letzten katastrophalen Spiele unter dem Vorgänger."

Fairer Münzwurf mit unfairer Münze

Es ist Sonntagmittag und Jan und Hein sind gerade aufgestanden. Noch etwas derangiert stehen sie im Wohnzimmer und gucken sich das Elend an: Gestern Abend haben sie die Abwesenheit der Eltern genutzt, um mit ihren Freunden eine große Party zu feiern. Zum Aufräumen ließ sich dann aber keiner mehr bewegen, sodass sie jetzt zu zweit Hand anlegen müssen. Aber keiner von beiden will die Küche putzen, denn dort sieht es wirklich unschön aus. Also kramt Jan in seiner Hosentasche, zieht eine verbeulte Münze heraus und schlägt vor, das Glück entscheiden zu lassen, wer sich der Küche annehmen muss. Aber Hein will sich darauf nicht einlassen, denn schließlich ist die Münze ja so verbeult, dass sie sicher nicht fair sein wird. Aber eine andere Münze ist nicht zur Hand und die Ankunft der Eltern rückt näher. Was können sie also tun?

Eine erstaunlich einfache, aber trotzdem recht unbekannte Lösung, die auf den Mathematiker John von Neumann zurückgeht, ist die folgende: Sie werfen die Münze einfach zweimal. Das führt zu vier möglichen Ausgängen: Adler und Adler, Adler und Zahl, Zahl und Adler oder Zahl und Zahl, also kurz AA, AZ, ZA oder ZZ. Falls die Resultate beider Würfe übereinstimmen, falls also AA oder ZZ geworfen wird, vergessen sie die Würfe einfach und werfen die Münze erneut zweifach, bis AZ oder ZA erscheint. Bei AZ muss Jan sich an die Reinigung der Küche machen, bei ZA fällt diese Aufgabe an Hein. Dieses Vorgehen ist fair, denn auch wenn die Münze so verbeult ist, dass zum Beispiel in 60 % der Fälle A und in 40 % Z fällt, ist die Wahrscheinlichkeit für AZ im ersten Wurf 60 % × 40 % = 24 % und die Wahrscheinlichkeit für ZA genauso 40 % × 60 % = 24 %. Beide haben also stets die gleiche Wahrscheinlichkeit, um das Putzen der Küche herumzukommen, egal mit welchen Wahrscheinlichkeiten die beiden Seiten der Münze fallen. Doch auch der beste Münzwurf erspart die Hausarbeit leider nicht, sodass sie sich jetzt schnell an die Arbeit machen, um noch rechtzeitig vor der Ankunft der Eltern die verräterischen Reste der Party zu beseitigen.

Pech im Stau

Staus auf der Autobahn sind ja meist ein Ärgernis, vor allem, wenn man unter Zeitdruck steht. Und wohl jeder kennt das Gefühl, dass man in der scheinbar langsameren Spur steht. Der Golf nebenan fährt ein Stück vor, während man selber steht. Und auch in den nächsten Minuten ändert sich daran nichts: Immer wieder kann der Golf weiter vorfahren als man selbst. Verärgert wechselt man die Spur, aber dann passiert das gleiche schon wieder. So ein Pech kann man doch gar nicht haben und denkt spontan an Murphys Gesetz.

Aber ist die oben beschriebene Situation tatsächlich so ein Zufall? Erstaunlicherweise nicht. Um das Phänomen zu verstehen, nehmen wir vereinfachend an, dass man auf beiden Spuren im Mittel gleich gut vorankommt und die Wahrscheinlichkeit, welche Spur ein Stück vorrückt, von einem Münzwurf abhängt. Fällt Zahl, so rückt die eigene Spur eine Autolänge vor, bei Kopf die andere. Dass der Golf in der Nebenspur die gesamte Zeit im gleichen Abstand vorne liegt, würde einen ja gar nicht so sehr verärgern, aber dass die Nachbarspur so oft hintereinander immer wieder vorrückt, erzeugt Unmut. Nach den Münzwürfen müssten die Spuren doch einigermaßen gleichhäufig ein Stück vorrücken und der Abstand dürfte sich nicht wesentlich verändern. Dieses Gefühl ist aber trügerisch, denn bei häufigeren Münzwürfen ist es deutlich wahrscheinlicher, dass die eine Schlange den Abstand vergrößert (oder verkleinert), als dass beide Spuren einigermaßen den gleichen Abstand halten. Unter Statistikern ist dies als das Arcussinus-Gesetz bekannt. Vereinfacht besagt dieses angewandt auf das Beispiel, dass es selbst bei 50 % Wahrscheinlichkeit des eigenen

Vorrückens überwiegend Zeiten geben wird, in denen entweder man selber einen Vorsprung ausbauen oder gerade die Nebenspur dieses Glück haben wird. Nur selten werden sich hingegen die Spuren mehr oder weniger parallel entwickeln. Verstärkt wird das Gefühl, in der falschen Spur zu sein, dadurch, dass man sich beim eigenen Vorrücken naturgemäß viel weniger ärgert, als wenn die Nebenspur Vorsprung aufbaut.

Das Wissen um das Arcussinus-Gesetz wird im nächsten Stau zwar nicht dazu beitragen, dass man schneller vorankommt, es kann aber vielleicht dazu beitragen, das scheinbar langsamere Vorankommen gelassener zu ertragen.

Sind Sie ein Verlierer?

Mit dieser Überschrift möchten wir Ihnen nicht zu nahe treten. Wir kennen Sie ja gar nicht, sind uns aber trotzdem relativ sicher, dass die meisten Ihrer Freunde mehr Freunde haben als Sie. Und wenn Sie joggen gehen, dann werden die meisten Läufer, die auf der gleichen Strecke laufen, scheinbar schneller sein als Sie. Und bei der Feier Ihrer Goldenen Konfirmation fühlen Sie sich eher durchschnittlich fit, obwohl Sie doch sonst immer den Eindruck haben, eher zu den Rüstigeren zu gehören.

Bevor Sie wegen unserer Diagnose in Selbstzweifeln versinken: Der Grund sind nicht Sie persönlich, der Grund liegt vielleicht auch in der Statistik! Erklären wir das zuerst anhand Ihrer Freunde. Im ersten Moment denkt man natürlich, dass die eigenen Freunde im Schnitt ähnlich viele Freunde haben

*werden wie man selbst. Das stimmt aber nicht. Einige Perso-
nen haben sehr viele Freunde, andere eher wenige. Für Sie ist es
aber viel wahrscheinlicher mit jemandem befreundet zu sein,
der viele Freunde hat, als mit jemandem mit wenigen Freunden. Wenn eine Person etwa gar keine Freunde hat, dann kann
diese Person auch nicht zu Ihrem Freundeskreis zählen. Somit
ist die Wahrscheinlichkeit, dass unter ihren Freunden Personen
mit einem sehr großen Freundeskreis sind, viel größer als für
Personen mit einem kleinen Freundeskreis.*

*Und beim Joggen im Park tritt etwas ganz Ähnliches auf:
Sie treffen viel eher einen Läufer, der regelmäßig zum Laufen
geht, als jemanden, der nur ab und zu läuft. Und regelmäßige Läufer sind meist schneller unterwegs als Menschen, die nur
selten trainieren. Und bei der Goldenen Konfirmation bleiben
die körperlich gebrechlichen Mitkonfirmanden von damals eher
zu Hause, und die fitteren nehmen den Weg auf sich. Wiederu-
um vergleichen Sie sich also mit einer „positiven Auswahl" und
könnten deshalb denken, dass sie im Vergleich zu den Gold-
konfirmanden allerhöchstens durchschnittlich fit sind – dabei
haben Sie nur vergessen, sich mit den Mitkonfirmanden zu vergleichen, die nicht mehr fit genug sind, zu den Feierlichkeiten
anzureisen.*

*Sie brauchen sich also keine Sorgen zu machen: Wenn Sie
sich durch derartige Vergleiche als Verlierer empfinden, dann
sparen Sie sich erst einmal das Geld für einen Therapeuten –
vielleicht liegt das Ganze nicht an Ihnen, sondern vielmehr an
der Statistik.*

Kann das Finanzamt hellsehen?

Fiete hat ein kleines Restaurant eröffnet. Es läuft soweit ganz gut, allerdings ärgert er sich über die anstehenden Steuerzahlungen. Und so denkt er sich bei der Erstellung seiner Steuererklärung, dass es doch ein guter Plan wäre, nicht die wahren Tageseinnahmen anzugeben, sondern einfach ausgedachte – und natürlich niedrigere – Zahlen einzutragen. Der Plan scheint perfekt, doch – oh weh – kaum ist er umgesetzt, steht das Finanzamt vor der Tür und erklärt, dass ein Betrugsverdacht vorläge und Fietes Betrieb einmal näher überprüft werden müsse.

Wie konnte das geschehen? Kann das Finanzamt hellsehen? Hinter dem detektivischen Spürsinn des Finanzamtes steht möglicherweise ein statistisches Phänomen, nämlich das Benfordsche Gesetz. Dieses beschreibt die Verteilung der Ziffernstrukturen von Zahlen. Konkret besagt es z. B., dass die Wahrscheinlichkeit einer 1 als erster Ziffer etwa 30 % beträgt, für die 9 hingegen nur knapp 5 %. Aber wie lässt sich dieses Phänomen erklären?

Um von 1000 auf 2000 zu kommen, bedarf es einer Verdoppelung, von 2000 auf 3000 nur noch 50 % mehr und um von 8000 auf 9000 zu kommen nur noch 12,5 % mehr. Man könnte also sagen, dass der Weg von der 1000 zur 2000 viel länger ist als der der 8000 zur 9000. Ähnliche Effekte lassen sich auch für die weiteren Ziffern einer Zahl ableiten. Damit sieht man zwar noch nicht, wie die genauen Wahrscheinlichkeiten für die erste Ziffer zustande kommen, aber es wird deutlich, dass die 1 als erste Ziffer häufiger auftauchen wird als die weiteren.

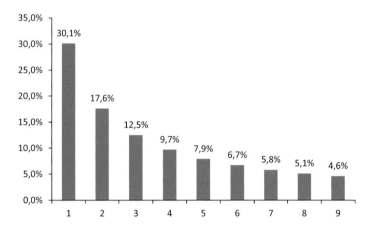

Wahrscheinlichkeiten für die 1. Ziffer nach einer Benford-Verteilung

Dieses Phänomen wird nicht nur seitens des Finanzamtes zur Plausibilitätsprüfung von Angaben eingesetzt, sondern beispielsweise auch die Präsidentschaftswahlen 2009 im Iran wurden vor einigen Jahren mittels des Benforschen Gesetzes überprüft. Und tatsächlich fanden sich in den 366 Wahlkreisen gerade beim Kandidaten Ahmadinedschad unerklärliche Abweichungen von den statistisch zu erwartenden Ziffern. Und auch in den Wirtschaftsdaten von Griechenland lassen sich Hinweise auf Manipulationen finden, nach denen das Land offenbar nur mithilfe von Bilanztäuschungen im Jahr 2001 in den Euro-Raum aufgenommen wurde.

Natürlich lässt sich mit dem Benfordschen Gesetz eine Manipulation von Zahlen nicht beweisen, da auch viele andere Erklärungen für Abweichungen möglich sind, es kann aber erste Hinweise auf Unregelmäßigkeiten liefern. Und Fiete hat nach

dem Besuch des Finanzamtes begriffen, dass gegen die Statistik kein Kraut gewachsen ist und Ehrlichkeit doch am längsten währt...

...

Interessant ist, dass man gar nicht bis in den Iran schweifen muss, um mit dem Benfordschen Gesetz Unregelmäßigkeiten bei Wahlen zu finden. So haben die beiden Politikwissenschaftler Christian Breuning und Achim Goerres von der Universität Köln 80.000 Wahlbezirke für die Bundestagswahlen von 1990 bis 2005 untersucht. Sie fanden dabei für die Zweitstimmen zum Teil nach dem Benfordschen Gesetz unplausible Ergebnisse. Besonders häufig lagen diese vor, wenn eine Partei in einer Region dominant war. Die Wissenschaftler merken an, dass sie mit dieser Methode nicht die Ursachen für die Unregelmäßigkeiten ergründen können – so ist Betrug genauso wie Schlamperei oder auch ein ganz anderer Grund möglich. Die Forscher vermuten allerdings, dass der Pool an Wahlhelfern in Regionen, in denen eine Partei dominant ist, weniger neutral bei der Auszählung sein könnte.

Neben den dargestellten Anwendungsmöglichkeiten des Benfordschen Gesetzes im Bereich des Betrugs kann das Verfahren aber auch eingesetzt werden, um in Unternehmensprozessen und -abläufen Unregelmäßigkeiten zu identifizieren. So können Abweichungen in den Produktionszeiten einer Maschine auf technische Probleme hinweisen. Auch in der Marktforschung kann das Verfahren eingesetzt werden, um beispielsweise zu überprüfen, ob sich einzelne Interviewer die Mühe der Interviewdurchführung gespart und Antworten einfach ausgedacht haben.

Wahrscheinlichkeiten spielen in der Statistik eine zentrale Rolle. Dass diese zum Teil zu skurrilen, zum Teil auch zu interessanten oder erstaunlichen Effekten führen, ist den folgenden Kolumnen zu entnehmen.

Lincoln-Kennedy-Mysterium

Wussten Sie, dass die Nachnamen der beiden US-Präsidenten Abraham Lincoln und John F. Kennedy jeweils sieben Buchstaben enthalten, wobei dieselbe Anzahl an Vokalen, Konsonanten und „n“ auftreten. Und dass Lincoln 1846 in den Kongress gewählt wurde, Kennedy 1946. Zum US-Präsidenten wurde Lincoln 1860 gewählt, Kennedy 1960. Beide Präsidenten wurden ermordet, Lincoln im Ford-Theater und Kennedy in einem Ford-PKW. Doch damit nicht genug, selbst bei den Attentaten gab es etliche Übereinstimmungen und die Mörder wurden beide noch vor ihren Prozessen selber ermordet. Mehr noch: Bei beiden Präsidenten hieß der Nachfolger Johnson, wobei Andrew Johnson, Lincolns Nachfolger, 1808 geboren wurde, während Lyndon Johnson, der Nachfolger Kennedys, 1908 das Licht der Welt erblickte.

Diese als „Lincoln-Kennedy-Mysterium“ bekannten Übereinstimmungen wurden bereits kurz nach Kennedys Ermor-

dung immer wieder in den Medien als Beleg dafür angeführt, dass es sich aufgrund der Fülle an Übereinstimmungen nicht um Zufälle handeln könne, sondern etwas „Mysteriöses" dahinter stehen müsse.

Vermutlich liegt die Erklärung für dieses Phänomen aber darin, dass es natürlich unzählbar viele Merkmale gibt, die man auf Übereinstimmungen überprüfen kann. Und wenn die Merkmale, die übereinstimmen sollten, nicht vorher festgelegt werden, wird es immer irgendwelche Merkmale geben, bei denen man Übereinstimmungen findet. Außerdem standen zu Kennedys Ermordung 34 US-Präsidenten zur Auswahl, zu denen Übereinstimmungen vorliegen konnten.

Die Zeitschrift „Skeptical Inquirer" hat 1992, um das Lincoln-Kennedy-Mysterium zu erklären, Leser aufgefordert, Parallelen zwischen anderen Präsidentenpaaren zu finden. Und tatsächlich fanden sich z. B. 16 „mysteriöse" Übereinstimmungen zwischen Kennedy und dem mexikanischen Präsidenten Alvaro Obregón. Weitere erstaunliche Übereinstimmungen fanden sich für nicht weniger als 21 Kombinationen von US-Präsidenten.

Um diese Erklärung nachzuvollziehen, können Sie selber einmal überlegen, ob es nicht z. B. eine Person in Ihrer Nachbarschaft gibt, bei der es Übereinstimmungen mit Ihnen gibt. Sie müssen nur genügend viele Dinge überprüfen: Hat vielleicht eine Person im selben Jahr Geburtstag? Und fahren Sie darüber hinaus ein Auto derselben Marke? Und hat ihr Vorname gleich viele Vokale? Vielleicht gibt es in Ihrer Nachbarschaft das „Meyer-Schulze-Mysterium" und Sie haben bisher nur noch nichts davon gewusst ...

Dem toten Fisch ins Hirn geschaut

Die modernen Verfahren der Hirnforschung haben unser Bild des Menschen revolutioniert: Heute ist es möglich, dem Gehirn beim Denken zuzusehen. Durch den Einsatz von Magnetresonanztomographen (MRT) kann man genau beobachten, welche Regionen des Gehirns eines Menschen wann aktiv sind. Jeder wird die bunten Bilder schon einmal gesehen haben. Deutlich schwieriger ist allerdings die Antwort auf die Frage, ob die gemessenen Impulse direkt etwas mit dem zu tun haben, was um den Probanden herum geschieht.

Dass man bei der Interpretation tatsächlich sehr vorsichtig sein muss, hat eine Gruppe amerikanischer Forscher mit einem absurden Experiment unterstrichen. Ihr Proband war ein Lachs, genauer gesagt ein toter Lachs, den die Forscher vorher im Supermarkt um die Ecke gekauft hatten. Diesem Studienteilnehmer – der sicherlich keine Angst vor dem MRT hatte – wurden nun Fotos unterschiedlicher Menschen vorgelegt und seine Hirnaktivität gemessen. Dann wurden die Ergebnisse ausgewertet und es stellte sich Erstaunliches heraus: Es gab tatsächlich sehr gut messbare Hirnaktivitäten in einem speziellen, sehr kleinen Teil des Hirns. Hat der tote Fisch aus dem Supermarkt also tatsächlich auf die Fotos reagiert?

Die Antwort ist natürlich „nein" und das wussten die Forscher auch von Anfang an. Mit diesem skurrilen Experiment wollten sie ein Problem verdeutlichen, das bei solchen Experi-

menten immer auftritt: Es ist stets irgendwo eine gewisse Hirn-aktivität messbar – und sei es im Hirn eines toten Lachses. Man darf aber nicht den Fehler machen zu glauben, dass die-se irgendetwas mit den Impulsen der Außenwelt zu tun hat. Bei den abertausenden verschiedenen Hirnregionen kann die Aktivität die unterschiedlichsten und auch zufällige Ursachen haben. Wenn also Tausende von Hirnregionen betrachtet wer-den, wird man immer eine Region finden, die zufällig gerade aktiv ist, wenn das Experiment läuft, mit diesem aber rein gar nichts zu tun haben muss. Bei seriöser Wissenschaft sollte vorher eine Hypothese aufgestellt werden, wo Hirnaktivität zu erwar-ten ist, und dann hinterher überprüft werden, ob die Hypothese tatsächlich eingetreten ist oder nicht. Dem Seelachs dürfte die Diskussion egal sein. Er wurde im Anschluss an das Experiment von der Forschergruppe verzehrt.

…

Das Phänomen, dass bei Verwendung von vielen Tau-senden oder gar Millionen Größen immer rein zufällig ei-nige extreme Werte aufweisen werden, haben Krämer und Runde in einem Artikel 1992 sehr schön anhand von Rech-nungen zu Durchschnittsrenditen deutscher Aktien gezeigt. Sie hatten für einen Zeitraum herausgefunden, dass an Wo-chentagen, die durch sieben geteilt den Rest 1 haben (1, 8, 15, 22, 29), höhere Renditen zu beobachten waren als an anderen Tagen. Wie ist das möglich? – Werden nur ge-nügend Varianten an „blödsinnigen" Rechenregeln durch-probiert, wird es immer einzelne geben, die durch Zufall auffällig sind. Genau wie beim toten Lachs.

Die beiden vorigen Beispiele sind eng verknüpft mit dem in der Statistik bekannten „Zielscheibenfehler" (engl. „Texas sharpshooter fallacy"). Der Name ist so gewählt, da dieses Vorgehen zur Erlangung statistischer „Erkenntnisse" durch Ausprobieren möglichst vieler inhaltlich vermutlich irrelevanter Regeln dem Vorgehen eines bauernschlauen texanischen Scharfschützen entspricht: Dieser schießt zuerst mit seinem Gewehr auf ein großes Scheunentor und malt anschließend eine Zielscheibe darum. Im Nachhinein sieht es dann so aus, als ob er gut getroffen hätte, auch wenn seine Schießkünste beschränkt sind.

Es dürfte uns alle nicht geben

„Die Wahrscheinlichkeit, dass Sie so sind wie Sie sind, mit all Ihren körperlichen Eigenschaften, beträgt 1 zu 10^{3000}." Solche oder ähnliche Meldungen kann man immer wieder lesen. Auch wenn die angegebenen Wahrscheinlichkeiten dabei stark schwanken, so sind doch alle so klein, dass wir schon mit deren Nullen hinter dem Komma diese Kolumne füllen könnten. Die Wahrscheinlichkeit dafür, Ihre Haarfarbe zu haben, ist noch relativ hoch, aber zusätzlich exakt Ihre Nasenlänge und Ihre Augenfarbe zu haben, das hat schon eine sehr geringe Wahrscheinlichkeit. Daraus wird hin und wieder die Konsequenz gezogen, dass es also für jeden von uns sehr unwahrscheinlich ist zu existieren: Es dürfte uns alle also eigentlich gar nicht geben.

Ein Teil dieses Arguments ist nicht falsch und auch aus anderen Zusammenhängen bekannt: Selbst wenn es nicht unwahrscheinlich ist, dass beim Münzwurf „Kopf" oben liegt, so ist es doch sehr unwahrscheinlich, dass zehnmal am Stück „Kopf" geworfen wird, nämlich $1/2^{10}$, also ungefähr 0,1 %. Dass die Schlussfolgerung trotzdem nicht stichhaltig ist, macht vielleicht folgende offenbar abwegige Argumentation deutlich: „Jorge Mario Bergoglio (besser bekannt als Papst Franziskus) muss ein Hochstapler sein. Es gibt über 7 Mrd. Menschen auf der Welt und nur einen Papst. Die Wahrscheinlichkeit, dass Jorge Mario Bergoglio tatsächlich Papst ist, beträgt also 1 zu 7 Mrd. Dies ist extrem unwahrscheinlich."

Der Fehlschluss ist jeweils, dass von einem Ereignis geredet wird, das schon eingetreten ist. Wenn wir vorher die Prognose abgeben, dass gleich zehnmal am Stück „Kopf" beim Münzwurf fällt, dann ist das Eintreten in der Tat sehr unwahrscheinlich – nämlich genauso unwahrscheinlich wie jede andere Kombination. Aber eine dieser Kombinationen wird eintreten. Genauso ist es mit Ihnen: Da Sie schon existieren, ist es nicht mehr unwahrscheinlich, dass Sie sind wie Sie sind. Nach dem Eintreten macht es keinen Sinn mehr, über Wahrscheinlichkeiten zu sprechen. Allerdings hätte vorher wohl kaum jemand vorhersagen können, dass Sie einmal werden, wie Sie nun sind. Dies verdeutlicht, dass man nur sinnvoll von Wahrscheinlichkeiten von Ereignissen sprechen kann, wenn über deren Ausgang noch Unsicherheit herrscht. Sie können sich also beruhigt in Ihrem Sessel zurücklehnen und Ihre einzigartige Existenz genießen. Und Jorge Mario Bergoglio kann auch beruhigt weiter Papst bleiben.

Selten, aber wahrscheinlich

Joost hat mit seiner Familie gerade ein neues Haus am Rande einer kleinen Gemeinde gebaut. Und nun ist in der direkten Umgebung ein Forschungslabor angesiedelt worden, das mit extrem gefährlichen Viren arbeitet. Die Anwohner sind natürlich beunruhigt. Auf einer einberufenen Einwohnerversammlung werden nun Gutachtenergebnisse vorgestellt, die die Sicherheit des Forschungslabors belegen sollen. Innerhalb einer 8-Stunden-Schicht wurden die Arbeiten des Labors dahingehend begutachtet, wie hoch die Wahrscheinlichkeit kalkuliert werden kann, dass innerhalb dieser Schicht ein Unfall eintritt, bei dem die gefährlichen Viren aus dem Labor austreten. Das Gutachten weist die Sicherheit des Labors mit einer Wahrscheinlichkeit von 99,999 % aus. Die meisten Anwohner atmen auf, denn 99,999 % Sicherheit bedeutet ja, dass ein Unfall lediglich mit einer Wahrscheinlichkeit von 0,001 % auftreten wird, und das ist ja nun wirklich unwahrscheinlich. Einzig Joost bleibt kritisch. Er rechnet nach: Da das Labor an 365 Tagen im Jahr rund um die Uhr arbeiten wird, liegen pro Jahr also $365 \times 3 = 1095$ 8-Stunden-Schichten vor. Die Wahrscheinlichkeit, dass also kein einziger Unfall innerhalb eines Jahres auftritt, beträgt demnach $99,999 \%^{1095} = 98,91 \%$. Oder – im Umkehrschluss – die Wahrscheinlichkeit, dass mindestens ein Unfall innerhalb eines Jahres auftritt, beträgt 1,09 %. Wird davon ausgegangen, dass das Labor mindes-

tens 25 Jahre betrieben wird, beträgt die Wahrscheinlichkeit, dass kein einziger Unfall innerhalb dieser 25 Jahre auftreten wird, sogar nur 99,999 %$^{(1095 \times 25)}$ = 76,05 %. Die Wahrscheinlichkeit, dass sich mindestens ein Unfall ereignet, kann also mit rund 24 % errechnet werden. Das bedeutet, dass die absolute Sicherheit nur noch 1:3 beträgt. Die Anwohner sind nun doch zu recht beunruhigt und planen, sich für strengere Sicherheitsvorkehrungen in dem Forschungslabor einzusetzen.

Diese fiktiven Überlegungen zeigen, dass Wahrscheinlichkeitsangaben, die sich auf sehr seltene Ereignisse beziehen, kritisch hinterfragt werden sollten. Treten Situationen mit extrem geringem Risiko zahlreich auf, so kann das Gesamtrisiko, dass das Ereignis mindestens einmal auftritt, trotzdem hoch sein. Wie hoch muss beispielsweise die Sicherheit je Atomkraft mindestens sein, wenn gleichzeitig über 400 Atomkraftwerke weltweit Strom produzieren?

Oma Elsas Geburtstag in der Zahl Pi

Oma Elsa feierte vor einigen Jahren ihren 90. Geburtstag. Und erstaunlicherweise scheint sogar die Kreiszahl π = 3,14159 ... – also das Verhältnis von Umfang und Durchmesser eines Kreises – dieses Ereignis genau zu kennen. Denn man findet den Geburtstag, den 27.05.1922, in der Zahl π wieder, und zwar an der Stelle 8.057.262 nach dem Komma. π hat also die Form 3,14159 ... 27051922 ... Ist das Zufall? Oder finden sich vielleicht alle Geburtstage in π ?

π ist eine sogenannte irrationale Zahl, d.h. sie ist kein Bruch zweier ganzer Zahlen. Das bedeutet insbesondere, dass sie unendlich viele Nachkommastellen hat und diese sich nicht periodisch wiederholen. Das klingt schon nach sehr vielen Ziffernfolgen, die in π vorkommen. Aber sind das tatsächlich alle?

Die Mathematiker benutzen für solche Fragen den Begriff der „normalen" Zahlen. Das sind Zahlen, die jede mögliche endliche Ziffernfolge gleicher Länge gleichermaßen wahrscheinlich enthalten. Aber gibt es solche Zahlen überhaupt? Die überraschende Antwort ist: Ja, sogar fast alle Zahlen sind normal. Bildlich kann man sich dieses als einen – zugegebenermaßen sehr fleißigen – Affen vorstellen, der auf einem Computer ewig zufällig Zahlen eintippt. Das Ergebnis wäre mit größter Wahrscheinlichkeit eine normale Zahl. Es gibt also sehr viele normale Zahlen. Und jede dieser Zahlen enthält folglich jedes mögliche Geburtsdatum. Sogar noch mehr, jede dieser Zahlen enthält z. B. den gesamten Text der Bibel (wobei jeder Buchstabe geeignet in eine Zahl übersetzt ist). Und das nicht nur einmal, sondern unendlich oft!

Nach so viel unendlichem Wahnsinn kommen wir jetzt zurück zur Zahl π und Oma Elsas Geburtstag. Denn wir wissen ja noch nicht, ob π normal ist. π wurde ja schließlich nicht von einem fleißigen Affen geschrieben, sondern hat etwas mit Geometrie zu tun. Und in der Tat weiß bis heute niemand, ob π normal ist oder nicht. Es ist also nicht ausgeschlossen, dass es eine Ziffernfolge gibt, die nirgends in π vorkommt. Wir freuen uns also umso mehr, dass Oma Elsas Geburtstag in π zu finden ist!

...

Wenn Sie ihr eigenes Geburtsdatum in π suchen möchten, dann gibt es viele Internetseiten, die Ihnen dabei behilflich seien können. Es reicht aus, Wörter wie „Geburtstag in Zahl Pi" in einer Internetsuchmaschine einzugeben, um eine von zahlreichen Datenbanken aufzurufen, die Ihnen die ersten Stellen der Nachkomma-Ziffern in der Zahl π mit Übereinstimmung mit Ihrem Geburtstag liefern wird.

Von Zikaden und Primzahlen

In den östlichen Bundesstaaten der USA spielte sich im Jahr 2013 ein Spektakel ab: Heerscharen von lauten, rotäugigen Insekten fielen singend und sich paarend über das Land her. Es handelte sich um Zikaden der Gattung Magicicada. Nach einigen Wochen war der Spuk wieder vorbei und es wurden für die Entsorgung der toten Zikaden Extra-Müllcontainer aufgestellt. Aber danach ist erst einmal Ruhe: Das Spektakel wird sich erst in 17 Jahren wiederholen. In der Zwischenzeit leben die Zikadenlarven im Boden und schlüpfen dann das nächste Mal im Frühjahr 2030. Zikaden haben damit eine der längsten Fortpflanzungszyklen in der Tierwelt. In den südlichen Staaten der USA leben andere Zikadenarten, deren Rhythmus 13 Jahre beträgt. Biologen erklären dieses massenhafte Auftreten als Überlebensstrategie: Durch die riesige Anzahl in kurzer Zeit sind die Fressfeinde übersättigt und genügend Zikaden können sich fortpflanzen.

Ist es nun Zufall, dass die Fortpflanzungszyklen der Zikaden gerade 13 und 17 Jahre und nicht etwa 12 oder 15 Jahre betragen? Dem mathematisch interessierten Leser fällt vielleicht auf, dass 13 und 17 Primzahlen sind, also Zahlen größer 1, die nur durch 1 und sich selbst teilbar sind. 12 und 15 hingegen sind keine Primzahlen, denn 12 ist z. B. durch 2 und 15 durch 5 teilbar. Aber wieso sollten sich Zikaden für Primzahlen interessieren? Die Fressfeinde der Zikaden haben gewöhnlich deutlich kürzere Zyklen von wenigen Jahren. Tritt etwa ein Fressfeind alle 5 Jahre besonders stark auf, so dauert es nach einem Zusammentreffen mit den Zikaden fünf mal 17, also 85 Jahre bis diese wieder gemeinsam auftreten. Hätten Zikaden einen Rhythmus von 15 Jahren, so würden sie jedes Mal auf ihren Fressfeind treffen. Natürlich kennen Zikaden keine Primzahlen, aber es scheint zumindest nicht ausgeschlossen, dass sich in der Evolution Primzahlzyklen als ideal für die Zikadenfortpflanzung durchgesetzt haben. Zwar sind nach wie vor einige Fragen zur genauen Erklärung offen, aber tatsächlich deuten auch Computermodelle darauf hin, dass sich Primzahlzyklen in Räuber-Beute-Beziehungen auf Dauer durchsetzen.

In der spontanen Bewertung werden die Folgen von Zins und Zinseszins oft falsch eingeschätzt, wie die beiden folgenden Kolumnen verdeutlichen.

Zins und Zinseszins

Versetzen wir uns einmal ins Jahr Null unserer Zeitrechnung zurück und stellen uns vor, wir wären Joseph und Maria, die – gerade Eltern geworden – an der Krippe des Jesuskindes stehend die Heiligen Drei Könige empfingen. Nun hätten die ersten beiden Könige bereits Geschenke überbracht, der dritte König würde uns aber vor die Wahl stellen, entweder einen Klumpen Gold oder 1 Cent zu empfangen, wobei letzterer jedes Jahr mit 5 % verzinst werden solle. Wofür würden wir uns wohl spontan entscheiden? Selbstverständlich für den Klumpen Gold, da dieser einen bei Weitem höheren Wert als ein lumpiger Cent aufweist. Aber vielleicht sollten wir als treusorgende Eltern des Gründers einer noch zweitausend Jahre später existierenden Kirche darüber nachdenken, den Wert der Geschenke in der langen Frist zu beurteilen. Naja, mag man denken, was soll denn aus 1 Cent zzgl. 5 % Zinsen und Zinseszins schon werden? – Am Anfang des zweiten Jahres wäre aus dem 1 Cent gerade einmal 1,05 Cent geworden, nach 100 Jahren nicht einmal 1,32 €. Nach 236 Jahren aber wären bereits gut 1000 € entstanden, da jeder Zins der vorherigen Jahre in den kommenden Jahren wieder verzinst worden wäre. Und diese beschleunigte Zunahme des Ursprungskapitals setzt sich – Geldentwertung einmal unberücksichtigt – fort: Die erste Million läge nach 378 Jahren vor und die erste Milliarde wäre nach 520 Jahren erreicht. Um es kurz zu machen: Heute läge der Wert bei etwa 160 Mrd. Erdkugeln aus purem Gold!

Dieses fiktive Beispiel zeigt, wie extrem sich Zinseszinsen in der langen Frist auswirken. In der Mathematik wird dies als exponentielles Wachstum bezeichnet. Man mag einwenden, dass das Beispiel arg fiktiv ist. Aber es gibt – zumindest halbernste – Beispiele, dass sich Zinsen über Jahre enorm auswirken können. So forderte die brandenburgische Stadt Mittenwalde im Jahr 2012 von der Stadt Berlin die Summe von einer Trillion Euro (eine 1 mit 18 Nullen!), da sie 1562 Berlin 400 Gulden geliehen hatte. Wäre nicht das Siegel unter der entsprechenden Urkunde zerbrochen, Berlin wäre nicht mehr „arm, aber sexy", sondern eher „insolvent, und gar nicht mehr sexy". Und – viel realer – verdeutlichen die Zahlenbeispiele, dass sich Schulden bei 5 % Verzinsung bereits nach 15 Jahren verdoppeln, sofern nicht einmal die Zinsen bezahlt werden. Und dieses Szenario ist dann doch höchst real im Angesicht der Schuldenkrise in Europa.

...

Das obige Beispiel mit der Verzinsung des Cents wird in der Literatur unter dem Begriff des „Josephspfennig" geführt.

Zins und Tilgung

Simone ist ganz aufgeregt. Letzte Woche hat sie ihre Traumeigentumswohnung gefunden und nun hat sie sich eine Finanzierung durchrechnen lassen. Aufgrund der Niedrigzinsphase hat ihr die Bank für die 100.000 €, die sie zur Finanzierung ihrer Wohnung benötigt, einen Zinssatz von gerade einmal 2,5 %

angeboten. Plus 1 % Tilgung macht das nur 3500 € im Jahr, die sie für ihre Wohnung abbezahlen müsste – weniger als sie eigentlich eingeplant hatte.

Als sie dieses ganz euphorisch ihrem Vater Herrmann berichtet, mahnt der folgende Überlegung an: Wenn Simone lediglich 1 % pro Jahr tilge und gleichzeitig der Zinssatz so niedrig sei, würde der sogenannte Laufzeiteffekt zum Tragen kommen und sie müsste für ihre Wohnung nahezu 50 Jahre abbezahlen – da wäre Simone schon im Rentenalter!

Wie kommt dieser Effekt zustande? Durch bereits erfolgte Tilgungen sinkt die Restschuld, wodurch weniger Zinsen gezahlt werden müssen. Wenn Simone nun jedes Jahr 3500 € abbezahlt, wird durch den Wegfall der Zinsen für bereits getilgte Schulden zusätzlich getilgt. Diese zusätzliche Tilgung ist bei niedrigeren Zinsen deutlich geringer als bei hohen Zinsen. „Laufzeiteffekt" wird dieses Phänomen genannt, da der Effekt bei niedrigen Zinsen zu deutlich längeren Zeiten bis zur vollständigen Tilgung führt. Konkret müsste Simone im Beispiel mehr als 50 Jahre für ihre Wohnung abbezahlen. Läge der Zinssatz bei z. B. 7 %, wie zur Zeit der Immobilienfinanzierung ihrer Eltern, dann würde eine Tilgung von 1 % schon nach 30 Jahren zu einem vollständigen Abbau der Restschuld führen, verursacht durch die deutlich höheren eingesparten Zinsen auf bereits getilgte Restschulden.

Simone argumentiert nun aber, dass bei höheren Zinsen die kürzere Laufzeit auch mit einer viel höheren Rate für Zins und Anfangstilgung erkauft würde. „Das ist natürlich richtig", antwortet ihr Vater, „aber dies ist gleichzeitig der Grund dafür, warum es angeraten ist, eine höhere Anfangstilgung zu wählen. Bei z. B. 3 % Anfangstilgung wäre das Darlehen schon nach 25 Jahren vollständig abbezahlt und das bei einer jährli-

chen Belastung von 5500 €". Simone rechnet nach: „25 Jahre 5500 € bezahlen oder 50 Jahre 3500 € – da spare ich im ersten Fall ja 40.000 € Zinsen". Der Rat ihres Vaters, den „Laufzeiteffekt" zu berücksichtigen und bei niedrigen Zinsen lieber mehr zu tilgen, war also gar nicht so schlecht.

...

Vergleiche zum Thema Zinsen auch die Kolumne „Gewinnsparen" im Kapitel „Irrungen und Wirrungen mit Statistik im Alltag".

Statistik paradox

„Das kann doch gar nicht sein!" Immer wieder stehen wir staunend vor Phänomenen, für die wir auch nach einigem Nachdenken einfach keine Erklärung finden können. Die Situation erscheint dann wahrlich paradox. Und nur allzu oft taucht dieses ungläubige Staunen in Zusammenhang mit Zufall und Wahrscheinlichkeiten auf, sodass vielen Menschen der Umgang damit generell suspekt erscheint.

In diesem Kapitel sammeln wir eine ganze Reihe solcher „Paradoxa" und erklären, in welche Denkfallen man dabei tappen kann. Und hoffentlich werden Sie in den kommenden Wochen an der einen oder anderen Stelle ein Aha-Erlebnis haben, wenn Sie Varianten der vorgestellten Paradoxa in Ihrem Alltag wiederfinden.

Das Geschwister-Paradoxon

Sara kann es kaum abwarten: Sie nimmt an einem Schüleraustausch teil und wird ab morgen ein ganzes Jahr weit weg von zu Hause verbringen. Die Koffer sind schon gepackt. Sie weiß aber bisher noch nicht viel über ihre Gastfamilie, da sie noch keinen direkten Kontakt hatte. Die Austauschorganisation hat ihr nur mitgeteilt, dass die Familie zwei Kinder hat. Außerdem weiß sie, dass die Austauschorganisation stets darauf achtet, dass in den Gastfamilien von Austauschschülerinnen mindestens ein Mädchen wohnt. Es kann Sara also nicht passieren, dass beide Gastgeschwister Jungen sind.

Im Kopf spielt sie ihre Ankunft schon vor ihrem Abflug immer wieder durch. Was für ein Zimmer wird sie bekommen? Wie wird ihre Schule aussehen? Vor allem über die Gastgeschwister macht sie sich viele Gedanken. Werden es wohl zwei Mädchen sein oder wird sie auch einen Gastbruder haben? Das kann sie natürlich jetzt noch nicht wissen. Beim Abendessen merkt ihr Vater dazu an, dass man ja aus der Information über das Geschlecht des einen Kindes („mindestens ein Mädchen") noch lange nichts über das Geschlecht des anderen Kindes aussagen kann und es damit gleichwahrscheinlich ist, dass beide Gastgeschwister Mädchen sind oder es sich um ein Mädchen und einen Jungen handelt. Dies kommt Sara im ersten Moment plausibel vor. Abends denkt sie aber noch einmal darüber nach und fragt sich, ob ihr vielleicht Statistik bei der Frage helfen könnte. Denn ganz überzeugend wirkt ihr das Argument des Vaters nun doch nicht mehr. Schließlich weiß sie ja nicht, welches der beiden Kinder (das jüngere, das ältere) ein Mädchen ist, sondern nur, dass mindestens eines von beiden ein Mädchen ist. Sie fängt selbst an zu rechnen: In einer Familie mit zwei Kindern gibt es vier mögliche Geschlechterkonstellationen: JJ, JM, MJ, MM, wobei J für Junge und M für Mädchen steht und die Kinder nach ihrem Alter geordnet sind. All diese Kombinationen sind (annähernd) gleich wahrscheinlich. Nun weiß sie aber, dass die Kombination JJ nicht vorliegt, also bleiben die drei Möglichkeiten JM, MJ und MM. In zwei von diesen drei Fällen lebt neben einem Mädchen noch ein Junge in der Familie, nur in einem der drei Fälle ein zweites Mädchen. Es ist also tatsächlich unwahrscheinlicher, dass beide Gastgeschwister Mädchen sind. Beim Einschlafen stellt Sara sich daraufhin schon einmal ihre Gastfamilie mit einem Gastbruder und einer Gastschwester vor. Ob es wirklich so kommen wird, kann sie dann ja am nächsten Tag erfahren.

...

Bei der Berechnung der Wahrscheinlichkeit von 1/3 ist es ganz entscheidend, dass Sara nicht wusste, welches der beiden Kinder der Gastfamilie ein Mädchen ist, sondern nur, dass überhaupt ein Mädchen in der Familie lebt. Auf den ersten Blick wirkt es also paradox, dass im Gegensatz dazu die Information „Das ältere Kind ist ein Mädchen" zu einer Wahrscheinlichkeit von 50 % dafür geführt hätte, dass auch das zweite Kind ein Mädchen ist. Hierbei blieben nämlich nur die Kombinationen MJ und MM übrig. Der Grund liegt also darin, dass die Altersangabe eindeutig festlegt, welches der Kinder ein Mädchen ist.

Noch paradoxer wird die Situation, wenn Sara weitergehende Informationen über ihre Gastfamilie erhält: Erfährt sie zum Beispiel, dass es in der Familie ein Mädchen gibt, das an einem Montag geboren ist, so scheint dies auf den ersten Blick keine relevanten Zusatzinformationen zu liefern und man würde wieder eine Wahrscheinlichkeit von 1/3 für ein zweites Mädchen erwarten. Man muss aber Folgendes bedenken: Die Information, dass das Mädchen am Montag geboren ist, legt zwar noch nicht eindeutig fest, welches der Kinder ein Mädchen ist, liefert darüber aber immerhin Informationen. Und dies wirkt sich tatsächlich auch auf die Wahrscheinlichkeiten aus. Es gibt jetzt nämlich die folgenden Möglichkeiten für die Geschlechter und Geburtswochentage der beiden Kinder (die wir alle als gleichwahrscheinlich annehmen):

- Das ältere Kind ist ein Mädchen, das an einem Montag geboren wurde, das zweite ein Mädchen mit Geburtstag an einem beliebigen Wochentag: 7 Möglichkeiten.
- Das jüngere Kind ist ein Mädchen, das an einem Montag geboren wurde, das ältere ein Mädchen mit Geburtstag an einem beliebigen Wochentag, aber nicht an einem Montag (den Fall zweier Mädchen mit Geburtstagen an einem Montag haben wir ja schon oben mitgezählt): 6 Möglichkeiten.
- Das ältere Kind ist ein Mädchen, das an einem Montag geboren wurde, das jüngere ein Junge mit Geburtstag an einem beliebigen Wochentag: 7 Möglichkeiten.
- Das jüngere Kind ist ein Mädchen, das an einem Montag geboren wurde, das zweite ein Junge mit Geburtstag an einem beliebigen Wochentag: 7 Möglichkeiten.

Insgesamt stehen damit $3 \times 7 + 6 = 27$ mögliche Kombinationen von Geschlecht und Geburtswochentag für die Kinder der Familie zur Verfügung. Bei $7 + 6 = 13$ von diesen leben zwei Mädchen in der Familie. Die Wahrscheinlichkeit dafür ist also 13/27, also gut 48 %. Die auf den ersten Blick irrelevante Zusatzinformation des Geburtswochentages führt also dazu, dass sich die Wahrscheinlichkeit von 1/3 auf annährend 50 % erhöht. Ein entscheidender Punkt bei diesem Paradoxon ist die genaue Formulierung. Dies führt auch bis heute dazu, dass der Sachverhalt Gegenstand teils heftiger Diskussionen ist.

Paradoxe Osterwette

Zwei Brüder – nennen wir sie Björn und Sören – finden Ostern jeweils ein großes buntes Osterei vom Osterhasen. Allerdings wissen sie leider nicht, welches Ei für wen vorgesehen war. Nach dem Osteressen mit der Familie fangen sie an, darüber zu streiten, wessen Osterei mehr Schokolade enthält. Aufgrund der unterschiedlichen Form können sie das einfach nicht entscheiden. Nach einigem Hin und Her und einige Eierlikörchen später schlägt ihre diplomatische Schwester, nennen wir sie Svenja, zur Wahrung des Familienfriedens folgende Wette vor: Beide sollen die Eier später wiegen und der, dessen Osterei schwerer ist, muss dieses an den anderen abgeben und geht leer aus.

Noch leicht vom Eierlikör beschwingt, denkt Sören über seine Chancen bei der Wette nach und kommt auf folgende Überlegung: „Meine Chance zu gewinnen liegt bei 50 %. Wenn ich verliere, muss ich mein Osterei abgeben, wenn ich aber gewinne, dann bekomme ich von Björn zusätzlich ein Osterei, das schwerer ist als meines. Im Mittel erwarte ich also mehr als ich im Moment habe. Ich bin bei der Wette also im Vorteil!" Auf der anderen Seite stellt Björn die gleichen Überlegungen an und sieht sich auch im Vorteil. Beide nehmen den Wett-Vorschlag von Svenja also gerne an. Eine paradoxe Situation! Schließlich können bei der Wette ja nicht beide im Schnitt mehr erhalten, als sie vor der Wette hatten.

Wie lässt sich diese wundersame Schokoladenvermehrung jetzt auflösen? Der Fehler in der Argumentation ist, dass man sein Osterei gleichzeitig als das schwerere und leichtere ansieht. In Wirklichkeit kann es aber natürlich nur eins von beidem sein. Hat Sören das schwerere Osterei, dann verliert er dieses. Hat er das leichtere, dann gewinnt er das schwerere hinzu. Da beides mit der Wahrscheinlichkeit 50 % auftritt, hat er im Mittel keinen Vorteil: In der Hälfte der Fälle erhält Sören beide Ostereier, in der anderen Hälfte der Fälle geht er leer aus. Gleiches gilt für Björn.

Es ist also doch nichts Mysteriöses an der Wette. Insofern werden beide in Zukunft auf Wetten über Ostereier verzichten und lieber in Ruhe gemeinsam ihre Ostereier essen.

Verkehrsplanung paradox

Vor einigen Jahren musste in New York ein Teil der zentralen 42sten Straße für den Autoverkehr gesperrt werden. Für eine Weltmetropole dieser Größe mit einer riesigen Zahl an Pendlern stand zu befürchten, dass das Verkehrssystem zusammenbrechen und sich lange Staus bilden würden. Aber erstaunlicherweise trat das Gegenteil ein: Der Verkehr floss sogar besser als an den meisten anderen Tagen, obwohl ebenso viele Autos unterwegs waren. Ganz ähnliche Phänomene werden immer wieder berichtet. So können neu gebaute Straßen die Reisezeit sogar noch erhöhen. Dies hat die Stadt Stuttgart vor vielen Jahren erleben müssen, wo letztlich eine neu gebaute Straße im Zentrum sogar wieder für den Verkehr gesperrt wurde, um den Verkehrsfluss zu verbessern.

Aber wie ist das möglich? Schließlich müssten doch mehr Streckenmöglichkeiten auch zu einem besseren Verkehrsfluss führen. Dass dies tatsächlich nicht immer der Fall sein muss, wurde schon 1968 von dem deutschen Mathematiker Dietrich Braess durch theoretische Überlegungen herausgefunden, noch bevor dies erstmals in der Realität beobachtet wurde. Nach ihm wird dieses Phänomen als Braess-Paradoxon bezeichnet.

Die Erklärung: Jeder Autofahrer versucht so zu fahren, dass er selbst am schnellsten ans Ziel kommt. Ist nun eine Straße in der Innenstadt nicht befahrbar, werden die Autofahrer Umwege in Kauf nehmen und auf gut ausgebaute Schnellstraßen in den Außenbezirken ausweichen. Wegen deren hoher Kapazität wird der Verkehrsfluss davon kaum beeinträchtigt. Auf den Zufahrtsstraßen in die Innenstadt lösen sich aber die Staus auf, weil die Autofahrer diese nur noch benutzen, um direkt zu ihrem Ziel zu kommen, und nicht mehr, um die kürzere Strecke durch die Innenstadt zu nehmen. Ist die Straße in der Innenstadt aber wieder freigegeben, so wählen natürlich viele Autofahrer diesen kurzen Weg durch die Stadt, was zu Staus auf den Zufahrtsstraßen führt, in denen dann wieder alle warten müssen.

Würden sich die Autofahrer absprechen, dann würden alle schneller ans Ziel kommen, weil die Autos auf die einzelnen Streckenmöglichkeiten verteilt würden. Da aber jeder an sich selbst denkt, kann es sogar sinnvoll sein, eine Straße zu sperren, um den Verkehrsfluss zu fördern. Und Mathematik und Statistik können dabei helfen, solche Effekte schon bei der Planung neuer Straßen zu berücksichtigen.

Das Aufteilungs-Paradoxon

Willi und Heini begegnen sich beim 40-jährigen Abiturtreffen seit vielen Jahren zum ersten Mal wieder. Die Feier ist mächtig im Gange, als sie auf dem Sportplatz eine Torwand entdecken. Schnell werden Erinnerungen an Jugendzeiten geweckt und sie vereinbaren einen Wettkampf: Wer zuerst sechsmal beim Schießen gegeneinander auf die Torwand gewinnt, soll der Gesamtgewinner sein; ein Unentschieden wird nicht mitgezählt. Die umstehenden ehemaligen Mitschüler lassen schnell eine Mütze herumgehen, in der Geld für den Sieger gesammelt wird. Da die beiden doch arg aus der Übung sind, kommt ihnen beim Warmschießen der Verdacht, dass sie eigentlich gleich gut (oder schlecht) sind und es eher zufällig ist, wann einer ein Loch in der Torwand trifft. Umso gespannter beginnen sie also das Wettschießen. Beim Stand von 5:3 für Willi passiert es allerdings: Ein mächtiger Wolkenbruch löst sich vom Himmel und alle verlassen schnell den Sportplatz, um Unterschlupf im alten Schulgebäude zu finden. Da das Spiel nicht beendet werden kann, stellt sich die Frage, wie das eingesammelte Geld unter den beiden Kontrahenten aufgeteilt werden soll. Spontan schlägt ein Mitschüler vor, das Geld – gemäß dem letzten Spielstand – im Verhältnis 5:3 aufzuteilen, was die meisten Umstehenden überzeugt. Willi würde 62,5 % und Heini 37,5 % des Geldes erhalten. Doch ist das gerecht?

Am ehesten sollte eine gerechte Lösung derart aussehen, dass sie die Siegchancen beider Kontrahenten widerspiegelt. Am einfachsten ist es, diese zunächst für den bisher unterlegenen Heini zu berechnen. Damit er das Spiel gewinnt, also zuerst sechsmal gegen Willi gewonnen hat, müsste er dreimal hintereinander gewinnen, damit das Spiel 5:6 ausgeht. Hierfür ist die Wahrscheinlichkeit 0,5 × 0,5 × 0,5 = 12,5 %. Wenn auch nur in einer der drei Runden Willi siegt, hat Heini das Spiel hingegen verloren. Tatsächlich sollte das Aufteilungsverhältnis der Siegprämie also für Heini 12,5 % und für Willi 87,5 % betragen.

Dieses doch eher unerwartete Ergebnis wird in der Literatur unter dem Namen „Aufteilungsparadoxon" geführt. Dass Willi, Heini und ihre Mitschüler dieses nicht kennen, macht im konkreten Fall aber nichts, da sie schnell beschließen, das Geld einfach gemeinschaftlich an der Sektbar umzusetzen.

Rationale Kuchenauswahl

Otto ist ein Stammgast in einem kleinen Café und isst dort regelmäßig Torte, so auch am Ostersonntag. Dabei ergibt sich folgende Diskussion:

Otto: „Es gibt wahrscheinlich wieder Apfeltorte und Bienenstich, oder? Dann nehme ich Apfeltorte." Bedienung: „Gern. Wegen des Feiertags haben wir heute aber zusätzlich auch die Schwarzwälder Kirschtorte im Angebot."

Otto: „Ach, wenn das so ist, dann nehme ich den Bienenstich."

Die Bedienung nimmt die Bestellung mit leichter Verwunderung auf. Wieso hat sich Otto bei einer dritten Torte in der Auswahl für den Bienenstich entschieden, den er vorher nicht haben wollte? Es muss natürlich eine spontane Bauchentscheidung gewesen sein, denn rational kann das ja nicht sein. Oder vielleicht doch? Otto ist nämlich Statistiker und hat sich ein ausgeklügeltes System zur Entscheidung für eine Torte überlegt: Da er Stammgast in seinem Lieblingscafé ist, weiß er sehr genau, dass die Qualität der Torten stark schwankt. Die Apfeltorte ist zwar nicht besonders gut, aber immer konstant akzeptabel. Der Bienenstich ist in 40 % der Fälle hervorragend, ansonsten aber leider wenig genießbar. Die Schwarzwälder Kirschtorte ist in 50 % der Fälle zwar nicht hervorragend, aber zumindest gut, ansonsten aber leider ebenfalls wenig genießbar.

Otto wählt nun immer die Sorte, bei der er mit größter Wahrscheinlichkeit die Torte mit der besseren Qualität bekommt. Wenn also nur Apfeltorte und Bienenstich zur Auswahl stehen, dann erhält er beim Bienenstich nur in 4 von 10 Fällen (40 %) eine bessere Qualität als bei der Apfeltorte. Bei den anderen 6 von 10 Fällen (60 %) gefällt ihm Apfeltorte besser, sodass er sich ganz rational für diese entscheidet, siehe auch die folgenden Abbildungen.

Steht nun allerdings auch die Schwarzwälder Kirschtorte zur Auswahl, passiert Folgendes: In 4 von 10 Fällen (40 %) bleibt der Bienenstich der Favorit, weil er besser als die beiden anderen Torten ist. In den anderen 6 von 10 Fällen ist nun entweder die Apfeltorte oder die Schwarzwälder Kirschtorte besser, konkret ist in der Hälfte dieser 6 Fälle – also mit insgesamt 30 % Wahrscheinlichkeit – die Schwarzwälder Kirschtorte besser als die Apfeltorte, d. h. Otto würde diese auswählen. So

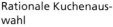

Rationale Kuchenaus-
wahl

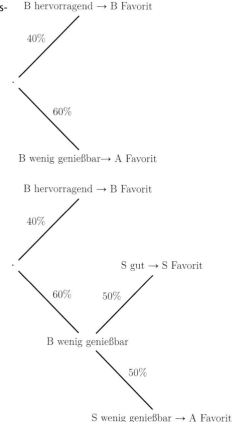

B hervorragend → B Favorit

40%

60%

B wenig genießbar → A Favorit

B hervorragend → B Favorit

40%

S gut → S Favorit

60%   50%

B wenig genießbar

50%

S wenig genießbar → A Favorit

*bleibt nur in den verbleibenden 3 von 10 Fällen (30 %) die Ap-
feltorte besser als die beiden anderen Wahlmöglichkeiten. Ottos
Wahl sollte nun also durch die zusätzliche Auswahl tatsächlich
auf den Bienenstich fallen, er handelt vollkommen rational,
auch wenn die Bedienung ihn für wankelmütig hält.*

Das St.-Petersburg-Paradoxon I

Stellen Sie sich vor, Sie möchten in Zukunft Ihr Geld mit Glücksspiel verdienen. Sie gehen also in eine dunkle Kaschemme und versuchen es für den Einstieg folgendermaßen: Sie lassen einen Mitspieler eine Münze werfen, bis Kopf erscheint. Wenn Kopf bereits im ersten Wurf oben liegt, müssen Sie dem Mitspieler 2 € geben. Erscheint Kopf erst bei späteren Würfen, werden die zwei Euro mit jedem zusätzlichen Wurf verdoppelt. Es stellt sich nun die Frage, welchen Einsatz Sie verlangen sollten, damit für Sie ein schöner Gewinn übrig bleibt.

Einen hohen Geldbetrag müssen Sie nur auszahlen, wenn man sehr oft werfen müsste, damit zum ersten Mal Kopf erscheint. Wenn wir also tatsächlich 5 Würfe bräuchten, ist der Auszahlungsbetrag gerade einmal $2^5 = 32$ €. Und dies erscheint schon recht unwahrscheinlich. Wenn Sie Ihrem Mitspieler also z. B. 1000 € als Spieleinsatz abverlangen würden, dann dürfte dies die meisten Mitspieler vermutlich abschrecken, Sie müssten dabei aber einen guten Schnitt machen. Oder etwa nicht? – Es lohnt zur Bewertung dieser Frage noch einmal auf das Beispiel mit den 5 Würfen zurückzukommen. Konkret hilft die Überlegung, wie wahrscheinlich es ist, dass genau im 5. Wurf zum ersten Mal Kopf oben liegt. Dazu muss viermal Zahl oben liegen und dann Kopf. Die Wahrscheinlichkeit dafür ist $(1/2)^5 = 1/32$. An dem Ergebnis mag irritieren, dass der Auszahlungsbetrag in diesem Fall 32 € beträgt und die

Wahrscheinlichkeit dem Kehrwert entspricht, also 1/32. Stellen wir uns das Ganze für den Fall vor, dass Kopf das erste Mal im 10. Wurf oben liegt. Die Wahrscheinlichkeit beträgt $(1/2)^{10}$ = 1/1.024 und der in diesem Fall von Ihnen auszuzahlende Betrag 2^{10} = 1024 €.

Welchen Betrag müssen Sie nun konkret im langfristigen Mittel an den Mitspieler auszahlen? Sie müssen nur die Wahrscheinlichkeiten mit den Auszahlungsbeträgen bewerten und zusammenzählen, also $1/2 \times 2 + 1/4 \times 4 + 1/8 \times 8 + \ldots = 1 + 1 + 1 + \ldots = \infty$. Der durchschnittliche zu erwartende Auszahlungsbetrag ist tatsächlich unendlich. Sie müssen erwarten, dass Sie – zumindest bei sehr vielen Spielen – aus diesem Spiel immer als finanzieller Verlierer hervorgehen, egal, wie viel Ihr Mitspieler bereit ist, einzusetzen. Für eine dauerhafte Finanzierung Ihres Lebensunterhalts ist dieses Spiel also ungeeignet, auch wenn der Mitspieler 1000 € oder noch mehr setzt. Diese intuitiv unerwartete Lösung wird in der Literatur unter dem Namen St.-Petersburg-Paradoxon geführt.

Das St.-Petersburg-Paradoxon II

In dem in der vorigen Kolumne vorgestellten Spiel verlieren Sie also im Mittel, egal wie hoch Sie den Einsatz festlegen. Dass Sie dabei nicht unendlich große Beträge auszahlen können, ist klar. Aber stellen wir uns vor, Sie hätten gerade gut 1 Mio. € geerbt, die Sie maximal auszuzahlen bereit wären. Im Spiel würde also eine obere Grenze eingezogen: Wenn der Auszahlungsbetrag zum Beispiel 1 Mio. € übersteigt, wird das Spiel abgebrochen und der Auszahlungsbetrag muss unabhängig davon geleistet werden, ob im letzten Wurf Kopf oder Zahl oben gelegen hat.

Wie viel sollten Sie dem Spieler für dieses modifizierte Spiel abnehmen? – Zur Beantwortung dieser Frage muss erst einmal ermittelt werden, wann die Grenze von 1 Mio. € überschritten wird. Dieses tritt beim 20. Wurf ein, der Auszahlungsbetrag ist dann 2^{20} = 1.048.576 €. Die Wahrscheinlichkeit, dass erstmals Kopf beim 20. Wurf oben liegt, ist $(1/2)^{20}$, analog dafür, dass Zahl oben liegt, ebenfalls $(1/2)^{20}$. Für den 20. Wurf ist die Wahrscheinlichkeit also doppelt so hoch wie bei allen vorherigen Runden, bis zum 20. Wurf ändert sich hingegen nichts. Der zu erwartende Auszahlungsbetrag ist also: $1/2 \times 2 + 1/4 \times 4 + 1/8 \times 8 + \ldots + 2 \times (1/2)^{20} \times 2^{20} = 1 + 1 + 1 + \ldots + 2 = 21$. Wenn Sie dem Spieler also pro Spiel einen Einsatz von 21 € – plus einen Aufschlag für Sie – abnehmen, dann machen Sie im Mittel bei diesem Spiel Gewinn.

Das Ergebnis zeigt, dass das Einziehen einer sehr hoch gewählten Obergrenze beim Auszahlungsbetrag – mehr als 1 Mio. € – dazu führt, dass die zu erwartenden Auszahlungsbeträge tatsächlich überschaubar werden und sich das Erstaunliche der unendlich großen erwarteten Auszahlungsbeträge bei einem unbeschränkten Spiel auflöst.

Eine solche Obergrenze ist dabei nichts Ungewöhnliches. In den meisten deutschen Casinos liegt dieses sogenannte Tischlimit beim Roulette nicht über 3000 €. Da typischerweise, beim Setzen auf eine Zahl, als maximaler Gewinn das 36-Fache des Einsatzes ausgezahlt wird, kann man so in einer Runde nicht mehr als 108.000 € gewinnen.

...

Eine weitere interessante Überlegung zum Roulette finden Sie auch in der Kolumne „Todsichere Strategie?" im Kapitel „Statistik in Sport und Spiel".

Unfaires Spiel

Lassen Sie ihre Gedanken schweifen: Sie sind im Urlaub, es ist ein lauer Sommerabend und auf der Straße spricht Sie ein Straßenspieler auf ein einfaches Spiel an. Er zeigt Ihnen drei Karten, von denen eine zwei rote Seiten, eine zwei weiße Seiten und eine sowohl eine rote als auch eine weiße Seite aufweist. Er bietet Ihnen nun an, dass Sie eine Karte ziehen und mit der oberen Seite offen auf den Tisch legen sollen. Stellen wir uns vor, diese Seite sei rot. Anschließend bietet er Ihnen 10 € an, wenn die untere Seite weiß ist. Ist die andere Seite hingegen auch rot, müssen Sie ihm 10 € bezahlen.

Natürlich sollte man immer kritisch sein, wenn einem Straßenspieler derartige Spiele anbieten. Sie haben dem Spieler aber genau auf die Finger geguckt und sind überzeugt, dass nicht geschummelt wurde. Und auf den ersten Blick scheint das Spiel auch fair zu sein, denn die Karte, die Sie gezogen haben, kann schließlich nur die rot-rote oder die rot-weiße Karte sein und somit scheint die Gewinnchance bei 50 zu 50 zu liegen. Das Spiel erscheint Ihnen fair und Sie willigen aus Ihrer Urlaubslaune heraus ein.

Bei diesem Beispiel hilft es, sich die Gewinnchancen bei mehreren Spielen klarzumachen. Stellen wir uns also sechs Spie-

le vor. Es kann dann erwartet werden, dass von Ihnen zweimal die rot-rote, zweimal die rot-weiße und zweimal die weiß-weiße Karte gezogen wird. Ist die gezogene Karte die rot-rote Karte, ist in beiden Fällen die Oberseite rot und die Unterseite der Karte ebenfalls rot. Wird die weiß-rote Karte gezogen, ist nur in einem Fall die Oberseite rot und dementsprechend die Unterseite weiß. Die anderen Fälle mit der weißen Oberseite können wir an dieser Stelle gleich ausschließen, denn wir wollen ja untersuchen, was passiert, wenn Sie für die Oberseite rot gezogen haben. Von den infrage kommenden drei Fällen mit der roten Oberseite treten also in zwei Fällen rote Unterseiten und nur in einem Fall eine weiße Unterseite auf. Mitnichten ist das von dem Straßenspieler angebotene Spiel also fair. Der Straßenspieler gewinnt in zwei von drei Fällen, während Sie nur in einem der drei Fälle gewinnen. Der Grund hierfür liegt darin, dass die rot-rote Karte im Gegensatz zur rot-weißen Karte eine doppelt hohe Wahrscheinlichkeit aufweist, dass sie mit einer roten Seite oben gezogen wird.

Sie sollten Ihr Geld also lieber für eine andere Urlaubsaktivität sparen oder den Trick in heiterer Runde an Ihren Mitreisenden ausprobieren.

Eine Chance für Verlierer?

Jeder Casino- und Lottospieler kennt das Grundproblem: Man hat mal Glück und mal Pech, auf lange Sicht verliert man aber sein gesamtes Geld. Auch durch die geschicktesten Strategien kann man im langfristigen Mittel nicht gewinnen. Diese Regel scheint unumstößlich zu sein. Mit umso größerem Interesse wurden 1996 die Überlegungen des spanischen Physikers Juan Parrondo aufgenommen. Er beschrieb, dass man in bestimmten Situationen nachteilhafte Spiele so kombinieren kann, dass man im Vorteil ist: Zwei Verluststrategien können zusammen eine Gewinnstrategie ergeben! Dies wird seither als Paradoxon von Parrondo bezeichnet.

Können wir also jetzt alle im Casino reich werden, indem wir nur in der richtigen Reihenfolge etwa beim Roulette setzen, wie in einigen Internetforen daraufhin verbreitet wurde? So einfach geht es leider nicht. Ein entscheidender Punkt ist, dass die Gewinne bei den Spielen nicht unabhängig voneinander sein dürfen. Als ein Beispiel für die von Parrondo beschriebene Situation kann man folgende zwei Spiele mit jeweils einem Euro Einsatz betrachten: Bei Spiel A setzen Sie beim Roulette einen Euro auf Rot. Wegen der „Null" verlieren Sie also Ihren Einsatz mit Wahrscheinlichkeit $19/37 = 51,3 \ldots$ %, sodass Sie langfristig im Nachteil sind. Das Spiel B werden Sie so im Casino nicht finden, da Ihre Auszahlung nämlich davon abhängt, welchen Geldbetrag Sie noch in der Tasche haben: Ist Ihr Vermögen durch 3 teilbar, so gewinnen Sie einen Euro, wenn die Roulettekugel auf die Zahlen 1, 2 oder 3 fällt. Falls es nicht durch 3 teilbar ist, dann haben Sie eine größere Gewinnchance, nämlich bei den Zahlen 1, 2, $\ldots$, 28. Hier ist nicht so klar, ob Sie oder das Casino im Vorteil sind. Etwas aufwendigere Rechnungen zeigen aber, dass Sie auch bei diesem Spiel Ihr gesamtes Geld über lange Zeit verlieren werden. Sowohl Spiel A als auch Spiel B ruiniert Sie also. Jetzt kommt das Paradoxe: Werfen Sie vor jeder Runde eine Münze und entscheiden sich für Spiel A, wenn „Zahl" fällt, und ansonsten für Spiel B

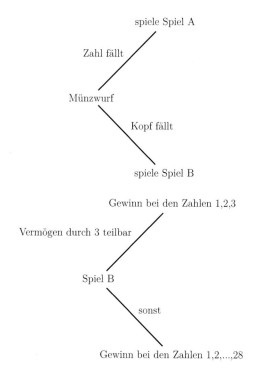

Parrondo-Paradoxon

(vgl. die Abbildung), so wird sich das Blatt zu Ihren Gunsten wenden. Im langfristigen Mittel machen Sie nun Gewinn!

Es ist aber anzunehmen, dass sich kein Casinobetreiber auf solche Spiele einlassen wird. Und in der Tat sind Casinospiele stets so gewählt, dass das Ergebnis in der aktuellen Runde unabhängig von den vorigen ist. So finden sich für dieses Paradoxon zwar interessante Anwendungen in Bereichen wie Physik und Biologie, Glücksspielern wird es aber wohl nicht zu riesigem Reichtum verhelfen.

…

Eine Computersimulation illustriert das Ergebnis, wie die Abbildung unten zeigt: Spielt man ausschließlich Spiel A oder Spiel B, so verliert man auf Dauer (schwarze und rote Graphen), bei dem Wechsel zwischen den beiden Spielen mittels Münzwurf vermehrt man auf lange Sicht das Vermögen (grüner Graph). Eine exakte Analyse ist etwas diffizil und würde hier zu weit führen. Dass das Parrondo-Paradoxon aber vielleicht doch gar nicht so paradox ist und dass solche Phänomene ganz natürlich auftreten können, wenn der Gewinn des Spiels vom Vermögen des Spielers abhängt, zeigt folgende vereinfachte Situation, die ganz ohne Zufall auskommt.

Wir betrachten wieder zwei Spiele, Spiel A′ und Spiel B′. Bei Spiel A′ schenken Sie dem Casino in jeder Runde einen Euro. Dieses Spiel würde kein vernünftiger Mensch spielen, denn wenn man z. B. mit 100 € startet, verliert man sein gesamtes Vermögen nach 100 Einsätzen. Bei Spiel B′ soll die Auszahlung (wie im Spiel B) von dem Vermögen des Spielers abhängen: Hat der Spieler einen geraden Geldbetrag in der Tasche, so gewinnt er 3 €, bei einem ungeraden Geldbetrag verliert er 5 €. Ein Vermögen von 100 € entwickelt sich bei diesem Spiel also so: $100 + 3 = 103$, $103 − 5 = 98$, $98 + 3 = 101$, $101 − 5 = 96$ … Der Spieler verliert also nach jeweils zwei Runden $5 − 3 = 2$ € und damit nach 50 Runden sein gesamtes Vermögen. Auch dieses Spiel würde man sicher nicht lange spielen.

Gibt es nun aber die Möglichkeit zwischen Spiel A′ und Spiel B′ zu wechseln, dann ändert sich die Situation. Spielt

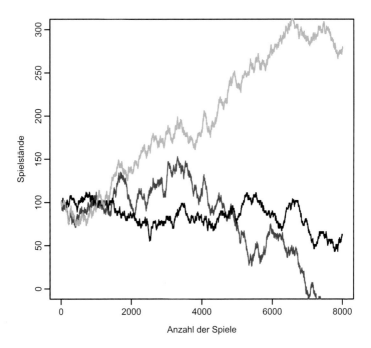

Simulation der Vermögen beim Spielen von Spiel A (*schwarz*), Spiel B (*rot*) und bei dem Wechsel zwischen Spiel A und B durch Münzwurf (*grün*)

man nämlich Spiel B′ und Spiel A′ einfach im Wechsel, so winkt aber wie im Parrondo-Paradoxon riesiger Reichtum: Das Vermögen von 100 € entwickelt sich zu 100 + 3 = 103, 103 − 1 = 102, 102 + 3 = 105, 105 − 1 = 104 … Nach jeweils zwei Runden hat man also 2 € gewonnen, denn durch das Verschenken eines Euros in Spiel A′, erhält man in der Folgerunde stets 3 € aus Spiel B′.

Wundersame Gehaltssteigerungen

Bianca ist irritiert. Ihr wurde als Betriebsratsvorsitzende gerade von der Geschäftsführung ihrer Firma mitgeteilt, dass es dieses Jahr keine Lohnsteigerungen geben soll, da im vergangenen Jahr die Durchschnittsgehälter in beiden Abteilungen der Firma deutlich gestiegen seien. Nur ist sich Bianca sicher, dass niemand in der Firma im vergangenen Jahr eine Gehaltssteigerung bekommen hat! Wie passt das zusammen? Im vergangenen Jahr hatte es eine Umstrukturierung in der Firma gegeben. Mehrere Mitarbeiter wurden von der Abteilung 1 in die Abteilung 2 versetzt. Aufgrund unterschiedlicher Qualifikation lagen die Gehälter in der Abteilung 1 höher als in Abteilung 2. Versetzt wurden Mitarbeiter, die in der Abteilung 1 eher weniger verdient hatten.

Dass diese Neuordnung der Abteilungen tatsächlich zu Steigerungen der Durchschnittslöhne in beiden Abteilungen führen kann, ohne dass es reale Gehaltssteigerungen gegeben hätte, lässt sich am besten an einem Beispiel deutlich machen: Stellen wir uns vor, dass in Abteilung 1 vor der Umstrukturierung vier Mitarbeiter gearbeitet haben, von denen zwei 2500 € und zwei 3000 € verdienten. Das macht ein Durchschnittsgehalt von 2750 €. In der Abteilung 2 haben auch vier Mitarbeiter gearbeitet, von denen zwei 2000 € und zwei Mitarbeiter 2500 € verdienten. Das macht ein Durchschnittsgehalt von 2250 €. Nun wechselt ein Mitarbeiter mit 2500 € Verdienst von der Abteilung 1 in die Abteilung 2. In der Abteilung 1 sind nun nur noch drei Mitarbeiter tätig, mit einmal 2500 € und zweimal 3000 €, also 2833,33 € Durchschnittsgehalt. In der Abteilung 2 sind nun fünf Mitarbeiter tätig, mit zweimal 2000 € und dreimal 2500 €, also 2300 € Durchschnittsgehalt. Tatsächlich ist also in Abteilung 1 das Durchschnittsgehalt um 3 % gestiegen. Gleiches gilt in Abteilung 2 mit einer Steigerung des Durchschnittsgehalts von 2,2 %. Ohne dass ein Mitarbeiter mehr verdient hätte, sind also die Durchschnittsgehälter allein aufgrund der neuen Zusammensetzung der Abteilungen gestiegen.

Bianca durchschaut den Trick in der Argumentation der Geschäftsführung und geht natürlich mit besonders hohen Gehaltsforderungen in die Verhandlungen, da ja niemand in der Firma im vergangenen Jahr eine Gehaltssteigerung bekommen hat.

…

Das statistische Phänomen, das Bianca hier beobachtet, wird in der Literatur als Will-Rogers-Phänomen oder Will-Rogers-Paradoxon bezeichnet und begegnet einem in anderer Verkleidung immer wieder, wie auch die folgenden Beispiele zeigen.

Von wundersamen Effekten im Mittel

„Neuseeländer, die nach Australien auswandern, erhöhen den IQ beider Länder." Dieses Zitat wird dem ehemaligen neuseeländischen Premierminister Sir Robert David Muldoon (1921–1992) zugeschrieben. Was im ersten Moment paradox klingen mag, war ein wohl nicht ganz ernst gemeinter Seitenhieb auf die australischen Nachbarn: Nach Meinung des Premiers wanderten nur die weniger intelligenten Neuseeländer nach Australien aus, was die durchschnittliche Intelligenz in Neuseeland steigerte. Aber selbst diese Auswanderer seien dem Premier nach noch klüger gewesen als der durchschnittliche Australier, sodass auch dort der IQ erhöht wurde.

Ganz ähnlich wie im vorigen Abschnitt sehen wir, dass bei Änderungen der Gruppenzusammensetzung die Mittelwerte aller Gruppen in die Höhe getrieben werden können. Dabei muss für eine seriöse Bewertung in vielen Fällen sehr genau bedacht werden, wodurch Effekte zustande kommen, wie auch das folgende Beispiel aus der Krebsforschung zeigt. Stellen wir uns vor, dass bei einer Krebsart die Patienten in zwei Gruppen aufgeteilt werden: Gruppe 1 mit wenigen und Gruppe 2 mit vielen Krebszellen. Verbessert sich das Diagnoseverfahren, dann werden bei allen betrachteten Patienten mehr Krebszellen erkannt. Das heißt insbesondere, dass einige Patienten statt in Gruppe 1 in Gruppe 2 eingestuft werden. Dieses sind aber gerade die Patienten, die in Gruppe 1 schon vorher recht viele Tumorzellen und damit schlechtere Heilungsaussichten hatten. In Gruppe 2 werden die Neuhinzugekommenen aber meist bessere Prognosen erhalten als die, bei denen schon mit dem alten Verfahren mehr Krebszellen festgestellt wurden. Ohne dass sich an der Therapie irgendetwas geändert hätte, steigen die durchschnittlichen Heilungserfolge in beiden Gruppen an: In Gruppe 1 werden diejenigen mit dem hohen Risiko nicht mehr gezählt, in Gruppe 2 sind aber nun neue Patienten mit einem vergleichsweise niedrigen Risiko hinzugekommen. Obwohl also kein Patient bessere Heilungschancen hat, steigen in beiden Gruppen die durchschnittlichen Heilungsaussichten. Es ist also geboten, bei Gruppeneinteilungen Mittelwertaussagen kritisch zu hinterfragen und im Beispiel darauf zu hoffen, dass das neue Diagnoseverfahren auch bessere Therapiemöglichkeiten mit sich bringt.

...

Die wundersame vermeintliche Steigerung der Intelligenz in Neuseeland und Australien kann man sich auch grafisch verdeutlichen.

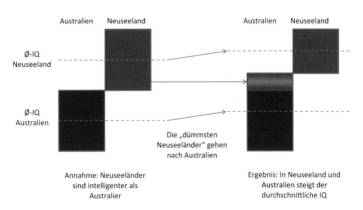

Die „dümmsten Neuseeländer" gehen nach Australien

Und tatsächlich spielte dieser Effekt auch in einem ganz anderen Bereich einmal eine bedeutsame Rolle in der öffentlichen Diskussion: beim Pisa-Schock 2000. Ausgehend von der Auffassung, dass Deutschland hervorragend hinsichtlich der Schulausbildung aufgestellt wäre, stellte man schockiert fest, dass die Bundesrepublik im internationalen Vergleich gerade einmal im unteren Mittelfeld anzusiedeln war. In der Folge wurden auch die Ergebnisse zwischen den einzelnen Bundesländern einer vehement und kontrovers geführten Diskussion unterzogen. Dabei wurden immer wieder die durchschnittlichen Pisa-Ergebnisse differenziert nach Schulformen – also Hauptschule, Realschule und Gymnasium – herangezogen.

Wie verfälschend dieser Ansatz sein kann, lässt sich der folgenden Abbildung entnehmen. Es sind dort zwei fiktive Bundesländer dargestellt. Die Balken symbolisieren die Schülerschaft, wobei eine Reihenfolge nach Leistung vorgenommen wurde und wir, der Übersichtlichkeit halber, annehmen, dass die Verteilung der Schülerinnen und Schüler auf die Schulformen rein leistungsabhängig geschieht. Die beiden fiktiven Bundesländer unterscheiden sich nicht hinsichtlich der Leistungen der Schüler, allerdings gehen im Bundesland 1 deutlich weniger Schüler zur Hauptschule und deutlich mehr Schüler zum Gymnasium als im Bundesland 2. Zweites ist durchaus eine realistische Situation, denn im Jahr 2012 lag der Anteil der Schulabgänger mit allgemeiner Hochschulreife beispielsweise in Bremen bei 65,4 % und in Bayern bei 30,3 %, also nur halb so hoch.

Was bedeutet dies nun für die durchschnittlichen Leistungen je Schulform bei einem standardisierten Test? – Da in Bundesland 2 viele Schüler, die in Bundesland 1 die Real-

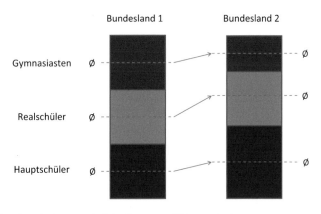

Pisa-Ergebnisse nach Schulformen differenziert

schule besuchen, auf der Hauptschule sind, muss die durchschnittliche Testleistung an den Hauptschulen in Bundesland 2 höher als in Bundesland 1 liegen. Für die Gymnasien gilt, dass in Bundesland 2 viele Realschüler in Bundesland 1 auf dem Gymnasium wären, die durchschnittliche Testleistung an den Gymnasien muss in Bundesland 2 also höher liegen als in Bundesland 1. Gleiches ergibt sich für die Realschule.

Ohne dass sich die Schülerschaft hinsichtlich ihrer Leistung unterscheidet, führen die verschiedenen Einteilungen nach den Schulformen dazu, dass ein Bundesland in allen Schulformen bessere durchschnittliche Leistungen aufweisen wird als das andere. Neben den durchschnittlichen Leistungen nach Schulform sollten also in jedem Fall auch die durchschnittlichen Leistungen je Bundesland über alle Schulformen hinweg (also insgesamt im Bundesland) betrachtet werden, denn diese Kennzahlen sind von dem beschriebenen Effekt natürlich nicht betroffen.

Hinsichtlich der Pisa-Ergebnisse nach Schulformen differenziert lässt sich der Effekt aber auch auf die Spitze treiben. Stellen Sie sich vor, Sie seien Kultusminister/in im Bundesland 1 und hätten den Auftrag, binnen kürzester Zeit die durchschnittlichen Leistungstestergebnisse in allen drei Schulformen zu erhöhen. Allerdings sollte dieses Unterfangen möglichst kostenneutral erfolgen.

Nach dem Will-Rogers-Phänomen ist die Lösung ganz einfach: Sie suchen im ganzen Bundesland den schlauesten Schüler und legen fest, dass dieser in Zukunft als einziger Gymnasiast zählen solle. Anschließend suchen Sie den zweitschlauesten Schüler und ernennen ihn zum einzigen Realschüler. Alle anderen Schüler würden dann per Dekret zu Hauptschülern erklärt. Im Bundeslandvergleich wäre zukünftig Bundesland 2 chancenlos ...

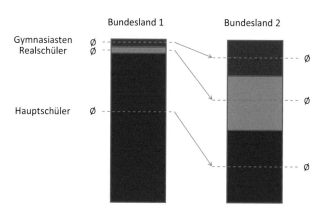

Pisa-Ergebnisse nach Schulformen differenziert mit extremen Schuleinteilungen

Das Simpson-Paradoxon

1973 stand die renommierte US-Universität Berkeley wegen vermeintlicher Diskriminierung von Frauen bei der Studienzulassung am Pranger. Was passiert war, lässt sich an folgendem vereinfachten Beispiel nachvollziehen. Stellen wir uns vor, es würden sich auf zwei Studiengänge insgesamt 500 Frauen und 500 Männer bewerben. Von den Frauen werden 240 zum Studium zugelassen (48 % Zulassungsquote), von den Männern 300 (60 % Zulassungsquote).

Verteilung der Bewerberinnen und Bewerber an der Hochschule insgesamt

	Frauen	*Männer*	*zusammen*
Bewerber	*500*	*500*	*1000*
angenommene Bewerber	*240*	*300*	*540*
abgelehnte Bewerber	*260*	*200*	*460*
Zulassungsquote	*48 %*	*60 %*	*54 %*
Ablehnungsquote	*52 %*	*40 %*	*46 %*

Auf den ersten Blick scheint der Vorwurf der Diskriminierung gegen Frauen also durchaus begründet. Allerdings müssen zu einer wirklichen Beurteilung auch die Bewerbungs- und Zulassungsquoten in den beiden Studiengängen berücksichtigt werden. Im ersten Studiengang gibt es 360 Studienplätze, auf die sich 100 Frauen und 400 Männer bewerben. Es werden

80 Frauen und 280 Männer zum Studium zugelassen, also 80 % Zulassungsquote bei den Frauen und 70 % bei den Männern.

Verteilung der Bewerberinnen und Bewerber im Studiengang 1

	Frauen	*Männer*	*zusammen*
Bewerber	*100*	*400*	*500*
angenommene Bewerber	*80*	*280*	*360*
abgelehnte Bewerber	*20*	*120*	*140*
Zulassungsquote	*80 %*	*70 %*	*72 %*
Ablehnungsquote	*20 %*	*30 %*	*28 %*

Im zweiten Studiengang gibt es 180 Studienplätze, auf die sich 400 Frauen und 100 Männer bewerben. 160 Frauen und 20 Männer werden zum Studium zugelassen, also 40 % bei den Frauen und 20 % bei den Männern.

Verteilung der Bewerberinnen und Bewerber im Studiengang 2

	Frauen	*Männer*	*zusammen*
Bewerber	*400*	*100*	*500*
angenommene Bewerber	*160*	*20*	*180*
abgelehnte Bewerber	*240*	*80*	*320*
Zulassungsquote	*40 %*	*20 %*	*36 %*
Ablehnungsquote	*60 %*	*80 %*	*64 %*

In beiden Studiengängen werden Frauen also zu einem höheren Anteil zugelassen als Männer, welches eher als eine Diskriminierung der Männer angesehen werden kann.

Wie kann dieses kuriose Ergebnis – höhere Zulassungsquoten bei den Männern insgesamt, aber in jedem Studiengang höhere Zulassungsquoten bei den Frauen – erklärt werden? Inhaltlich liegt des Rätsels Lösung darin, dass sich im genannten Beispiel Frauen eher auf den Studiengang bewerben, bei dem die Zulassungsquote geschlechtsunabhängig niedriger ist, d. h. bei dem sich relativ mehr Bewerber auf die Studienplätze bewerben. Männer bewerben sich hingegen verstärkt auf den Studiengang mit mehr Studienplätzen. Die Betrachtung der Zulassungsquoten insgesamt, bei der Frauen scheinbar diskriminiert werden, lässt also schlicht außer Acht, dass im exemplarischen Fall Frauen und Männer offensichtlich unterschiedliche Studienvorlieben haben.

Dieses als Simpson-Paradoxon bekannte Phänomen kann immer dann eintreten, wenn die Gesamtbetrachtung durch nicht berücksichtigte Faktoren beeinflusst wird, wie im vorliegenden Fall das unterschiedliche Bewerbungsverhalten von Frauen und Männern auf die Studiengänge. Solange dieses nicht berücksichtigt wird, können im schlimmsten Fall auf Basis der Gesamtbetrachtung vollkommen falsche Schlussfolgerungen gezogen werden.

…

Dies illustriert auch das folgende Beispiel, ebenfalls aus den Vereinigen Staaten. Dort wird momentan viel und hitzig über das „wirtschaftliche Modell Texas" diskutiert, besonders im Vergleich zu dem nahe gelegenen Kalifornien. Auch hier werden häufig von unterschiedlicher Seite unterschiedliche Zahlen verwendet, deren Zusammenhang sich erst erschließt, wenn man das Simpson-Paradoxon bedenkt. Ein gutes Beispiel ist die Diskussion um die Löhne. Viele der Arbeitsplätze in Texas gelten als niedrig bezahlt. Und in der Tat lag der durchschnittliche Stundenlohn 2011 mit 11,20 US$ deutlich niedriger als 12,50 US$ im US-Durchschnitt. Dies führt zu der Beschreibung von Texas als Niedriglohnland. Ein etwas differenzierteres Bild entsteht bei der Einbeziehung eines versteckten Faktors, der in Texas deutlich anders ausgeprägt ist als in den restlichen USA, nämlich die ethnische Zusammensetzung: In Texas leben nur 45 % Weiße im Vergleich zu einer Quote von 64 % USA-weit. Dafür ist die Quote der Hispano-Amerikaner mit 38 % im Vergleich zu 16 % deutlich höher. In den gesamten Vereinigten Staaten lässt sich beobachten, dass das Einkommen deutlich mit der ethnischen Herkunft korreliert. Vergleicht man nun die Stundenlöhne der einzelnen Gruppen, so ergibt sich ein deutlich anderes Bild: In jeder Gruppe liegt der Stundenlohn höher als der US-Durchschnitt. Das Durchschnittseinkommen der Weißen liegt bei 17,10 US$ (US-weit 16,50 US$), das der Farbigen bei 15,10 US$ (im Vergleich zu 14,30 US$ US-weit) und auch die Hispano-Amerikaner verdienen mit 12,60 US$ im Schnitt 50 Cent mehr als im US-Mittel. Man kann diese Zahlen nun politisch sehr unterschiedlich interpretieren. Klar ist aber, dass auch hier die Kenntnis des Simpson-Paradoxons eine differenzierte Interpretation ermöglicht.

298   Achtung: Statistik

Minigolf paradox

Die Freunde Justus und Peter wollen Minigolf spielen, aber ihr Freund Bob ist in sein „Achtung: Statistik"-Buch vertieft und hat keine Lust mitzuspielen. Da Minigolf zu dritt aber mehr Spaß macht, versucht Justus ihn zu locken: „Du machst drei Spiele gegen uns beide; entweder du spielst zuerst gegen Peter, dann gegen mich und erneut gegen Peter, oder erst gegen mich, dann gegen Peter und zum Abschluss noch einmal gegen mich. Das kannst du dir aussuchen. Wenn du zwei Spiele am Stück gewinnst, dann mache ich uns dreien heute Abend selbstgemachte Pizza." Das Angebot lockt Bob nun doch und er entscheidet sich mitzuspielen.

Vor Beginn der Partie überlegt Bob, in welcher Reihenfolge er spielen soll. Er weiß, dass Peter der beste Spieler der drei ist. Gegen ihn gewinnt er im Mittel nur 1 von 3 Spielen. Justus spielt zwar gern, aber nicht besonders gut. Gegen ihn gewinnt Bob im Mittel 3 von 4 Spielen. Es scheint also klar, dass er sich dafür entscheiden sollte, zweimal gegen den schwächeren Justus zu spielen und nur einmal gegen Peter. Trotzdem möchte Bob das Wissen aus der fleißigen Lektüre des Buchs doch noch einmal anwenden und rechnet nach (vgl. die Tabellen weiter unten): „Wenn ich erst gegen Justus, dann gegen Peter und dann gegen Justus spiele, gewinne ich, wenn ich alle Spiele gewinne (Wahrscheinlichkeit 3/4 × 1/3 × 3/4) oder wenn ich das erste oder letzte Spiel gegen Justus verliere, die anderen aber gewinne (Wahrscheinlichkeiten 3/4 × 1/3 × 1/4 und 1/4 × 1/3 × 3/4)." Zusammengezählt ergibt das eine Wahrscheinlichkeit von 5/16 = 31,25 %. Sicherheitshalber rechnet er auch noch die Wahrscheinlichkeit für die Option aus,

Wahrscheinlichkeiten des Gewinnens bei Spielreihenfolge Peter –
Justus – Peter

	1. Spiel	**2. Spiel**	3. Spiel
Gegner	Peter	Justus	Peter
Wahrscheinlichkeit für Gewinnen	1/3	**3/4**	1/3
Wahrscheinlichkeit für Verlieren	2/3	1/4	2/3

*dass er zweimal gegen den starken Peter spielt: „Dann ge-
winne ich, wenn ich alle Spiele gewinne (Wahrscheinlichkeit
1/3 × 3/4 × 1/3) oder wenn ich das erste oder letzte Spiel gegen
Peter verliere, die anderen aber gewinne (Wahrscheinlichkeiten 2/3 × 3/4 × 1/3 und 1/3 × 3/4 × 2/3). Das ergibt dann eine
Pizza-Wahrscheinlichkeit von 5/12 = 41,67 %."*

*Das überrascht Bob nun aber doch. Wie kann es sein, dass er
lieber zweimal gegen den Minigolfprofi Peter spielen sollte und
nur einmal gegen Justus, den er doch so oft besiegt? Der Grund
liegt darin, dass er, um zwei Spiele am Stück zu gewinnen, in
jedem Fall sein zweites Spiel gewinnen muss; dieses sollte er also
gegen den schwächsten Freund spielen. Und tatsächlich gewinnt
Bob und freut sich sehr auf die Pizza, die die Freunde dann auf
dem Schrottplatz von Justus' Onkel verspeisen.*

Wahrscheinlichkeit für das Gewinnen aller drei Spiele:
1/3 × 3/4 × 1/3 = 3/12,

Wahrscheinlichkeit für das Gewinnen des 1. und 2. Spiels:
1/3 × 3/4 × 2/3 = 1/12,

Wahrscheinlichkeit für das Gewinnen des 2. und 3. Spiels:
2/3 × 3/4 × 1/3 = 1/12,

Wahrscheinlichkeiten des Gewinnens bei Spielreihenfolge Justus – Peter – Justus

	1. Spiel	**2. Spiel**	3. Spiel
Gegner	Justus	Peter	Justus
Wahrscheinlichkeit für Gewinnen	3/4	**1/3**	3/4
Wahrscheinlichkeit für Verlieren	1/4	2/3	1/4

Wahrscheinlichkeit, mindestens zwei Spiele hintereinander zu gewinnen:
5/12.

Wahrscheinlichkeit für das Gewinnen aller drei Spiele:
$3/4 \times 1/3 \times 3/4 = 3/16$,

Wahrscheinlichkeit für das Gewinnen des 1. und 2. Spiels:
$3/4 \times 1/3 \times 1/4 = 1/16$,

Wahrscheinlichkeit für das Gewinnen des 2. und 3. Spiels:
$1/4 \times 1/3 \times 3/4 = 1/16$,

Wahrscheinlichkeit, mindestens zwei Spiele hintereinander zu gewinnen:
5/16.

Das Wartezeit-Paradoxon

Diese Situation kennen wir vermutlich alle: Wir haben mal wieder Pech und müssen z. B. am Bus außergewöhnlich lange warten. Doch ist dies wirklich nur Pech oder gibt es dafür handfeste statistische Gründe?

Nähern wir uns dieser Fragestellung einmal von theoretischer Seite: Wenn z. B. alle 10 min ein Bus fahren sollte und wir ohne Kenntnis des Fahrplans rein zufällig an der Bushaltestelle ankommen, dürften wir im Mittel 5 min auf einen Bus warten – die Hälfte der durchschnittlichen Zeit zwischen zwei Bussen. Soweit, so gut. Doch was ist, wenn nicht regelmäßig alle 10 min ein Bus kommt, sondern beispielsweise immer abwechselnd zwischen zwei Bussen einmal 5 min und einmal 15 min liegen? Spontan würde man vielleicht annehmen, dass sich in diesem Fall doch eigentlich nichts an der durchschnittlich zu erwartenden Wartezeit ändern sollte: Im Mittel kommt alle 10 min ein Bus, sodass wir bei spontanem Eintreffen an der Bushaltestelle im Mittel 5 min warten sollten.

Doch leider ist die Antwort etwas komplizierter: Denn es ist deutlich wahrscheinlicher, dass wir bei spontaner Ankunft an der Bushaltestelle den 15-Minuten-Zeitraum zwischen zwei Bussen erwischen als den 5-Minuten-Zeitraum. Dies führt dazu, dass wir im Mittel eine längere Wartezeit erwarten als im Beispiel mit gleichen Zeitabständen zwischen zwei Bussen. Tatsächlich kann man mit ein wenig Wahrscheinlichkeitsrechnung einsehen, dass die zu erwartende mittlere Wartezeit nun gut 6 min beträgt.

Dieses Phänomen, wonach die zu erwartende Wartezeit mit der Unregelmäßigkeit der Fahrzeiten steigt, heißt „Wartezeit-

paradoxon" und erklärt, warum wir das Gefühl haben, dass wir oft Pech haben und viel zu lange warten müssen. Das Phänomen lässt sich besonders gut verdeutlichen, wenn wir einmal annehmen, dass zwischen den Bussen entweder 1 oder 19 min liegen – im Mittel kommt weiterhin alle 10 min ein Bus. Da aber kaum noch Chancen bestehen, genau zwischen den beiden Bussen mit einer Minute Abstand an der Bushalstestelle anzukommen, beträgt die mittlere Wartezeit gut 9 min, also grob die Mitte zwischen zwei Bussen mit 19 min Abstand. Bei regelmäßiger Abfahrtzeit alle 10 min durften wir hingegen alle 5 min auf einen Bus hoffen.

Die empfunden viel zu lange Wartezeit zwischen zwei unregelmäßig fahrenden Bussen hat ihren Grund also vielleicht in der Statistik und gar nicht im Schlendrian des ÖPNV ...

Das Fahrstuhl-Paradoxon

Die Kollegen Martin und Georg arbeiten in einem zehnstöckigen Bürohochhaus. Martin hat sein Büro im ersten, Georg im achten Stock. Bei einem gemeinsamen Mittagessen erzählt Martin von einer komischen Beobachtung: Fast immer, wenn er den Fahrstuhl nutzt, kommt dieser von oben bei ihm in der ersten Etage an und fast nie von unten aus dem Erdgeschoss. Das wundert ihn, denn schließlich muss jeder Fahrstuhl, der herunterfährt, irgendwann auch wieder hochfahren. In den nächsten Tagen achtet Georg darauf, aus welcher Richtung der Fahrstuhl bei ihm ankommt. Auch er hat das Gefühl, dass der Fahrstuhl

im achten Stock nicht aus beiden Richtungen gleich häufig eintrifft. Bei ihm kommt der Fahrstuhl viel häufiger von unten an.
Georg und Martin sind verwirrt. Wie lässt sich das erklären?
In der geselligen Mittagspause überbieten sich die Kollegen mit
Erklärungsversuchen. Georg vermutet sogar augenzwinkernd,
dass wohl im fünften Stock Fahrstühle produziert und im neunten Stock und im Erdgeschoss wieder entnommen würden. Aber
dann fällt Martin die simple Erklärung ein:

Der Fahrstuhl verbringt natürlich viel mehr Zeit in den acht
Stockwerken über seinem Arbeitsplatz in der ersten Etage als
in dem einen (dem Erdgeschoss) unterhalb seines Büros. Daher kommt der Fahrstuhl auch nicht häufiger von oben als von
unten bei ihm an. Stattdessen vergeht meist nur wenig Zeit
zwischen der Ankunft eines Fahrstuhls von oben und der erneuten Durchfahrt eines Fahrstuhls von unten. Bis der Fahrstuhl
dann wieder von oben eintrifft, verstreicht somit mehr Zeit.
Wenn Martin also zu einem zufälligen Zeitpunkt zum Fahrstuhl geht, dann kommt er meist in der langen Zeit an, die der
Fahrstuhl im oberen Teil des Gebäudes verbringt. Nur selten
erwischt er die kurze Zeitspanne, die der Fahrstuhl im Erdgeschoss verbringt. Und bei Georg ist es genau umgekehrt: Bei
ihm verbringt der Fahrstuhl die meiste Zeit unterhalb seines
Büros, sodass Georg den Fahrstuhl meist erreicht, wenn dieser
gerade von unten kommt. Und so gibt es auch für dieses Rätsel des Alltags nach einigem Nachdenken eine ganz einfache
Erklärung. Und Martin und Georg beschließen, ihre neue Erkenntnis zu versilbern und ihren gemeinsamen Kollegen Tim –
ebenfalls aus der ersten Etage – zu einer Wette zu animieren,
aus welcher Richtung der Fahrstuhl wohl in den nächsten Tagen
häufiger kommen wird. Vielleicht können Sie als Wetteinsatz
ja den Cappuccino nach dem Mittagessen aushandeln.

Das Geburtstags-Paradoxon

Haben Sie in letzter Zeit in geselliger Runde gefeiert und dabei vielleicht Folgendes erlebt: Obwohl doch nur 25 Gäste bei der Feier waren, hatten zwei Gäste am gleichen Tag Geburtstag? – „So ein Zufall, das ist bei so wenigen Menschen doch wohl arg unwahrscheinlich", haben Sie vielleicht gedacht. Aber stimmt das eigentlich?

Wir können uns dieser Fragestellung am einfachsten nähern, indem wir ein wenig präziser fragen: „Wie wahrscheinlich ist es, dass bei einer gewissen Anzahl Menschen mindestens zwei am selben Tag Geburtstag haben?" Dabei handelt es sich um die Gegenwahrscheinlichkeit zu der Frage: „Wie wahrscheinlich ist es, dass bei einer gewissen Anzahl Menschen niemand am selben Tag Geburtstag hat wie ein anderer?" Und dies lässt sich relativ leicht ausrechnen. Da bei der Feier 25 Gäste waren, gibt es insgesamt 365^{25} Möglichkeiten für die Geburtstage aller Gäste, denn jeder Gast kann an einem der 365 Tage des Jahres Geburtstag haben. Wenn nun aber keine zwei Gäste am selben Tag Geburtstag haben sollen, gibt es zwar für den ersten Gast 365 mögliche Daten für den Geburtstag, für den zweiten aber nur noch 364 Tage, denn sein Geburtstag darf ja nicht auf den des ersten Gastes fallen. Und für den dritten Gast gibt es nur noch 363 mögliche Tage für den Geburtstag. So bleiben unter der Bedingung, dass kein Gast an dem Tag eines anderen Geburtstag haben darf, für die 25 Gäste ins-

gesamt 365 × 364 × … × (365 − 24) Möglichkeiten. Setzt man alle Kombinationen, bei denen keine Gäste am selben Tag Geburtstag haben, zu allen Geburtstagsmöglichkeiten ins Verhältnis, kommt eine Wahrscheinlichkeit von 43,1 % heraus, dass es keine gemeinsamen Geburtstage unter den 25 Gästen gibt. Umgekehrt gilt also, dass die Wahrscheinlichkeit dafür, dass unter den 25 Gästen mindestens zwei am selben Tag Geburtstag haben, 56,9 % beträgt. Und das ist vermutlich viel wahrscheinlicher, als man intuitiv angenommen hätte. Noch deutlicher wird dies, wenn wir uns ein Fest mit 50 Gästen vorstellen: In diesem Fall liegt die Wahrscheinlichkeit dafür, dass mindestens zwei Gäste am selben Tag Geburtstag haben, sogar bei 97 %!

In Wirklichkeit sind die Wahrscheinlichkeiten dieses als „Geburtstagsparadoxon" bekannten Phänomens sogar noch etwas höher, da mehr Kinder im Sommer als im Winter geboren werden, sodass nicht alle 365 Tage eines Jahres gleich wahrscheinlich für Geburtstage sind.

Drei Türen für Aschenputtel oder das Ziegenproblem

Es war einmal ein Mädchen, das eine Stiefmutter mit zwei Töchtern hatte. Als der Vater eine Reise antreten musste, gab die Stiefmutter dem Mädchen Lumpen zu tragen und ließ sie den Ofen putzen. Mit Ofenstaub bedeckt wurde sie als „Aschen-puttel" verspottet.

Eines Tages wurde ein großes Fest angekündigt, auf dem der Prinz des Hofes eine Jungfrau als Frau aussuchen wollte. Die Stiefmutter verbat Aschenputtel, mit zu dem Fest zu gehen. Aschenputtel aber lief zum Grab ihrer Mutter, wo sie ein herrliches Kleid und Glasschuhe vorfand. Sie schlich sich heimlich auf das Fest, tanzte mit dem Prinzen und beide verliebten sich. Auf dem Heimweg aber verlor Aschenputtel einen Glasschuh.

Am nächsten Morgen kam der Prinz zur Hütte der Stiefmutter und wollte ausprobieren, welchem der Mädchen der Glasschuh passte. Doch – oh Schreck – der Prinz stolperte in der Diele des Hauses und ließ den Schuh fallen, sodass er zerbrach. Die Stiefmutter verbot dem Prinzen, in den drei Kammern nachzusehen, hinter welcher Tür seine Auserwählte sei. Stattdessen sollte sich der Prinz für eine der drei Türen entscheiden, um das Mädchen in der Kammer zur Prinzessin auszuwählen. Der Prinz entschied sich für die erste Tür. Um den Prinzen weiter auf die Folter zu spannen, ließ die Stiefmutter ihn in eine der beiden anderen Kammern gucken, in der eine ihrer eigenen Töchter schlief, und fragte ihn, ob er sich noch einmal umentscheiden wolle. Der Prinz überlegte kurz und entschied sich daraufhin für die dritte Tür und fand dahinter – voll Glück – Aschenputtel. Beide heirateten und wurden glücklich bis an ihr Lebensende.

Ende gut, alles gut! Es bleibt aber die Frage, ob die Entscheidung des Prinzen auch aus theoretischer Sicht klug war. Stellen wir uns vor, Aschenputtel hätte hinter der ersten Tür geschlafen. In diesem Fall wäre der Türwechsel ein Fehler gewesen. Dies ist aber nur einer von drei Fällen. Hätte Aschenputtel hinter der zweiten oder der dritten Tür geschlafen, so hätte die

Schwiegermutter in ihrer Boshaftigkeit jeweils die falsche Tür gewählt, um dahinter eine ihrer eigenen Töchter zu zeigen. Die Wahl der jeweils verbleibenden Tür hätte also Aschenputtel verborgen. Der Wechsel des Prinzen hat die Wahrscheinlichkeit, Aschenputtel zu finden, also auf zwei von drei Fällen erhöht, während ein Verbleib bei Tür 1 nur in einem von drei Fällen zum Ziel geführt hätte. So kann Statistik helfen, Märchen wahr werden zu lassen …

…

Dem einen oder anderen Leser dürfte es schon aufgefallen sein: Der Prinz steht vor einer ganz ähnlichen Frage wie der Kandidat in der klassischen Spielshow „Let's make a deal", welche von Monty Hall moderiert wurde. Bei dieser Show winken als Trostpreise keine Töchter der Stiefmutter, sondern Ziegen, sodass das Problem auch als Monty-Hall- oder Ziegenproblem bekannt ist. Ob es nun günstig ist, zu wechseln oder nicht, hängt sehr von der genauen Strategie des Moderators bzw. der Stiefmutter ab. Wesentlich dafür, ob ein Wechsel der Tür für den Prinzen sinnvoll ist oder nicht, sind folgende Annahmen:

- Die Stiefmutter öffnet jeweils eine Tür, die nicht vom Prinzen gewählt wurde,
- die Stiefmutter öffnet dabei nicht die Tür, hinter der sich Aschenputtel befindet und
- die Stiefmutter bietet anschließend immer die Möglichkeit an, zu wechseln.

Unter diesen Annahmen sollte der Prinz tatsächlich die Tür wechseln: Bleibt er bei seiner ursprünglich gewählten

Tür, so findet er dahinter Aschenputtel mit einer Wahrscheinlichkeit von 1/3. Unter den obigen Annahmen findet er seine Liebste allerdings bei einem Wechsel schon immer dann, wenn sich Aschenputtel hinter Tür 2 oder 3 befindet, sodass sich eine Wahrscheinlichkeit von 2/3 ergibt. Unter dem Stichwort „Ziegenproblem" findet man dazu weitreichende Diskussionen. Unserem Prinzen und Aschenputtel ist es egal, sie leben glücklich bis an ihr seliges Ende.

Makaberes Vorstellungsgespräch

In Vorstellungsgesprächen versuchen Unternehmen häufig, die analytischen Fähigkeiten von Bewerbern mittels Testaufgaben zu überprüfen. Immer wieder wird in der Presse über einen derartigen Test, der bei einem Großunternehmen angewandt worden sein soll, berichtet. Konkret sollten sich die Bewerber vorstellen, sie seien an einen Stuhl gefesselt und ihr Gegenüber würde in einen Sechs-Schuss-Trommelrevolver zwei Kugeln in nebeneinander liegende Kammern stecken. Anschließend würde der Revolver einmal abgedrückt, ohne dass etwas passiert. Nun würde der Revolver auf den Bewerber gerichtet und er solle entscheiden, ob sofort wieder abgedrückt oder ob vorher die Trommel des Revolvers noch einmal gedreht werden solle.

Wenn einmal von dem makabren Szenario des Tests abgesehen wird, stellt sich die Frage, welche Entscheidung die Überlebenschancen erhöhen würde. Spontan könnte man annehmen, dass es besser sein müsste, die Trommel noch einmal zu drehen, da ja ein Versuch ohne Kugel bereits verbraucht ist und somit nur noch drei leere Kammern zwei mit Kugeln gefüllten Kammern gegenüberstehen. Diese Überlegung wäre dann richtig, wenn die zwei Kugeln vollkommen zufällig in der Trommel des Revolvers platziert worden wären. Allerdings sind die Kugeln in dem beschriebenen Szenario nebeneinander in die Trommel gesteckt worden. Wenn nun beim ersten Schuss eine leere Kammer verbraucht wurde, bedeutet dieses, dass es dafür vier Möglichkeiten gibt: 1) Es war die erste leere Kammer, sodass als nächstes eine leere Kammer folgt. 2) Es war die zweite leere Kammer, wiederum mit einer leeren Kammer folgend. 3) Es war die dritte leere Kammer, erneut mit einer leeren Kammer folgend. 4) Es war die letzte leere Kammer, nur in diesem Fall würde als nächstes eine tödliche Kugel folgen. Da alle vier Fälle gleich wahrscheinlich sind, betrüge die Wahrscheinlichkeit einer Kugel also nur 25 %. Hingegen bei einem erneuten Drehen würde die Wahrscheinlichkeit einer Kugel 33,3 % betragen, da zwei Kugeln in den sechs Kammern des Revolvers stecken.

Somit ist die Frage nach der richtigen Entscheidung im Rahmen des Tests beantwortet, die Variante ohne erneutes Drehen würde die Überlebenschancen erhöhen – wobei vielleicht auch die Alternative, sich besser bei einem friedliebenderen Unternehmen zu bewerben, ernsthaft in Erwägung gezogen werden sollte ...

Efronsche Würfel

Die Brüder Klaus und Arne sind von ihrer Mutter verpflichtet worden, jede Woche den Rasen zu mähen. Klaus schlägt Arne vor, jedes Mal gegeneinander zu würfeln, wer diese Aufgabe übernehmen muss. Er hat auch gleich die passenden Würfel dabei (vgl. die Abbildung weiter unten). Es sind vier Stück, die jeweils die Zahlen 0 bis 6 enthalten, wobei die Zahlen nicht auf allen Würfeln gleich häufig vorkommen. Klaus schlägt Arne vor, dass dieser immer einen Würfel auswählen darf und dann erst Klaus einen Würfel wählt. Arne denkt sich, dass er schnell herausfinden wird, welcher Würfel am besten ist und dann in den folgenden Wochen immer gewinnen wird. So stimmt er wohlgemut zu.

Arne wählt also in der ersten Woche den grünen Würfel, Klaus nimmt den orangenen Würfel, beide würfeln etliche Male und Klaus gewinnt häufiger. Arne mäht den Rasen und wählt in der folgenden Woche den orangenen Würfel. Nun wählt Klaus den blauen Würfel und gewinnt wiederum. Arne mäht mürrisch den Rasen und wählt in der folgenden Woche den blauen Würfel, Klaus nimmt den roten. Erneut gewinnt Klaus. Arne, vom Rasenmähen langsam genervt, wählt in der nächsten Woche den roten Würfel und ist sich seiner Sache sicher, denn dieser muss doch der beste Würfel sein. Aber, verflixt, Klaus, der nun den grünen Würfel ausgewählt hat, gewinnt erneut häufiger als Arne. Kann dieses mit rechten Dingen zugehen? Es muss doch ein Würfel der beste sein!

Tatsächlich ist in jeder Konstellation die Wahrscheinlichkeit, dass Klaus gewinnt, 24 zu 12. Entscheidend ist dabei, dass Klaus nach Arne einen Würfel auswählen darf und es immer einen besseren Würfel gibt als den Würfel, den Arne ausgewählt hat. Dieses Phänomen wird in der Mathematik als Intransitivität bezeichnet. Es bedeutet, dass aus „orange schlägt grün", „blau schlägt orange" und „rot schlägt blau" nicht folgt, dass rot der alle anderen dominierende Würfel ist. Wenn Arne als erstes einen Würfel auswählen muss, kann Klaus immer einen Würfel auswählen, mit dem er mit höherer Wahrscheinlichkeit gewinnt.

Arne, nicht dumm, durchschaut den Trick und schlägt Klaus für die kommenden Wochen einen Münzenwurf als Entscheidungsgrundlage für das Mähen vor. Wer als Leser allerdings ebenfalls vor der gleichen Aufgabe wie Klaus und Arne steht, vernichtet diese Buchseite besser möglichst schnell und kann sich auf viele freie Stunden freuen, während der Bruder den Rasen mäht …

…

Es gibt die Efronschen Würfel mit unterschiedlicher Würfelanzahl, minimal können drei Würfel genutzt werden, in der Regel werden vier oder fünf Würfel verwendet. Betrachten wir wie oben beschrieben das Beispiel mit vier Würfeln, die durch unterschiedliche Farben unterschieden werden können.

Stellen wir uns vor, der erste Spieler wählt den grünen Würfel aus. Dann sollte der zweite Spieler den orangenen Würfel wählen, denn in diesem Fall wird er bei einer ausreichenden Anzahl an Spielen im Mittel in 24 der 36 gleichwahrscheinlichen Fälle gewinnen. Der erste Spieler mit dem grünen Würfel wird im Mittel nur in 12 Fällen gewinnen.

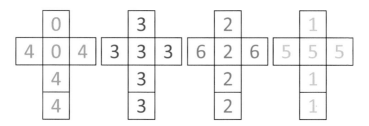

Efronsche Würfel

Der orangene Würfel ist dem grünen Würfel überlegen

	5	5	5	1	1	1
4	orange	orange	orange	grün	grün	grün
4	orange	orange	orange	grün	grün	grün
4	orange	orange	orange	grün	grün	grün
4	orange	orange	orange	grün	grün	grün
0	orange	orange	orange	orange	orange	orange
0	orange	orange	orange	orange	orange	orange

Der blaue Würfel ist dem orangenen Würfel überlegen

	6	6	2	2	2	2
5	blau	blau	orange	orange	orange	orange
5	blau	blau	orange	orange	orange	orange
5	blau	blau	orange	orange	orange	orange
1	blau	blau	blau	blau	blau	blau
1	blau	blau	blau	blau	blau	blau
1	blau	blau	blau	blau	blau	blau

Der orangene Würfel ist dem grünen Würfel also eindeutig überlegen.

Intuitiv würde man nun dem ersten Spieler raten, als nächstes den orangen Würfel zu wählen. In diesem Fall sollte der zweite Spieler den blauen Würfel wählen. Erneut ist der Würfel des zweiten Spielers, also der blaue Würfel, in 24 Fällen überlegen und der erste Spieler gewinnt nur in 12 Fällen.

Es scheint also wie verflixt für den ersten Spieler. Er wählt nun den blauen Würfel aus. Der zweite Spieler kontert, indem er den roten Würfel nimmt. Für den ersten Spieler mit dem blauen Würfel läuft es erneut nicht gut, denn er gewinnt wieder nur in 12 Fällen. Der zweite Spieler mit dem roten Würfel gewinnt hingegen in 24 Fällen.

Deutlich entmutigt wählt der erste Spieler nun den roten Würfel. Der zweite Spieler wählt den grünen Würfel, mit dem der erste Spieler im ersten Spiel verloren hat. Tatsächlich gewinnt erneut der zweite Spieler in 24 Fällen und der erste Spieler nur in 12 Fällen.

Der rote Würfel ist dem blauen Würfel überlegen

	3	3	3	3	3	3
6	blau	blau	blau	blau	blau	blau
6	blau	blau	blau	blau	blau	blau
2	rot	rot	rot	rot	rot	rot
2	rot	rot	rot	rot	rot	rot
2	rot	rot	rot	rot	rot	rot
2	rot	rot	rot	rot	rot	rot

Der grüne Würfel ist dem roten Würfel überlegen

	4	4	4	4	0	0
3	grün	grün	grün	grün	rot	rot
3	grün	grün	grün	grün	rot	rot
3	grün	grün	grün	grün	rot	rot
3	grün	grün	grün	grün	rot	rot
3	grün	grün	grün	grün	rot	rot
3	grün	grün	grün	grün	rot	rot

Die beschriebene Intransitivität führt also dazu, dass der zweite Spieler immer gewinnen kann, indem er bei jedem der gewählten Würfel durch den ersten Spieler einen dominanten Würfel auswählen kann. Der erste Spieler kann gegen den zweiten Spieler bei genügend Würfen also niemals gewinnen, sofern der zweite Spieler geschickt seinen Würfel auswählt.

Die Intransitivität der
vier Efronschen Würfel

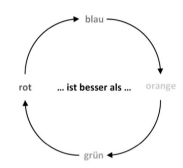

Sachverzeichnis

Printed in the United States
By Bookmasters